海藻多糖基能源环境材料

杨东江　夏延致 等　著

科学出版社

北　京

内 容 简 介

本书是在参阅大量国内外文献并总结著者课题组独立研究成果的基础上撰写而成；以海洋宝库中海藻为主要材料来源，探寻海藻多糖结构与功能构建之间的内在关联，创新性地提出了利用海洋资源解决当今能源短缺与环境污染等系列难题；详细阐述了海藻细胞壁超分子结构解译、海藻基储能材料合成与器件设计、新型能量转换技术电催化剂开发、海藻基环境功能材料构筑，深入探索了海藻衍生生物炭的构建方法与活性调控机制等特色研究内容。本书在内容上紧密吻合海藻材料的发展前沿，阐述了界面工程、缺陷工程、单原子工程等调控策略在海藻高效高值化方面的研究进展和应用前景，对我国"碳达峰"、"碳中和"战略目标的实现起到重要指导作用。

本书可供生物质材料、新能源材料、碳材料、纳米材料、环境学、林业工程、电化学等相关学科和专业领域的科研人员、工程技术人员以及高等院校的师生阅读参考。

图书在版编目(CIP)数据

海藻多糖基能源环境材料/杨东江等著. —北京：科学出版社，2022.6
ISBN 978-7-03-072413-7

Ⅰ. ①海… Ⅱ. ①杨… Ⅲ. ①海藻–功能材料–研究 Ⅳ. ①Q949.2

中国版本图书馆 CIP 数据核字(2022)第 095076 号

责任编辑：杨新改/责任校对：杜子昂
责任印制：吴兆东/封面设计：东方人华

科学出版社 出版
北京东黄城根北街 16 号
邮政编码：100717
http://www.sciencep.com
北京中石油彩色印刷有限责任公司 印刷
科学出版社发行 各地新华书店经销
*
2022 年 6 月第 一 版 开本：720×1000 1/16
2023 年 1 月第二次印刷 印张：13
字数：262 000

定价：108.00 元

(如有印装质量问题，我社负责调换)

作 者 名 单

杨东江　夏延致　佘希林　李道浩

惠　彬　邹译慧　张立杰　孙媛媛

赵小亮　王兵兵　路　平

序

自然界是人类物质财富的源泉，生物质作为自然界中最丰富、廉价的有机碳源，维持着森林生态系统的健康发展。科学开发利用生物质资源，将生物质材料化、纳米化、功能化，是解决未来碳基能源催化及环境高质量发展问题的关键途径之一，对我国“双碳”战略目标的实现以及全人类社会的可持续发展具有重要的现实意义。

海洋生态系统与森林生态系统一道，同样蕴藏着人类可持续发展的宝贵财富，从海洋智库中的植物获取生物质，突破了传统上以林木生物质为主要资源的界限，极大丰富了生物质的来源渠道。以褐藻、绿藻、红藻等为典型代表的海藻生物质，具有与木质纤维素类似的结构特性，其细胞壁主要以纤维素骨架和胞壁间的多糖物质填充而成。特别的是，海藻生物质具有更加精细的多尺度结构、表面上富含大量活性基团与杂原子且更易加工预处理，为海藻生物质的精炼及其在电化学储能与催化领域的延伸应用提供了先天条件。

青岛大学以杨东江教授为代表的教学科研工作者，在海藻生物质转化领域深耕十年之余，创新性地提出了海藻生物质能源化学定向转化的基础理论与方法，突破了高效制备高品质能源催化材料、环境功能材料、生物炭材料及其界面活性调控的关键技术，构建了生物质多途径全质利用工程化技术体系，有利推动了我国海藻生物质产业的快速发展，为海藻生物质替代化石能源和非再生碳材料提供了强有力的科学依据。在国家自然科学基金面上项目、山东省杰出青年科学基金项目、“泰山学者”特聘教授工程等资助下，团队取得了系列开创性、前瞻性的研究成果，发表了高水平论文 220 余篇，获得了山东省自然科学奖二等奖和青岛市自然科学奖一等奖。著者将部分研究成果整理，撰写了《海藻多糖基能源环境材料》一书。该书立足生物质，在新型能源器件的设计开发及环境治理等方面紧跟科技发展前沿，在终端应用方面前景广阔。该书旨在拓展生物质材料的基础理论研究、加快海藻能源产业链的形成，并引领相关领域专家、学者、青年科技工作人员走向学术前沿！

立足新发展时代，坚持四个面向，为实现高水平科技自立自强而辛勤耕耘，笃志未来。

2022 年 5 月

前　言

浩瀚又神秘的海洋中蕴藏着蔚为壮观的海洋植物，作为初级生产者，海藻对海洋生态环境的维持起到重要作用，合理开发利用褐藻、红藻、绿藻、微藻等海藻生物质有助于实现碳的周期循环及环境系统的稳定。海藻细胞壁主要由纤维素骨架和胞壁间的多糖物质填充而成，是一种多组分、多层次、跨尺度结构的天然可持续材料。随着科学技术方法的不断更新与学科之间的紧密融合，海藻生物质向先进材料的转化研究突飞猛进。海藻多糖基能源与环境科学就是以海藻结构解译—纳米材料组装—新型器件开发为主线，利用化学的、物理的、生物的高技术方法，为海藻生物质在能源存储转换和环境污染治理领域，提供新的理念、新的设计、新的构成、新的机制的科学。

本书的出版可为高等院校师生、科研人员和相关企业研究人员等同仁提供有益的参考，并促进更多的青年教师和学生加入到该研究领域。2021 年工信部联合科技部、自然资源部发布《“十四五”原材料工业发展规划》，将发展生物基材料纳入重点任务，积极开展可降解生物基材料、碳基材料等关键技术；国家发展改革委、国家能源局发布的《“十四五”新型储能发展实施方案》指出，到 2025 年，我国新型储能由商业化初期步入规模化发展阶段，具备大规模商业化应用条件。基于以上考虑，青岛大学环境功能材料方向的教学科研人员在杨东江教授的组织下，以国家重大需求为导向，根据世界新能源与可持续材料的发展基础与应用前沿，决定将近期的代表性研究工作与相关的学术见解整理成书，出版《海藻多糖基能源环境材料》。相信，本书的出版将在推动海藻生物质在能源存储转换与环境治理领域发挥重要的作用。

在从事海藻多糖基能源环境材料的科学研究中，得到国家自然科学基金面上项目（51473081、51672143）、山东省杰出青年科学基金项目（JQ201713）、“泰山学者”特聘教授工程（ts201511019）等资助，特致诚挚谢意。在本书出版过程中，科学出版社给予了大力支持和帮助，在此对杨新改等编辑的辛勤付出和高度责任感表示谢意！同时向关心和参与本书编写的所有全国同仁表示衷心感谢，向本书所引用的大量文献资料的作者表示诚挚谢意！最后，特别感谢中国工程院李坚院士在百忙之中为本书作序！

本书内容涉及面大、学科交叉外延广、理论基础跨度深，撰写难度较大，且因时间有限，书中欠妥和疏漏之处在所难免，恳请读者不吝赐教，谨致谢忱！

作　者

2022 年 5 月

目　录

第1章　环境功能材料

1.1　能源与环境

当今社会，经济蓬勃发展，科技日新月异，给人类的生存与发展带来了新的机遇。但是，随着人口急剧增加、能源日渐短缺，环境恶化问题也随之而来，这些问题严重影响着人们的生活质量、身体健康以及社会的可持续发展。因此，除了对技术本身的追求以外，我们还应该特别注重技术的环保性及对环境的治理和保护。随着社会的快速发展和生活水平的提高，人们对能源的需求大幅增加。社会生活和经济发展离不开能源，能源对人类生活起着不可替代的作用。用于新能源(包括风能、太阳能、潮汐能、地热能、生物质能和核能等)开发利用的材料统称新能源材料，如生物质能材料、风电材料、太阳能电池材料、储氢材料、核能材料等。传统能源材料(煤和石油等)的利用方式存在诸多缺点。首先，传统能源材料的能量利用效率低，只有35%左右。例如煤等燃料中的化学能要转变成目标能量，必须先转变成热能，在这个过程中会产生能量损失。其次，大部分传统能源材料在利用过程中会往大气中排放大量有害气体，污染环境和损害人体健康。因此，研究开发高能量转化效率和低污染的新型绿色能源材料是人们一直致力追求的目标。开发出可替代的新能源以逐步减少不可再生能源的使用，是保护生态环境、缓解社会压力、走可持续发展道路的重大举措(图1.1)。

人类在消耗资源能源创造着空前富裕的物质财富和前所未有的社会文明的同时，也在不断污染破坏着自身赖以生存的环境。从资源、能源和环境的角度考虑，材料的提取、制备、生产、使用和废弃的过程，实际上是一个资源和能源消耗以及环境污染的过程：材料一方面推动着人类社会的物质文明；另一方面又大量消耗资源和能源，并在生产、使用和废弃过程中排放大量的污染物，危害环境和恶化人类赖以生存的空间。现实要求人类从节约资源能源与环境保护的角度出发，重新认识和评价过去在材料的研究、开发、使用和回收等方面的行为。新材料产业近几年已成为炙手可热的国家战略型新兴产业，随着人们对环境能源可持续发展的重视，能源及环境类新材料已成为新材料领域最具关注度的方向之一。

图 1.1　新能源应用前景

储能材料的应用是当前以及未来能源发展的重点，在新能源、智能电网、电动汽车三大新型产业中储能材料都占据极其重要位置。同时，伴随着新能源的迅速发展，对于储能技术的应用以及储能产业的壮大具有较为现实的需求。当前我国储能材料产业发展环节面临着诸多问题，如储能产业链衔接问题、储能产业发展缺乏创新。面对我国储能材料发展的现状，现提出推动我国储能材料产业发展的对策。第一，明确储能规划，实现储能与新能源的同步发展；第二，制定投资回报、政策回报等激励机制；第三，实现储能材料研发的技术创新。

1.2　先进能源材料

1.2.1　储能材料

自人类发明蒸汽机以来，依靠煤和石油等矿物能源，工业技术得到高速发展，经济水平大幅提升。但是，矿物能源的应用也带来了资源枯竭和环境污染等一系列问题。因此，人类的可持续发展必须寻求可再生能源，包括生物质能源、地热、水能、风能、太阳能、海洋潮汐能和波浪能等。可再生能源的最主要特征是不连续性，能量产生的时间和地点往往与实际需求不符。例如，风力发电需要借助风力，而用电通常为无风环境；太阳能电池在阳光辐射下工作，而晚上常常需要用电。因此，大多数可再生能源的利用必须依赖储能。对于一个可持续发展的社会来说，能源开发与利用无疑是一个巨大的挑战[1]。21 世纪以来，随着社会工业化进程的高速发展、人口的迅速增长以及人们对于更高生活水平的追求，人类社会对于传统化石能源的消耗日益加剧，然而化石能源的燃烧带来大量温室气体，所造成的环境污染与温室效应也日益加剧，因此用更清洁的能源代替化石燃料成为亟待解决的难题[2]。风能、太阳能这两类可再生能源是目前开发比较完善的清洁能源体系[3]。然而，由于这些可再生能源的电力输出是间歇性和波动性的，故这些清洁能源面临着能源利用率低的问题，能源转换和储存作为有效利用清洁能源和可再生能源非常重要的中间环节，一直受到世界各国的关注。电化学储能和转换器件，如二次电池、电化学电容器、电解槽和燃料电池，对能源的高效和持续利用起关键作用，是克服全球能源挑战的极有前途的技术[4]。例如，太阳能和风能产生的电能可以有效地储存在二次电池和电化学电容器中，再释放利用，或者由电催化剂转化为燃料。前者是电化学储能系统，后者则属于电化学能量转换系统。储能，就是指将能量储存起来。例如将水力能源以势能的形式储存在大坝的水中；利用风力发电带动压缩机进行抽气的压缩空气储能；或者将能源通过电化学反应储存在电池中。物理储能方式中储能量较大的抽水储能和压缩空气储能在能源利用率上相较于电化学储能的电池和电容器要低一些，并且需要占据更大的工作空间，受地形限制较大，不如电化学储能技术灵活，这些缺点限制了物理储能的广泛应用。同时，由于电能具有高转换效率、传输方便和稳定性高等优势，目前大多可再生清洁能源更多地通过发电转换为电能进行储存运输。因此，从狭义上讲，储能技术更多的是针对电能的存储。电能的储存，从本质上说，就是制造电势差和电势差的保持。电势差可以来自于不同物质之间的绝对电势差，也可以来自于摩擦力导致的同一物体不同部位的电势差异。电势差产生后，需要通过绝缘体来隔离电势差两端，防止其接触后耗散能量。根据电势差的来源不同，电能以两种不同的方式储存。一种是储存在电池中，正负极两个具有不同电势的物质之间，电荷通过两电极之间的导电物质移动产生电流做功。另一种是更为直接的方式，将正负电荷以静电荷的形式分别存储在电容器的两个电极上，这里的电势差主要来自于外力(如通电等)。尽管工作原理不同，这两种储能器件都包括以下关键的功能部件[5]：①两个电极(正极和负极)，电极上进行电化学反应过程和电荷的吸附过程；②阻止电子传导以保持电势差的绝缘体，如隔膜、玻璃等；③在电池正极和负极之间提供纯离子电导率的电解液。此外，许多行业需要储能，例如电网调峰调频、不间断电源、应急电源等等均需要储能，为减少对石油依赖及环境污染培育的电动汽车产业更离不开储能。目前，交通运输消耗的能源主要来自石油，约占世界石油总产量的 60%，而城市空气污染源约 40%来自燃油汽车尾气。因此，储能技术在社会发展与国民经济建设中扮演着越来越重要的角色。

目前，已经得到应用的主要储能技术和正在开发的储能技术按能量储存形式可分为：热能储能(如熔盐)、势能储能(如抽水、压缩空气等)、动能储能(飞轮等)、电磁能储能(超导线圈等)、静电储能(电容器等)、化学储能(电池、氢等)。储能规模可大可小，以电能单位计，小可致 W·h 级的集成电路中的电池，大可达 GW·h 级的抽水储能水库[图 1.2(a)]。不同的储能技术各有优缺点。例如：抽水和压缩空气储能规模大，但场地条件要求极高；飞轮储能原理上简单，但技术难度大；超导磁储能效率高，但要求低温操作、成本高；电池储能规模上无法与抽水储能相比，但电池具有占地面积小、运行条件要求低、规模可大可小(小规模储能可用单体电池、大规模可由电池组实现)等优点，是目前应用最广的储能技术。电池储能是通过化学物质的氧化还原反应实现的。原理上，任何两组不同电极电位的氧化还原电对均可构成电池，电位高的一极称为正极、电位低的一极称为负极，电池放电时，正极发生还原反应，负极发生氧化反应，充电时则相反。电池的种类繁多，可分为一次电池和二次电池两类。一次电池是指放电完后不能再用的电池，又称原电池；二次电池是指放电后可再充电使用的电池，又称可充电池。所以只有二次电池才可用于储能。在储能应用领域，通常要求电池具有：在一定的放电深度内，具有稳定的电压平台；高的比能量(W·h/kg)和比功率(W/kg)，以及高的能量密度(W·h/dm^3)和功率密度(W/dm^3)、宽的工作温度范围、低的自放电率、能快速充放电、能经得起过充电和过放电、免维护且安全、长寿命可回收、低制造成本、环境友好等。显然，要同时满足上述要求非常困难。实际应用中，往往根据使用目的而特别强调某些性能指标，放弃对另一些指标的要求。例如，太阳能发电的储能电池特别要求充放电效率，不考虑其快速充电能力；而混合电动汽车中的储能电池快速充电能力则是特别要求的性能指标。在所有实用化的储能电池中，锂离子电池具有较大的比能量和比功率，且电极材料种类繁多。因此，锂离子电池是最被看好的储能电池之一[图 1.2(b)]。

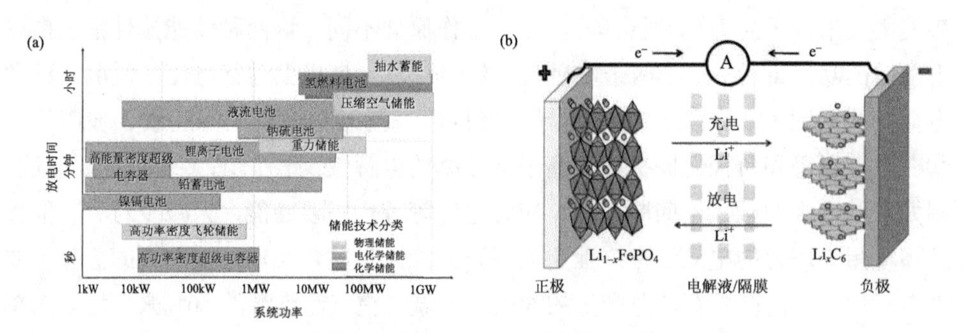

图 1.2 (a)不同电池的比较和(b)锂离子电池的工作原理图

锂离子电池是在锂一次电池应用的基础上发展起来的新型二次电池。锂是最轻的金属，其电极电位很负(−3.05 V *vs*. SHE)，因而是储能密度最高的金属。基于有机电解质溶液形成表面钝化膜的保护作用，以金属锂为负极的一次电池很早以前就实现了商品化，所用的正极材料包括 MnO_2、CF_x、MoO_3、V_2O_5等。在此基础上，人们期望发展出以金属锂为负极的二次电池，主要原因是充电时沉积的锂以晶枝状生长，易引起内短路。传统的二次电池以水溶液为电解质溶液，水溶液不易燃烧。更重要的是，水在电池过充电时正负极分解产生的氧气和氢气可以复合回水，或者设计成负极过量将正极产生的氧气还原成水。这些特性为水溶液二次电池提供了可靠的安全保障。锂离子电池所用的电解质溶液含易燃的碳酸酯，且在电池过充电时正负极分解产生的气体不能被吸收，电池存在安全隐患。二次电池的倍率性能决定其输出功率大小及充电速度的快慢，这两个指标在电动汽车应用中尤其重要。倍率性能取决于电池内阻，包括电子和离子传输(欧姆电阻)以及活性物质嵌脱锂离子的电荷交换过程(反应电阻)的速度。与其他二次电池一样，离子和电子在活性物质内部的传输速度很慢，提高锂离子电池的倍率性能的难度很大。二次电池通过化学反应储能，充放电过程不仅涉及化学物质的组成变化，还常常伴随着晶相、体积和热变化，以及电解质溶液的分解。这些变化导致电池容量下降、寿命终止。与其他二次电池相比，目前商品化的锂离子电池循环寿命最长，但还需要进一步提升。成本是储能技术推广应用的最重要指标之一。目前商品化的锂离子电池价格大约是镍氢电池和镍镉电池的 3～5 倍，要实现广泛应用，需要降低电池的制造成本。以上问题吸引了众多研究团队进入锂离子电池领域，开展新材料、新体系、新装配和新工艺的研究工作，并不断取得新成果[6]。

通常来说，钠离子电池主要由工作电极(正极具有较高的电压平台，负极具有较低的电压平台)、隔膜(玻璃纤维、聚丙烯或聚乙烯等)以及电解液(溶解在非质子极性溶剂中的钠盐)三部分组成(图 1.3)。而原料广泛、成本低廉的钠离子电池被公认为新一代综合效能优异的储能电池系统，但较低的能量密度和有限的循环寿命仍然是阻碍其商业化应用的主要挑战。借鉴锂离子电池的开发经验，合理的改性工艺已经被证实可以明显地提高钠离子电池的电化学性能，尤其是在已建立的正极体系中。多年来，随着科学技术的进步和可持续发展观念的树立，可再生能源的出现逐渐改变了全球能源的消费结构。为了将可再生能源整合到电网中，研发和生产可以快速充/放电、价格低廉以及能量密度高的大型储能系统势在必行。通过将锂离子电池引入汽车市场作为混合动力电动车辆(HEVs)、插电式混合动力电动车辆(PHEVs)和电动车辆(EVs)的动力选择，减少了人类对化石燃料的依赖。但是，全球锂资源的行业集中度高，资源垄断格局十分明显，且可开采资源有限，这将导致锂离子电池的价格大幅度提升，发展变得更加困难。

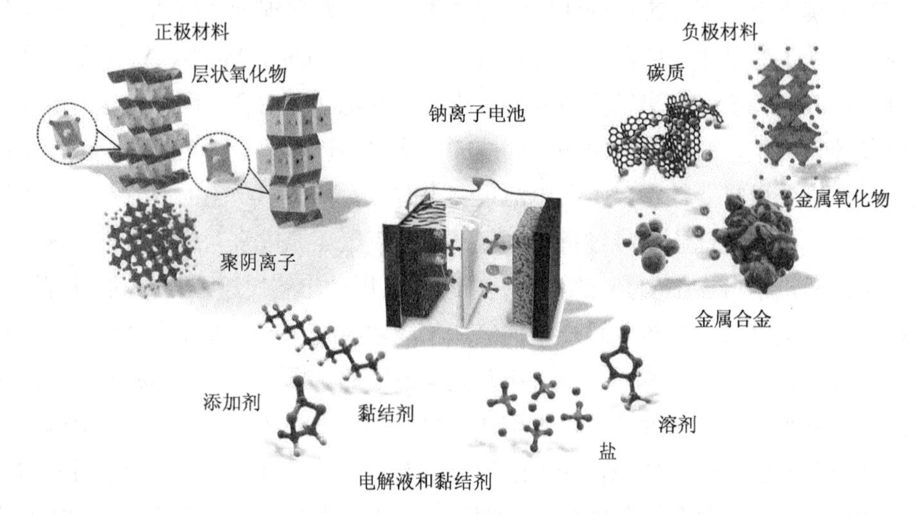

图 1.3　钠离子电池的工作原理图

近年来，随着科技的不断发展，研究者们对钠离子电池的研究更加深入和全面，对应的高性能电极材料的开发设计也得到了飞速发展。钠是地壳中含量较为丰富的元素，主要以盐的形式广泛分布于陆地和海洋中[7]。含钠材料的供应量较大，价格较低，为钠离子电池的商业化生产提供了廉价的原料[8]。目前，钠离子电池正极材料的研究主要集中于过渡金属氧化物、聚阴离子化合物、普鲁士蓝类化合物以及有机化合物。但是，每种类型的材料都存在一些特征缺点，诸如结构稳定性和电子电导率较差、工作电位和理论容量较低以及在有机电解液中的严重溶解等[9-11]。得益于锂离子电池体系中过渡金属氧化物的研发，研究者们成功合成出了类似的 Na_xMeO_2(Me=Co、Ni、Fe、Mn 和 V 等)正极材料并应用于钠离子电池。研究显示，Na_xMeO_2 具有成本低廉、合成工艺可控、毒性较小以及电化学活性较高等优点。由于钠的含量与合成条件对 Na_xMeO_2 的结构影响较大，一般可分为层状氧化物和隧道型氧化物。层状氧化物 Na_xMeO_2 是由共边的 MeO_6 八面体形成的过渡金属层状结构和位于过渡金属层间的碱金属离子组成的，其理论容量达到 240 mA·h/g。隧道型氧化物如 $Na_{0.44}MnO_2$ 具有较为复杂的晶体结构，其中 Mn^{4+} 与半数 O 原子形成 MnO_6 八面体，而剩下的 Mn^{3+} 则与 O 形成四角锥型 MnO_5，使得 $Na_{0.44}MnO_2$ 拥有两种不同的钠离子隧道，其理论容量约为 121 mA·h/g[12]。但是，研究发现层状氧化物在过充状态下容易发生不可逆的结构变化，形成非活性相，从而导致库仑效率下降，不可逆容量提高。虽然通过限制充电截止电位可以有效防止过充现象的发生，提高 $NaMeO_2$ 正极材料的循环稳定性，但却会导致其可逆容量的降低。而隧道型氧化物的比容量相对较低，是阻碍其发展的一个重要因素，需要进一步对材料的组成和结构加以优化，以提升其储钠性能。比如过氧金属氧化物的改性、纳米结构的设计、导电材料的包覆、混合相的合成。

超级电容器是一种新型的储能装置，介于传统电容器和电池之间，具有容量大、功率密度大、充放电速度快和循环稳定性好等优点。超级电容器的出现可以部分或是全数来替换传统型化学电池[13-15]。超级电容器具有广阔的发展前景，世界各国纷纷加大对其的研究与开发。日本索尼、美国先进电池联盟等国家机构都是为了对超级电容器的开发而专门开设的，这些机构制定了缜密的国家发展计划，由政府投入大量的人力和物力，因此这些国家在超级电容器的研究开发方面目前处于世界前沿。目前，俄罗斯就超级电容器的研发水平而言，取得了最为优异的成绩，其研究的超级电容器大部分都已经成功地投入商业化生产并且成功被应用。超级电容的应用能够大大降低对石油、煤炭等化石燃料的消耗，减轻我国对进口石油依赖的压力；同时又对城市环境问题得到了有效缓解，这不仅有利于国计民生，而且，对社会和谐与稳定有极大的贡献。如今，国内很多研究机构以及企业在对超级电容器不断地探索和研发中。超级电容器与传统电池的结构相类似，也是由两个电极、多孔隔膜、电极材料和电解质构成的。多孔隔膜夹在两电极之间，用来对两个电极进行隔离，电解质用来对电极材料进行浸润。超级电容器的电化学性质优异与否与电极质料以及电解质的选择有着紧密性的作用。超级电容器作为新型动力装置的一种，它的可循环性一般来讲都很好，而且有相对较长使用寿命，重复充放电次数可以累积达到十万次以上，这些特点符合新能源装置服务于社会的要求，实用前景十分广阔[16,17]。

通常，超级电容器一般依据能量储存机理被分为两种：赝电容器和双电层电容器。其中赝电容器，也被叫作法拉第电容器，其电容主要来源于电荷的移动，该过程是可逆的，并且发生在电极表层[18]；另一种双电层电容器的电容来源于对电极与电解质界面上的静电电荷的积聚，静电电荷积累量主要取决于电极材料的比表面积大小和孔的类型。综合考虑两种器件，虽然赝电容器件拥有比双电层器件大得多的能量密度，但是它在氧化还原反应过程当中电极材料发生相的转变，这对电容器的使用周期以及其功率密度的大小产生了很大的影响[19]。因此通过对适宜电极活性材料的选择来设计出满足于两种反应机理同时存在的超级电容器是研究者不断努力的方向。超级电容器作为新型储能装置的一类产品，在材料、结构以及性能等方面都有不同的调整更新。根据内容的不同，超级电容器的区分方法也不同。目前，大多数依据电容器的反应机理以及电解液的不同这两大概念来对超级电容器进行分类。①根据电容器的反应机理，一般分为双电层型和赝电容型两种类型的超级电容器。通常通过对电极材料进行一系列的改性，来提高双电层型器件的性能。赝电容型超级电容器，一般以二氧化锰、镍的氧化物和五氧化二钒作为正极材料，活性炭为负极材料，也包括经磷型、氮型、磷/氮型掺杂形成聚吡咯以及聚苯胺等聚合物制取电极。②根据电解质分类。超级电容器中的电解质通常包含水性电解质和有机电解质。水性电解质一般又分为酸性电解质、碱性电解质和中性电解质三种，不同的电解质类型，其组成也会存在一定的差异。例如：酸性电解质一般指的是硫酸水溶液，碱性电解质一般指氢氧化钾和氢氧化钠等强碱性电解质，而中性电解质一般指氯化铵溶液以及硫酸钠溶液。有机电解质中常见的一般为以高氯酸锂为主的锂盐和以四氟硼酸四乙基铵为主的季铵盐，可以根据需要添加不同的溶剂，比如丁内酯、苯酚、乙腈、聚碳酸酯等，这些溶剂的添加对于超级电容器性能的提升都有显著的改良。不同类别的超级电容器运用不同种类的电极材料，目前应用于超级电容器的电极材料一般为多孔碳材料、过渡金属氧化物、复合电极材料和导电聚合物。多孔碳材料是目前商业化使用最多的电极材料，也是最早被应用的电极材料，例如活性炭、碳气凝胶、碳纳米管、石墨等[20,21]。这些材料作为超级电容器电极材料时，其工作原理为材料表面发生离子的吸附/脱吸附。多孔碳材料的高比表面积有利于电容器的性能的提升。过渡金属氧化物(如氧化钌、氧化钴、氧化镍和氧化锰等)具有很高的比电容，作为电容器电极材料展现了双层电容和法拉第电容两个部分，包括过渡金属氧化物表面的离子吸附/脱吸附和内部的离子嵌入/脱出[22]。复合电极材料一般为碳材料和过渡金属氧化物的复合材料，它既克服了碳材料单独作电极材料时的低比容量，又增加了过渡金属氧化物的导电性[23]。导电聚合物可以通过设计聚合物的分子结构来提高超级电容器的性能，主要以法拉第电容为主。导电聚合物是可塑性的，可以制成薄层的电容器电极，有利于降低电容器的内阻，具有很大的研究应用价值[24]。

1.2.2 能量转换材料

氢气是一种极为理想的清洁能源[25]，同时还具有能量密度极高的特点。电解水是典型的电化学能量转化系统，是一种具有可持续性并且发展前景良好的清洁氢燃料生产方式。水的电解包括阴极的析氢反应(hydrogen evolution reaction，

HER）和阳极的析氧反应（oxygen evolution reaction，OER）。在该反应过程中，为了克服溶液中电极和电解液接触界面的活化能势垒和其他电阻，通常需要额外的驱动力，比如以过电位的形式来驱使整个反应发生。这两个反应的效率直接决定了电解水这一能量转换技术的效率。因此，在这类电化学能量转换技术中，最核心的部分是其中的电化学反应过程。在电解水这一能量转换技术中，电催化剂是降低电化学反应能量壁垒、提高电极表面电子电荷转移速率最有效的方法。通过理想的电解水以及燃料电池技术实现能量的转换利用，可以克服氢气的储存和基础设施建设面临的挑战。电化学能量转化技术很大程度受到电催化剂材料性能的影响，这一技术的应用对于电催化剂材料的性能提出了更高的要求。

氢能将会是人类未来的能源，而利用氢能的最好方式是制作燃料电池（FC），因为燃料电池是通过电化学反应将化学能直接转化为电能，所以具有更高的效率，而且污染排放很低[26]。燃料电池在原理和结构上都不同于传统的电池。燃料电池是一种发电装置，只要不断地供应燃料和氧化剂就能一直发电，而传统电池是有寿命的，活性物质耗尽以后，电池就“即刻告终”。1839 年，Grove 所进行的电解实验——使用电将水分解成氢和氧——是人们后来称为燃料电池的第一个装置。一直到现在人们仍持续不断地对其进行研究和改进，并在航天、军事领域得到应用。燃料电池在作为笔记本电脑、掌上电脑等的电源方面也有极大应用前景。但是，现今而言，由于燃料电池过高的价格，严重地阻碍和限制了其商业化应用和发展。按照不同的分类方法，燃料电池可以分为很多种不同类型。而现在最常用的分类方法是按照所使用的电解质，由此，可以分为以下五大类。

1）碱性燃料电池[27]

碱性燃料电池（alkaline fuel cell，AFC）是最早应用的一种燃料电池，其一般是以强碱，即 35%～50%的 KOH 溶液作为电解液。和其他类型的燃料电池相比，碱性燃料电池有很多优点：①在碱性电解液中，氢气氧化反应和氧气还原反应的交换电流密度比较高且容易进行；②制作成本是所有燃料电池中最低的，因为镍在碱性条件下是稳定的，所以可以用作电池的双极板材料，且阴极可以采用银作为催化剂，从而极大地降低了生产成本；③如果不考虑热电联供，碱性燃料电池的工作电压是最高的。碱性燃料电池的缺点是电解液非常容易和 CO_2 发生反应形成碳酸盐，而碳酸盐会堵塞电极板的孔隙和电解质的通道，从而影响电池寿命，所以这种电池不能直接采用空气作为氧化剂。这样就限制了电池的发展和应用。

碱性燃料电池以氢氧化钾溶液为电解质，适用于 70～100℃或 220℃的温度环境中。

AFC 中的电化学反应如下：

阳极：$2H_2+4OH^- \longrightarrow 4H_2O+4e^-$ (1.1)

阴极：$O_2+2H_2O+4e^- \longrightarrow 4OH^-$ (1.2)

总的电池反应：$2H_2+O_2 \longrightarrow 2H_2O$ (1.3)

AFC 主要特征是：研发较早，并且大多应用于航天领域，因为该电池既可提供电能服务，又能够不断地补充水分。但 AFC 在应用上仍存在很大的不足，因为其原则上必须使用纯氢和纯氧。此外该电池的发展还存在一些技术上的问题，如工作中 CO_2 对电解质的毒化问题，进而不利于电池的使用效率，影响电池的使用寿命等。

2) 磷酸型燃料电池[28]

磷酸型燃料电池(phosphoric acid fuel cell, PAFC)是以磷酸作为电解液的燃料电池，电池中采用的电解液是100%的磷酸，室温时为固态，42℃时发生相变，这样利于电极的制作和电堆的组装。磷酸型燃料电池可以使用空气作为阴极反应气体，但是硫化物却对其催化剂有较强的毒性，需要降低其含量。PAFC 以 PTFE 黏合的金属铂为催化剂，以憎水剂清洗过的多孔碳为基底，此外以磷酸作为电解液，共同组成了磷酸型燃料电池。工作温度在 180～210℃左右。

PAFC 中的电化学反应如下：

阳极：$H_2 \longrightarrow 2H^+ + 2e^-$ (1.4)

阴极：$1/2O_2 + 2H^+ + 2e^- \longrightarrow H_2O$ (1.5)

总的电池反应：$H_2 + 1/2O_2 \longrightarrow H_2O$ (1.6)

PAFC 的主要特征是：①较强的耐 CO_2 和少量 CO 性；②可以充分地利用燃料电池堆的余热，因此能源利用率要比 AFC 和 PEMFC 高得多；③虽然高效，但是不耐腐蚀，使用寿命较短；④对于基础材料的选择性较强，一般不适宜在常温下工作；⑤工作环境要求苛刻，需要在纯氧或纯氢条件下进行。因为如果使用空气，电池在电解质中就会生成碳酸盐，从而气体的扩散通道会被阻塞，这必然会降低燃料电池电流的效率和使用的寿命。通常通过不断对电解液的循环更新来避免这个弊端。

3) 熔融碳酸盐燃料电池[29]

熔融碳酸盐燃料电池(molten carbonate fuel cell，MCFC)使用碳酸盐作为电解质，是一种中高温燃料电池，其工作温度为 600～1000℃，余热利用价值很高。可以使用石化燃料，CO 也可以当作是一种燃料。目前，这种类型的燃料电池正处于商品化前的运营示范阶段。MCFC 的电解质为熔融的碳酸盐混合物，阳极材料为多孔镍，阴极材料为锂掺杂氧化镍材料，以 CO、H_2 两者的混合气体为燃料，以 CO_2、O_2 两者的混合气体为氧化剂。MCFC 的特征是：①由于燃料氢气和一氧化碳特殊的电化学性质，电解质溶液只能选用碳酸盐，因为具有强腐蚀性的熔融盐会使电池的阴极材料出现溶解现象，从而使电池的寿命明显降低；②可以产生较高的余热，并且产生的余热比其他电池要高很多，因此电池的能量转换效率很高。

MCFC 的电化学反应如下：

阳极：$2H_2 + 2CO_3^{2-} \longrightarrow 2H_2O + 2CO_2 + 4e^-$

$$2CO + 2CO_3^{2-} \longrightarrow 4CO_2 + 4e^- \tag{1.7}$$

阴极：$$O_2 + 2CO_2 + 4e^- \longrightarrow 2CO_3^{2-} \tag{1.8}$$

总的电池反应：$$2H_2 + O_2 \longrightarrow 2H_2O \qquad 2CO + O_2 \longrightarrow 2CO_2 \tag{1.9}$$

4) 质子交换膜燃料电池[30]

质子交换膜燃料电池(proton exchange membrane fuel cell，PEMFC)是以质子交换膜作为电解质，现普遍使用全氟磺酸膜。

PEMFC 的电解质为固体聚合物，电极为碳载铂，工作温度为常温至 100℃左右。PEMFC 的电化学反应同 PAFC 一样。PEMFC 的主要特征是：①电池在室温下就可以启动，并且反应较迅速；②电池的工作效率较高，其能量转化率甚至可以高达 60%，实际的转化率近似是普通内燃机的 2.5 倍；③由于燃料电池的反应产物主要是水，没有多余的副产物和有害气体，所以可以实现零排放、低污染；④比功率相对来说比较大；⑤燃料电池的选料比较自由，氢气、甲烷、乙醇、天然气等都可以。目前 PEMFC 的燃料以氢气和甲醇为主。但是由于氢气在储存、运输、加料等方面存在较大的难度，所以现在人们大多以甲醇为燃料。PEMFC 用作汽车电源虽然具有启动快且排放物只有水汽的特点，但是它需要稀缺的 Pt 作为电极催化剂，这样大大提高了其成本，另外地球上的 Pt 储量是有限的，无法支撑其实现产业化[31]。

5) 固体氧化物燃料电池[32]

固体氧化物燃料电池(solid oxide fuel cell，SOFC)是以复合氧化物作为电解质，是一种全固体燃料电池。由于电解质材料需要在很高的温度下才会实现氧离子导电，所以该类型的电池工作温度可以达到 1000℃左右。高温下电解质与电极之间的界面化学扩散及热膨胀系数不同的材料之间的匹配等问题限制了该体系燃料电池的应用和发展。SOFC 的电解质一般是固体氧离子导体，阴极为铂，阳极为 Ni-ZrO_2 金属陶瓷。工作温度普遍为 600～1000℃。

SOFC 中的电化学反应如下：

阳极：$CH_4 + 4O^{2-} \longrightarrow CO_2 + 2H_2O + 8e^-$ (1.10)

阴极：$O_2 + 4e^- \longrightarrow 2O^{2-}$ (1.11)

总的电池反应：$CH_4 + 2O_2 \longrightarrow CO_2 + 2H_2O$ (1.12)

SOFC 的主要特征是：①SOFC 的反应仅仅发生在气-固二相区，而不是气、液、固三相区，所以装置内部不存在电极材料被电解质溶液腐蚀的问题；②SOFC 的燃料选取面较广泛，如分子量较小的氢气，以及醇类、液化石油气，甚至高碳链的柴油、煤油等都可作为燃料；③对阴极材料的选取具有较高的要求，目前还没有找到一种比铂更廉价、更合适的材料；④由于工作环境是在高温下，所以对电池内部各个部件的稳定性都有很高的要求；⑤SOFC 有高质量的余热，甚至超过熔融碳酸盐电池。另外，电池内部的电阻损失较少，可以承受高电流密度的运行环境，并且系统从制备到使用相对来说都很简单。

所有类型的燃料电池都是由阴极、阳极、电解质等几个基本单元构成的，其工作原理基本是一致的。以质子交换膜燃料电池为例，燃料和氧化剂分别由外部供应给阳极和阴极。燃料如 H_2 在阳极催化剂的催化作用下，发生氧化，形成质子和自由电子；氧化剂如 O_2 在阴极催化剂的催化作用下，发生还原反应，产生阴离子。质子通过扩散层、催化层和质子交换膜迁移向阴极，并和阴极产生的阴离子结合，形成产物即 H_2O，自由电子通过外电路，由阳极运动到阴极，外部用电器就获得了电能。在反应过程中阴极和阳极发生的电化学反应如式(1.13)～式(1.15)以及图 1.4 所示。

质子交换膜燃料电池中的电化学反应如下：

阳极：$H_2 \longrightarrow 2H^+ + 2e^-$ (1.13)

阴极：$2H^+ + 1/2O_2 + 2e^- \longrightarrow H_2O$ (1.14)

总反应：$H_2 + 1/2O_2 \longrightarrow H_2O$ (1.15)

与传统电池不同，燃料电池的燃料和氧化剂是储藏在电池外部的，所以当电池工作时，需要向内部供给燃料和氧化物，所以不同于传统电池，只要有燃料和氧化剂，燃料电池就能一直发电，容量是无限的，不受限于电池容量，这不同于普通电池。

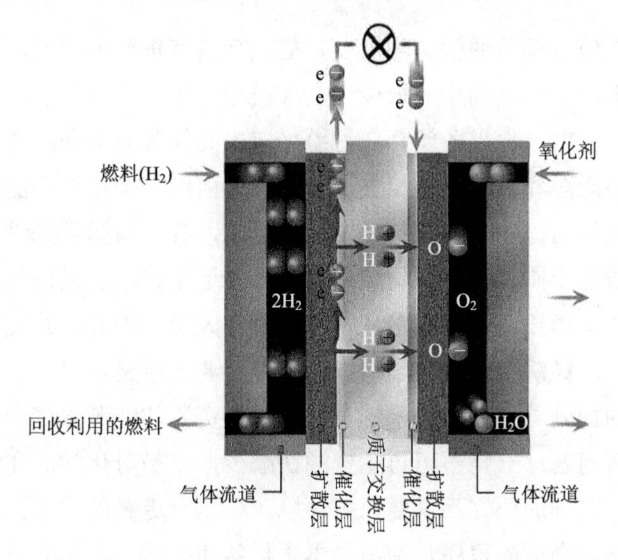

图 1.4　质子交换膜燃料电池工作原理示意图

当前的电化学能源存储与转换设备主要依靠不可再生的化石材料。使用可再生和可持续生物质材料，对建设资源节约型、环境友好型社会有重要的意义，但追求可再生和可持续的电极材料仍然面临巨大挑战。生物质材料由于本身具有多级结构，内在机械强度和可塑性，以及与其他功能材料的良好复合性，可再生生物质材料及其衍生物已经被认为是可能取代传统的化石能源电极材料。在过去的十年中，国家投入大量人力和物力用于发展可持续和高性能生物质基的电极材料。例如锂离子电池负极材料、超级电容器电极材料、燃料电池电极材料、太阳能电池材料、光催化复合材料等[33,34]。

1.3　能源环境材料的发展意义

发展新能源，是世界能源发展大趋势，也是我国应对全球产业结构优化升级挑战的需要。发展新能源，调整优化能源结构，才能保证我国能源供应安全，促进能源与经济、社会、环境协调发展。能源是工业的粮食，是国民经济的命脉。能源问题不仅是重大的经济和社会问题，而且涉及重大的环境、安全等问题。我国“十四五”规划明确提出，新能源产业是发展战略性新兴产业的重要组成部分。随着我国经济的快速发展，对能源的需求越来越多，常规的化石能源供应不足的矛盾日益突出。能源材料的发展不仅有利于解决和补充我国化石能源供应不足的问题，而且可以调整我国能源结构，保护环境，走可持续发展之路。开发利用新能源材料对于构建资源节约型、环境友好型社会具有重要的意义。新能源和可再生能源，清洁干净、污染物排放很少，是人类赖以生存的地球生态环境相协调发展的清洁能源。目前，世界各国都在纷纷采取提高能源效率和改善能源结构的措施，解决这一与能源和消费密切相关的重大环境问题，即所谓的能源效率革命和清洁能源革命。然而，在能源材料开发和利用上，我国与国际先进水平还存在着很大的差距，发展中国家在能源材料的利用上普遍是技术含量很低的粗放利用或引用发达国家的关键设备，而我国又是能源消耗大国，因此，开发能源材料是我国的必经之路，对经济的发展与社会进步具有重要的意义。

环境污染的加剧导致人们越来越关注可再生资源的能源生产和储存。能源研究出现了两个新问题：一是不可再生资源在减少，二是对化学品和能源的需求不断增加。因此，新颖的研究不仅要保护环境，还要有更高的效率。解决所有这些问题的绿色化学最合适的程序是使用可再生材料和能源。近年来对其进行了大量研究，如利用可再生材料合成化学物质并从可再生生物质材料中生产能量。利用可再生生物质材料生产能源和化学物质具有降低废弃材料引起的环境污染、降低生产成本和减少化学生产过程导致的环境污染三大优势，这三个显著优势源于生物质材料的可持续性，有助于工业保护环境。能量储存是近几十年来被广泛研究的另一个重要问题。在过去十年中，通过可再生生物质材料储存能量技术得到了迅速发展。因此，利用可再生生物质材料是人类解决能源与环境难题的方法之一。

1.4　生物质环境功能材料

生物质材料是指利用植物或其加工产生的废弃物作为原材料，通过物理、化学、生物等技术手段对其加工，制备出具有性能优异与高附加值的新型材料[35]。生物质材料作为一种可再生的资源宝库，被看作是未来理想的能源来源。生物质材料本身具有多级结构、良好的机械强度和可塑性，能够与其他功能性无机/有机材料相容复合。因而，可再生生物质及其衍生物被认为是可能取代传统的化石能源材料的先进材料。生物质材料本身具有新颖的形貌、多尺度多层次的微纳结构、特异化的微观结构，增强了材料的性能。在惰性气体保护或真空环境下，生物质材料中丰富的碳素化合物的初步分解和进一步碳化，可获得具有多级结构的生物质基碳材料[36,37]。如以竹、花粉粒、棉纤维和微藻等生物材料作为模板经高温碳化制备具有多种结构的生物质碳基材料。与传统的多孔材料相比，生物质碳材料具有更为复杂的分级孔隙结构[38,39]。这些具有特殊孔径尺寸和拓扑结构的生物质材料在传质过程中具有更小的扩散阻力，其孔壁上的微孔和介孔存在更多的活性位点。这种新颖的多孔碳材料具有可控的形态、疏密度、骨架结构，特别是碳骨架具有的分层孔隙度。具有一维和三维分级孔道网络的碳材料被广泛应用于超级电容器、锂离子电池、氢气存储、光子材料、燃料电池和气体分离等领域[40-46]。而且生物质材料中含有众多杂原子(如硅、氮、铁、磷、硫等)，在碳材料形成过程中及其性能优化方面具有重要的调控作用。例如，生物质中含有的过渡金属(如 Fe、Ni)离子在碳化过程中，被生物质碳还原为金属纳米粒子，单质 Fe 和 Ni 粒子同时对碳体起催化作用，最终生成了石墨化的碳材料[44,45]。生物质制备的多孔碳，例如真菌、玉米秸秆、木质纤维素、淀粉等，被看作是潜在的超级电容器和二氧化碳捕捉材料[46-49]。通过控制热解过程、控制不同孔隙率，获得了理想的电容性能材料。例如，海藻酸是一种从海洋褐藻中提取的多糖，被广泛应用于固定化酶、蛋白质添加剂和纳米半导体材料的制造[52-56]。海藻酸盐是含有丰富的羧基和羟基的高分子碳矩阵，当这些官能团转化为碳氧化物和水、碳聚合物矩阵碳化后就可以转换成自然的碳质材料[52-56]。作为典型的水生植物的海藻，被认为是制备生物质材料的理想原料之一。一方面，海藻的光合作用效率高，与陆生植物相比，其产量更高；另一方面，海藻的栽种不需要占用淡水与土地资源，这可以大幅减少成本。所以，采用海藻生物质来制备新型碳材料具有独特的优势与先天条件[62]。

海藻是多种多系光合真核生物和原核生物的非正式术语，藻类是首先出现在地球上的植物物种，发生在大约 32 亿年前的前寒武纪时期。藻类遍布全球，尤其是在潮湿的地方、沿海地区和海洋中。大量的藻类导致人们对这些生物的关注越来越多。藻类有多种用途，包括食品添加剂、动物饲料、肥料、营养原料、药物物质、化妆产品(图 1.5)。此外，还有几种重要的化学品由藻类提取物获得，被认为是藻类产品的高级方面。用低风险和低成本材料生产化学物质与可再生生物质材料的主要优势有关。因此，已经从藻类中获得了许多有益的化学物质。此外，藻类也有一些缺点。有报道称，游过或吞食藻类浮渣的人会出现皮肤和眼睛刺激、呕吐、肌肉无力、恶心或痉挛。蓝绿藻(蓝藻)的生长会导致表面形成一层浮渣、水中有异味，甚至会危及健康。绿藻过度生长可能将水体染成绿色，导致水华，引起植物死亡。此外，一些藻类物种会导致水中营养物质(氮和磷)过多。因此，应合理开发利用海藻生物质，拓展海藻在环境、能源、催化等新兴领域的引领发展。

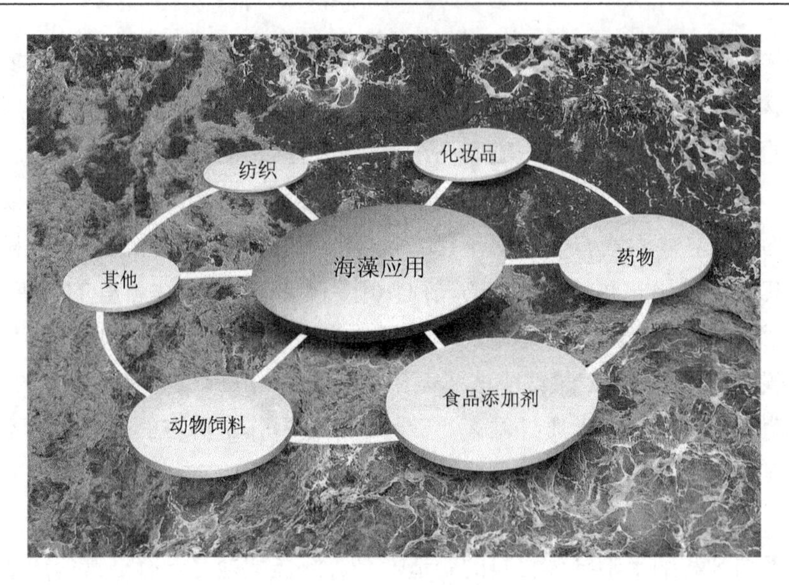

图 1.5　海藻应用

参 考 文 献

[1] Chu S, Majumdar A. Opportunities and challenges for a sustainable energy future[J]. Nature, 2012, 488(7411): 294.

[2] Kang Y, Yang P, Markovic N M, et al. Shaping electrocatalysis through tailored nanomaterials[J]. Nano Today, 2016, 11(5): 587-600.

[3] Wang G, Zhang L, Zhang J. A review of electrode materials for electrochemical supercapacitors[J]. Chemical Society Reviews, 2012, 41(2): 797-828.

[4] Dusastre V. Materials for Sustainable Energy: A Collection of Peer-Reviewed Research and Review Articles from Nature Publishing Group[M]. London: Macmillan Publishers Ltd, 2010.

[5] Winter M, Brodd R J. What are batteries, fuel cells, and supercapacitors[J]. Chemical Reviews, 2004, 104(10): 4245-4269.

[6] Llave E D L, Borgel V, Park K J, et al. Comparison between Na-ion and Li-ion cells: Understanding the critical role of the cathodes stability and the anodes pretreatment on the cells behavior[J]. ACS Applied Materials & Interfaces, 2016, 8(3): 1867-1875.

[7] 朱子翼, 董鹏, 张举峰, 等. 新一代储能钠离子电池正极材料的改性研究进展[J]. 化工进展, 2020, 39(3): 1043-1056.

[8] Vaalma C, buchholz D, Weil M, et al. A cost and resource analysis of sodium-ion batteries[J]. Nature Reviews Materials, 2018, 3: 18013.

[9] Yabuuchi N, Kubota K, Dahbi M, et al. Research development on sodium-ion batteries[J]. Chemical Reviews, 2014, 114(23): 11636-11682.

[10] Chen L, Fiore M, Wang J E, et al. Readiness level of sodium-ion battery technology: A materials review[J]. Advanced Sustainable Systems, 2018, 2(3): 1700153.

[11] Skundin A M, Kulova T L, Yaroslavsev A B. Sodium-ion batteries: A review[J]. Russian Journal of Electrochemistry, 2018, 54(2): 113-152.

[12] 方永进，陈重学，艾新平，等. 钠离子电池正极材料研究进展[J]. 物理化学学报，2017, 33(1): 211-241.

[13] 王涛. 胶态锂离子电池及其材料的研究[D]. 上海: 复旦大学, 2003.

[14] Shi H, Barker J, Saidi M Y, et al. Structure and lithium intercalation properties of synthetic and natural graphite[J]. Electrochemical Society, 1996, 143(11): 3466-3472.

[15] Largeot C, Portet C, Chmiola J, et al. Relation between the ion size and pore size for an electric double-layer capacitor[J]. Journal of the American Chemical Society, 2008, 130(9): 2730-2731.

[16] Kandalkar S G, Dhawale D S, Kim C K, et al. Chemical synthesis of cobalt oxide thin film electrode for supercapacitor application[J]. Synthetic Metals, 2010, 160(11): 1299-1302.

[17] Babakhani B, Ivey D G. Improved capacitive behavior of electrochemically synthesized Mn oxide/PEDOT electrodes utilized as electrochemical capacitors[J]. Electrochimica Acta, 2010, 55(12): 4014-4024.

[18] Sarangapani S, Tilak B V, Chen C P. Materials for electrochemical capacitors theoretical and experimental constraints[J]. Journal of the Electrochemical Society, 1996, 143(11): 3791-3799.

[19] Simon P, Gogotsi Y. Materials for electrochemical capacitors[J]. Nature Materials, 2008, 7(11): 845-854.

[20] Pandolfo A G, Hollenkamp A F. Carbon properties and their role in supercapacitors[J]. Journal of Power Sources, 2006, 157(1): 11-27.

[21] Conway B E, Birss V, Wojtowicz J. The role and utilization of pseudocapacitance for energy storage by supercapacitors[J]. Journal of Power Sources, 1997, 66(1): 1-14.

[22] Zhang Y, Feng H, Wu X, et al. Progress of electrochemical capacitor electrode materials: A review[J]. International Journal of Hydrogen Energy, 2009, 34(11): 4889-4899.

[23] Lin J H, Ko T H, Lin Y H, et al. Various treated conditions to prepare porous activated carbon fiber for application in supercapacitor electrodes[J]. Energy & Fuels, 2009, 23(9): 4668-4677.

[24] Uvarov N F, Mateyshina Y G, Ulihin A S, et al. Surface electrochemical treatment of carbon materials for supercapacitors[J]. ECS Transactions, 2010, 25(21): 11-16.

[25] Yan Y, Xia B Y, Zhao B, et al. A review on noble-metal-free bifunctional heterogeneous catalysts for overall electrochemical water splitting[J]. Journal of Materials Chemistry A, 2016, 4(45): 17587-17603.

[26] Steele B C H, Heinzel A. Materials for fuel-cell technologies[J]. Nature, 2001, 414(6861): 345-352.

[27] An L, Chai Z H, Zeng L, et al. Mathematical modeling of alkaline direct ethanol fuel cells[J]. International Journal of Hydrogen Energy, 2013, 38: 14067-14075.

[28] Appleby A J. Fuel cells-phosphoric acid fuel cells[J]. Encyclopedia of Electrochemical Power

Sources, 2009: 533-547.

[29] Qin C, Gladney A. DFT study of and relevant to oxygen reduction with the presence of molten carbonate in solid oxide fuel cells[J]. Computational and Theoretical Chemistry, 2012, 999: 179-183.

[30] Gandiglio M, Lanzini A, Santarelli M, et al. Design and optimization of a proton exchange membrane fuel cell CHP system for residential use[J]. Energy and Buildings, 2014, 69: 381-393.

[31] 陈彬剑, 方肇洪. 燃料电池技术的发展现状[J]. 节能与环保, 2004, (8): 36-39.

[32] Stephanie S, Moritz H, Josef K, et al. Pressurized solid oxide fuel cells: Experimental studies and modeling[J]. Journal of Power Sources, 2011, 196: 7195-7202.

[33] 张立杰. 基于海藻酸钠的碳气凝胶材料的制备及结构性能研究[D]. 青岛: 青岛大学, 2015.

[34] 秦益民. 海藻酸纤维在医用敷料中的应用[J]. 合成纤维, 2003, (4): 11-16.

[35] 蒋剑春. 生物质能源转化技术与应用(Ⅰ)[J]. 生物质化学工程, 2007, 41(3): 59-65.

[36] 马晓军, 赵广杰. 新型生物质碳材料的研究进展[J]. 林业科学, 2008, 44(3): 147-150.

[37] 王玉新, 时志强, 周亚平. 孔隙发达竹质活性炭的制备及其电化学性能[J]. 化工进展, 2008, 27(3): 399-403.

[38] Aizenberg J, Weaver J C, Thanawala M S, et al. Skeleton of *Euplectella* sp. : Structural hierarchy from the nanoscale to the macroscale[J]. Science, 2005, 309(5732): 275-278.

[39] Zou C, Wu D, Li M, et al. Template-free fabrication of hierarchical porous carbon by constructing carbonyl crosslinking bridges between polystyrene chains[J]. Journal of Materials Chemistry, 2010, 20(4): 731-735.

[40] Chen W, Zhang H, Huang Y, et al. A fish scale based hierarchical lamellar porous carbon material obtained using a natural template for high performance electrochemical capacitors[J]. Journal of Materials Chemistry, 2010, 20(23): 4773-4775.

[41] Fang B, Kim M, Fan S Q, et al. Facile synthesis of open mesoporous carbon nanofibers with tailored nanostructure as a highly efficient counter electrode in CdSe quantum-dot-sensitized solar cells[J]. Journal of Materials Chemistry, 2011, 21(24): 8742-8748.

[42] Wu F C, Tseng R L, Hu C C, et al. Physical and electrochemical characterization of activated carbons prepared from firwoods for supercapacitors[J]. Journal of Power Sources, 2004, 138(1): 351-359.

[43] Briscoe J, Marinovic A, Sevilla M, et al. Biomass-derived carbon quantum dot sensitizers for solid-state nanostructured solar cells[J]. Angewandte Chemie International Edition, 2015, 54(15): 4463-4468.

[44] Wang R, Wang P, Yan X, et al. Promising porous carbon derived from celtuce leaves with outstanding supercapacitance and CO_2 capture performance[J]. ACS Applied Materials & Interfaces, 2012, 4(11): 5800-5806.

[45] Fang B, Kim J H, Kim M, et al. Ordered hierarchical nanostructured carbon as a highly efficient cathode catalyst support in proton exchange membrane fuel cell[J]. Chemistry of Materials, 2009, 21(5): 789-796.

[46] Li P Z, Zhao Y. Nitrogen-rich porous adsorbents for CO_2 capture and storage[J]. Chemistry: An Asian Journal, 2013, 8(8): 1680-1691.

[47] Deng D, Liao X, Shi B. Synthesis of porous carbon fibers from collagen fiber[J]. ChemSusChem, 2008, 1(4): 298-301.

[48] Wang C, Ma D, Bao X. Transformation of biomass into porous graphitic carbon nanostructures by microwave irradiation[J]. The Journal of Physical Chemistry C, 2008, 112(45): 17596-17602.

[49] Zhu H, Wang X, Yang F, et al. Promising carbons for supercapacitors derived from fungi[J]. Advanced Materials, 2011, 23(24): 2745-2748.

[50] Chen W, Zhang H, Huang Y, et al. A fish scale based hierarchical lamellar porous carbon material obtained using a natural template for high performance electrochemical capacitors[J]. Journal of Materials Chemistry, 2010, 20(23): 4773-4775.

[51] Wei L, Sevilla M, Fuertes A B, et al. Hydrothermal carbonization of abundant renewable natural organic chemicals for high-performance supercapacitor electrodes[J]. Advanced Energy Materials, 2011, 1(3): 356-361.

[52] Wang R, Wang P, Yan X, et al. Promising porous carbon derived from celtuce leaves with outstanding supercapacitance and CO_2 capture performance[J]. ACS Applied Materials & Interfaces, 2012, 4(11): 5800-5806.

[53] Buaki-Sogo M, Serra M, Primo A, et al. Alginate as template in the preparation of active titania photocatalysts[J]. ChemCatChem, 2013, 5(2): 513-518.

[54] Dutta S, Patra A K, De S, et al. Self-assembled TiO_2 nanospheres by using a biopolymer as a template and its optoelectronic application[J]. ACS Applied Materials & Interfaces, 2012, 4(3): 1560-1564.

[55] Tao X, Chen X, Xia Y, et al. Highly mesoporous carbon foams synthesized by a facile, cost-effective and template-free Pechini method for advanced lithium-sulfur batteries[J]. Journal of Materials Chemistry A, 2013, 1(10): 3295-3301.

[56] Qiu Z, Huang H, Du J, et al. NbC nanowire-supported Pt nanoparticles as a high performance catalyst for methanol electrooxidation[J]. The Journal of Physical Chemistry C, 2013, 117(27): 13770-13775.

[57] Xia Y, Zhang W, Xiao Z, et al. Biotemplated fabrication of hierarchically porous NiO/C composite from lotus pollen grains for lithium-ion batteries[J]. Journal of Materials Chemistry, 2012, 22(18): 9209-9215.

[58] Xia Y, Zhang W, Huang H, et al. Biotemplating of phosphate hierarchical rechargeable $LiFePO_4$/C spirulina microstructures[J]. Journal of Materials Chemistry, 2011, 21(18): 6498-6501.

[59] Wang Y, Wang X, Antonietti M. Polymeric graphitic carbon nitride as a heterogeneous organocatalyst: From photochemistry to multipurpose catalysis to sustainable chemistry[J]. Angewandte Chemie International Edition, 2012, 51(1): 68-89.

[60] bin Mohd Yusoff A R, Kim D, Kim H P, et al. A high efficiency solution processed polymer inverted triple-junction solar cell exhibiting a power conversion efficiency of 11.83%[J]. Energy & Environmental Science, 2015, 8(1): 303-316.

[61] Wu X L, Wen T, Guo H L, et al. Biomass-derived sponge-like carbonaceous hydrogels and aerogels for supercapacitors[J]. ACS Nano, 2013, 7(4): 3589-3597.

[62] 刘生利, 杨磊, 李思东, 等. 海藻膳食纤维制取、特性及功能活化研究进展[J]. 广东化工, 2010, 37(2): 117-119.

第 2 章　海洋的馈赠——海藻及多糖

2.1　海藻资源种类及分布

藻类植物的种类繁多，目前已知有约 3 万种。早期的植物学家多将藻类和菌类纳入一个门类，即藻菌植物门。随着人们对藻类植物认识的不断深入，特别是1931 年 Pascher 的“平行进化学说”发表后，认为藻类不是一个自然分类群，并根据它们营养细胞中色素的成分、含量、同化产物、运动细胞的鞭毛以及生殖方法等分为若干个独立的门。对于分门，存在很大分歧，我国藻类学家主张将藻类分为 11 个门：蓝藻、红藻、隐藻、甲藻、金藻、黄藻、硅藻、褐藻、裸藻、绿藻、轮藻。

当前，全世界现有的海藻记录有 12800 种，其中红藻 4100 种，褐藻 2000 种，绿藻 6700 种。我国沿海已有的记录 835 种：红藻门 36 科，140 属，463 种；褐藻门 25 科，58 属，260 种；绿藻门 15 科，45 属，207 种。

广东沿岸的海藻物种约 246 种，福建、台湾、南海诸群岛沿岸物种 220 种，黄海西岸(包括渤海区)物种约 200 种。各门类的属、种数在各海区的分布不尽相同，其中，红藻门的属数在各海区没有多大差别，但褐藻门属数的分布有自北往南逐渐减少的现象，黄海西岸褐藻的属数(35 种)是海南岛沿岸属数(12 属)的近 3 倍。而绿藻门属数的分布则呈现自北往南递增的趋势，海南岛沿岸绿藻的属数(27 属)是黄海西岸属数(12 属)的 2 倍多。此外，南海诸群岛的各门类普遍出现属数少、种数多，其总属数是各海区最少的，但物种数却达 224 种[1]。

藻类可按其大小和颜色来分类。根据大小，藻类分为大型藻类和微藻类。大型藻类又分为三大类：绿藻、褐藻、红藻。图 2.1 说明了按大小和颜色对藻类进行分类。然而，藻类分类在生物学中要复杂得多，但基于大小和颜色的分类就足以了解藻类种类。微藻分类目前仍然被认为是一个需要进一步研究的复杂课题。几种真核和原核微生物被认为是微藻。例如，蓝绿藻(蓝藻)是一种原核微生物，被称为微藻。为了表征和鉴定微藻产品，已经研究出了一些方法，例如显微和系统发育分析以及介电光谱学。藻类的主要结构成分是脂类、直链淀粉、纤维素，它们含有多种有机官能团，如酯类、甘油酯和糖类。藻类的几个重要应用和产品起源于藻类中的脂质结构。从藻类中提取的脂质可以转化为不同的物质，如碳氢化合物、生物燃料和蛋白质。

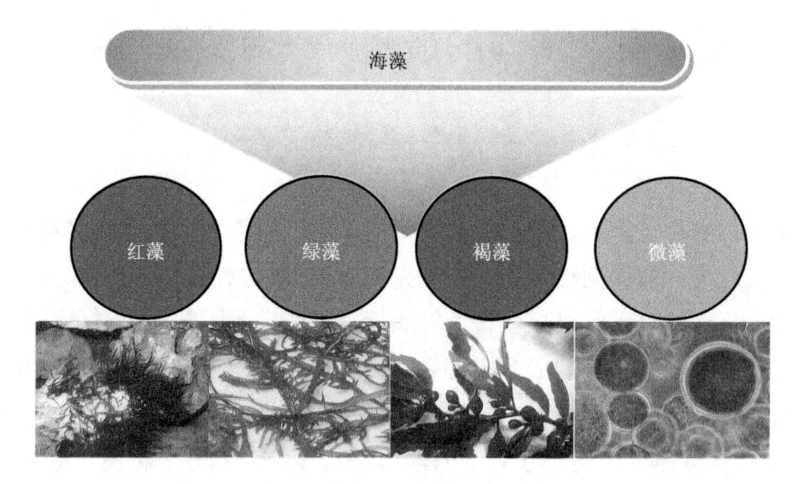

图 2.1　海藻分类

2.1.1　褐藻

褐藻是海藻中第二大藻类，其种属达到 308 属 2000 种[2]。我国的海洋褐藻物种多样性的研究成果主要收录于《中国海洋生物名录》[3]，中国海域的 58 属 260 种褐藻(含变种)被识别记录在册。褐藻是最大的藻之一，如海带目巨藻科巨藻属的褐藻长度能达到 100 余米[4]。在藻类植物中，褐藻门是多细胞植物体形态构造较为高级的一类，可进行有性繁殖和无性繁殖[5]。海洋不同于陆地，特殊的环境使得海藻具有不同于陆生植物的独特生理生化特性。褐藻中含有一种特殊的岩藻黄质[6]，使得藻体通常呈现黄褐色或暗褐色，且不同于叶绿素，其光合作用产生的产物是甘露醇和褐藻淀粉。

我国的海藻生产与消费量均十分巨大，仅褐藻中海带的年养殖量就达到了 400×10^4 t[7]。褐藻含有丰富的活性物质，在工业上有重要的应用，泡叶藻属、海带属、马尾藻属和墨角藻属是最常见的经济褐藻。

(1) 褐藻含有褐藻胶、褐藻糖胶和褐藻淀粉等不同的多糖，其中褐藻胶因在藻体中含量高且用途广泛，目前已规模化生产。2011 年，我国褐藻胶的产量达到了 4000 t，产值超过 20 亿元[8]；而褐藻糖胶和褐藻淀粉在藻体中的含量虽然最低，是食品工业生产褐藻胶的副产品，但来源充足且经济价值高。

(2) 褐藻糖胶又称岩藻聚糖硫酸酯，是当前褐藻活性物质研究热点，在功能性食品、化妆品等领域具有潜在的应用价值[9]。

(3) 此外，褐藻中发现的主要化合物[10-12]结构类型还有不饱和脂肪酸、甘油糖脂、褐藻多酚、植物甾醇、混源萜类、含氮化合物、溴酚化合物、倍半萜、二萜、三萜、甾体、卤化物，并有少量生物碱、脂肪烃、糖苷类化合物，其中大量结构新颖的化合物具有抗凝血、抗菌、抗衰老、抗病毒、抗肿瘤、降血糖等活性。

2.1.2　红藻

红藻在我国黄海区、东海区和南海区都有广泛分布，它们绝大部分生活在近海岸的潮下带和潮间带区域[13]。由于红藻具有藻红素和藻蓝素，呈现特有的红色或粉红色，且可以吸收叶绿素无法吸收的青绿光，相较于绿藻和褐藻，红藻可以在相对较深的海域生长[14]。

红藻分两个纲，即紫菜亚纲 (Bangiophyceae) 和真红藻纲 (Florideophyceae)，大约有 558 个属，4100 种[15]。绝大多数红藻分布在海水中，淡水中仅分布 10 多个属，50 多个种。石花菜属 (*Gelidium*) 和江蓠属 (*Gracilaria*) 是最主要的产琼胶 (agar) 红藻，其中石花菜属产的琼胶质量是红藻门内最好的，而江篱属则是最大范围的琼胶来源[16]。角叉菜属 (*Chondrus*)、卡帕藻属 (*Kappaphycus*) 和麒麟菜属 (*Eucheuma*) 是最主要的产卡拉胶 (carrageenan) 红藻[17]。由于红藻含有用途广泛、经济价值高的海藻多糖，我国沿岸各省份都已开展了红藻的规模化人工养殖。

红藻组成与陆生植物有很大不同。红藻中含量最丰富的成分是多糖，包括纤维素和琼胶或卡拉胶；另外，还含有蛋白质、脂类以及极微量的木质素[18]。

在琼胶类红藻中，琼胶是含量最高的碳水化合物。琼胶，也称琼脂，是江蓠属和石花菜属红藻细胞壁的主要成分，主要由琼脂糖 (agarose) 和琼脂胶 (agaropectin) 组成[19]。其中，琼脂糖是由 D-半乳糖和 3,6-内醚-L-半乳糖 (3,6-anhydro-L-galactose，L-AHG) 通过 α-1,3-和 β-1,4-糖苷键交替连接组成的线形链状多糖分子；琼脂胶主链结构与琼脂糖类似，其分子量小于琼脂糖，C-2、C-4 或 C-6 含有大量的酸性修饰基团，如硫酸、丙酮酸、糖醛酸等，也存在甲基化修饰，结构较为复杂[20]。琼胶的凝胶化作用主要是因为琼脂糖的存在，琼脂胶的凝胶形成能力很差，较高的 L-AHG 含量和较低的硫酸基含量有助于得到良好的凝胶质量[21]。琼脂糖和琼脂胶的比例因种属来源和收获季节而不同。例如，石花菜属和鸡毛菜属 (*Pterocladia*) 红藻的琼脂糖含量高于江蓠属，琼脂糖含量高低决定了凝胶强度和凝胶温度等琼脂质量参数。

在卡拉胶类红藻中，卡拉胶是含量最高的碳水化合物。卡拉胶，又称角叉菜胶、鹿角菜胶，是角叉菜属和麒麟菜属红藻细胞壁的主要成分[22]。卡拉胶是由D-半乳糖和 3,6-内醚-D-半乳糖(3,6-anhydro-D-galactose，D-AHG)通过 α-1,3-和β-1,4-糖苷键交替连接组成的含有硫酸酯基团的线性高分子多糖，其硫酸酯含量约为 15%～40%(*w*/*w*)。根据其硫酸基的数量、连接位置和是否含有 3,6-内醚键，卡拉胶可进一步分类为 λ、κ 和 ι 等类型[23]。硫酸酯基团和 3,6-内醚键对卡拉胶的理化性能影响非常大，尤其是硫酸酯基团，卡拉胶的凝胶形成、凝胶性能、流变学性质及应用特性都与这两者相关[24]。硫酸酯基团以共价键与半乳吡喃糖基团上的C-2、C-4 或 C-6 相连接，导致卡拉胶带有较强的负电性，一般认为硫酸酯含量越高越难形成凝胶；3,6-内醚醚桥键即为硫酸酯基团脱除 C-6 与 C-3 位羟基作用形成。这三种不同类型的卡拉胶中，κ 型卡拉胶含有最低含量的硫酸酯(25%～30%，*w*/*w*)和最高含量的 D-AHG(28%～35%，*w*/*w*)，这使得其在钾离子环境中形成最大强度和硬度的凝胶。相反，λ 型卡拉胶的硫酸酯含量很高(32%～39%，*w*/*w*)，不含有内醚键，使得其几乎没有凝胶形成能力，只起增稠作用[25]。

2.1.3 绿藻

绿藻是藻类植物中最大的一门，约有 350 个属，6700 种。其分成两个纲，即绿藻纲和轮藻纲。我国一般将绿藻纲分为 13 个目，即团藻目、四孢藻目、绿球藻目、丝藻目、具毛藻目、石莼目、溪菜目、鞘藻目、刚毛藻目、管藻目、管枝藻目、绒枝藻目和接合藻目。轮藻纲中只有轮藻目。

绿藻分布在淡水和海水中，海产种类约占 10%，淡水产种类约占 90%。有些种类专门生活在海水中，如鞘藻目。石莼目和管藻目是海产种占优势。丝藻目是淡水种占优势，另外也有不少种生活在半咸水中。海产种多分布在海洋沿岸，往往附着在 10 m 以上浅水中的岩石上。许多海产种有一定的地理分布，这是由水的温度决定的。淡水种的分布很广，江河、湖泊、沟渠、积水坑中，潮湿的土壤表面，墙壁上，岩石上，树干上，花盆四周，甚至在冰雪上都可找到。它们中部分是沉在水中生长，许多单细胞和群体种类是漂浮在水中，但在海水中没有浮游的绿藻，有的绿藻也可以寄生在动物体内，或者与真菌共生形成地衣。一般淡水种不受水温的限制，大部分分布在世界各地。

2.2 藻类的转化和提取

藻类物种成本低、风险低，因此对藻类的研究得到迅速发展。藻类物种具有几个显著的优势，例如对环境无害、可用、成本低，并且它们的结构中还包含有价值的化合物，这让许多研究人员和从业者着迷。例如，可通过藻类实现对水中有害离子的吸收，二氧化碳(CO_2)作为温室气体被藻类吸收。此外，一些藻类也应用于生化和医学领域，如抗癌、药物输送和支架。藻类中丰富的化学物质可以通过三种方法获得：①直接从藻类中提取的产品，例如生物聚合物；②由藻类生产的生物氢和次级代谢产物等产品；③由藻类或其衍生物制成的产品，例如生物燃料。从藻类等生物质材料中获取化合物主要有提取和转换两种。几乎所有来自生物质的化学物质都是通过这两种方法获得的。第一种方法是提取，如果该物质存在于生物质中并且不是通过化学方法获得的，则使用提取程序。第二种方法是转换，如果该物质不存在于生物质中，而是通过水解和酯交换等化学反应获得的，则使用转换程序。大多数藻类应用可以概括为两个实质性问题：能源和化学物质的生产。来自藻类的化学物质可减少对环境的污染，藻类的脂质部分在制备能量和化学物质方面具有重要作用。

2.2.1　海藻酸钠的来源和性质

2.2.1.1　海藻酸钠的来源

褐藻当中存在着大量的海藻酸盐，海藻酸盐主要以钠盐和钙盐的形式存在于其细胞中，干燥的褐藻大约含有其质量五分之一的海藻酸盐。海藻酸(alginic acid)是一种天然高分子多糖，分子量分布范围广，可从几万到几十万，目前主要作为稳定剂、增稠剂和凝胶剂应用于食品、医药、消防、纺织等行业中[26]。1881 年，英国化学家 Stanford 首次发现并报道了从褐藻类植物中提取一种胶状物质。而海藻酸钠作为海藻酸盐的一种钠盐于 1927 年开始进行商业化生产，并在 1944 年实现了食品级海藻酸钠产业化。当前，全世界每年约生产 30 000 t 海藻酸钠，而我国海藻酸钠的年产量占世界年产量的四分之一左右。

2.2.1.2　海藻酸钠的性质

海藻酸是一种无规则的线型嵌段共聚物，也是一种线型天然高分子，它是由 β-D-甘露糖醛酸(M 单元)和 α-L-古罗糖醛酸(G 单元)通过 1,4-键合形成的[27]。G 单元和 M 单元的结构式见图 2.2，两单元是立体异构体，但分子基团的空间位置不同，物理化学性质有很大的差异，其中 G 单元比 M 单元具有更大活性，M 单元拥有更好的生物相容性[28]。海藻酸的结构与海藻的生存的环境有着密切关系，海藻酸结构中的M/G单元组成是海藻类植物调节其自身结构的一个重要方法，并且随着海藻生存环境的变化而变化。研究表明，随着海藻的生长，海藻酸中的G单元含量增加，同时海藻的刚性变得更明显。而从海藻中提取的海藻酸盐是一种直链高分子聚合物，即M和G单元通过直线连接。M单元和G单元单体在海藻酸盐大分子中共有两种排列方式：无规共聚物，两种单体结构单元的排列次序无规；多个G段和M段单体分别形成链段后又相互连接的嵌段共聚物[29]。海藻酸钠中的M单元和G单元主要以三种方式进行组合，即连续的M段(MM)、连续的G段(GG)和交替的MG段(MG)。MM段中相邻的M单元是以1e-4e两个平伏键的糖苷键相连的，其韧性较大，构象容易活动，链段易弯曲[30]。GG中相邻两G单元间以1a-4a两个直立键的糖苷键相连而成，为双折叠螺旋构象，不易弯曲，灵活性较低[31]。MG段性能介于前两者之间。

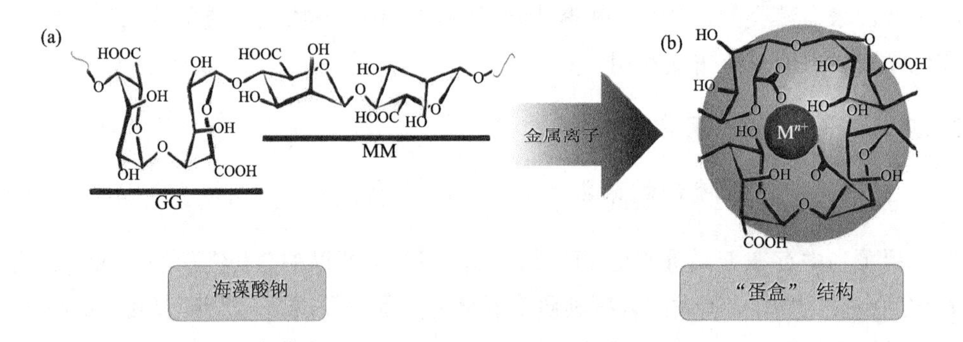

图2.2　海藻酸钠及“蛋盒”结构

海藻酸盐与金属离子可以产生凝胶效应，其机理普遍认为是“蛋盒结构”。相邻的两个海藻酸盐大分子中均聚G嵌段的官能团能与金属离子(M^{n+})发生螯合，所以G段含量高的海藻酸分子更容易发生凝胶[32]。在溶液中，相邻两个海藻酸盐大分子上的四个G单元协同结合，由于G单元的亲水基团的作用，中间形成亲水空间。当金属离子进入此亲水空间后，与G单元上的羧基、羟基上的氧原子发生螯合，形成三维网状结构，形状类似于蛋盒，因此称为“蛋盒”结构，见图2.2[33]。海藻酸盐的凝胶有优异的生物相容性和凝胶溶胶性能，可应用于创伤治疗、药物输送和组织工程。近年来，利用海藻酸盐所具有的凝胶效应，水溶性的海藻酸盐可以通过湿法纺丝制得海藻纤维[34]。

(1)海藻酸盐是一种亲水的高分子聚合物，分子中含有大量的羧基和羟基，与水分子中的羟基能产生相互作用，使得海藻酸易溶于水，但溶解度很小，且不易溶于乙醇、丙酮等有机溶剂。海藻酸盐可分水溶性和水不溶性，其中一价海藻酸盐和 Mg^{2+}、Hg^{2+}二价盐及其衍生物为水溶性，其他多价海藻酸盐为水不溶性的。

(2)海藻酸盐溶液的 pH 在 6～11 间，其水溶液稳定性较好；而当 pH＜6 时，海藻酸就会析出；在强碱溶液中，会发生凝聚作用；当 pH=7 时，溶液性质最为稳定[35]。

(3)水溶性的海藻酸盐溶液的黏度随浓度、分子量和温度的增加而增加。但是当海藻酸盐溶液温度高于 80℃时，海藻酸盐分子将发生脱羧反应而发生降解，黏度降低。

(4)海藻酸盐分子受温度、光、微生物等因素的影响，会发生不同程度的降解。在强酸和强碱环境中降解比较快。另外，热、紫外光、射线、酶、化学药剂都可以使海藻酸盐分子发生降解[36-41]。

2.2.2　卡拉胶的来源和性质

2.2.2.1　卡拉胶的来源

卡拉胶是一种从红藻中提取的海洋生物多糖，与海藻酸钠、琼胶统称为世界三大海藻胶。卡拉胶一般呈白色或乳白色粉末状，无臭或略微带海腥味，可以溶于热水，形成黏稠的、透明的易流动液体[42-44]。目前，卡拉胶由于其优异的生物相容性，被广泛地应用于化学、生物、食品、医学研究等领域。如利用卡拉胶的亲水性及其乳化、凝胶和增稠特性，可以将其作为食品添加剂，应用于果冻、冰淇淋、乳制品、面包、罐头、调味品、肉食品等方面。

2.2.2.2　卡拉胶的性质

卡拉胶的化学结构是由硫酸基化或非硫酸基化的半乳糖和 3,6-脱水半乳糖通过 α-1,3-糖苷键和 β-1,4 糖苷键交替连接而成的线型多糖化合物。卡拉胶大分子链中多数结构单元中含有一个或者两个磺酸基团，大分子链段中总磺酸基含量为 15%～40%。根据其半乳糖残基上磺酸基团的不同，主要分为 λ、κ 和 ι 构型，如图 2.3 所示[45-47]。

卡拉胶的凝胶性与大分子链上磺酸基的数目与位置密切相关。其中，κ-型和 ι-型卡拉胶可在水溶液中形成热可逆凝胶。卡拉胶形成凝胶的机理为双螺旋机理，如图 2.4 所示，热可逆凝胶化过程分两步完成：第一步“线团到螺旋”；第二步“聚集到凝胶化”[48]。金属离子对卡拉胶的促凝胶化作用，如在某些阳离子(Co^{2+}、

Fe^{3+}、Ni^{2+}、Ca^{2+}和K^{+}等)存在下，卡拉胶的凝胶化过程得以进行或被加速，在一定范围内，凝胶强度随阳离子浓度增加而增强[49]。根据这一特性，可以制备多种卡拉　胶-金属离子水凝胶，经过冷冻干燥后，转化为卡拉胶-金属气凝胶。

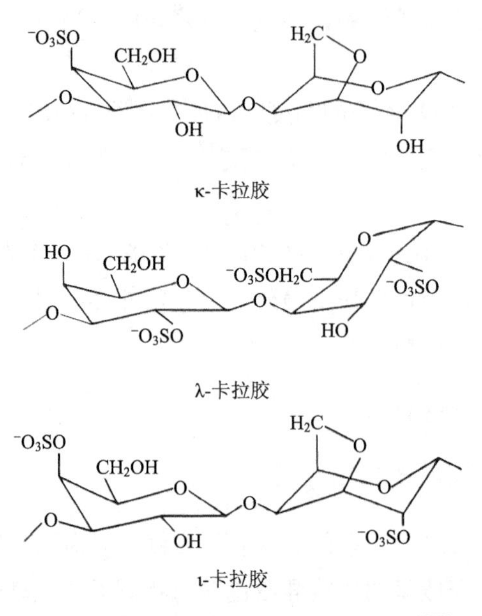

图 2.3　不同构型的卡拉胶分子结构图[47]

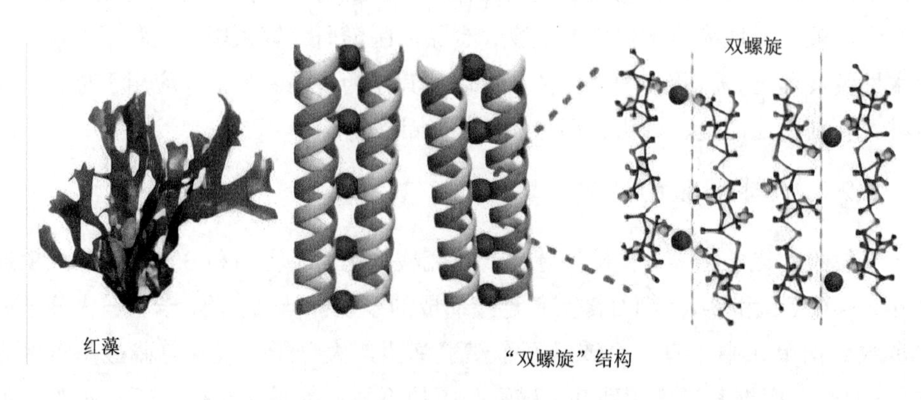

图 2.4　卡拉胶-金属的“双螺旋”结构

利用卡拉胶所具有的优良凝胶特性，通过使用湿法纺丝的方法(K^{+}、Ca^{2+}、Ba^{2+}等为凝固剂)，可以制备出性能优异的卡拉胶纤维。青岛大学海洋纤维新材料研究院的夏延致团队在充分研究了卡拉胶纺丝溶液的性质、凝胶机理以及纺丝工艺、凝固浴组成等方面后，利用湿法纺丝工艺成功制备了卡拉胶纤维[50-52]。利用湿法纺丝技术，选择合适溶剂配成纺丝液，将卡拉胶纺丝液从喷丝孔中挤出，将溶液挤进金属离子水溶液凝固浴，卡拉胶溶液接触凝固浴后，在金属离子的作用下，即发生凝聚，形成纤维，再经拉伸、洗涤等后处理得到卡拉胶纤维。通过对凝固浴中金属离子的种类和浓度调控，可导向合成含有不同金属离子的卡拉胶-金属纤维。

2.2.3　海藻纤维素的来源和性质

2.2.3.1　海藻纤维素的来源

1838年，法国化学家安塞尔姆·佩恩(Anselme Payen)发现，在用酸和氨处理了各种植物组织后，再用水、乙醇和乙醚萃取可得到一种固体抗性纤维[53]。他通过元素分析确定了这种固体抗性纤维的分子式为 $C_6H_{10}O_5$，并使用淀粉来观察其异构现象，而这种植物成分的“纤维素”一词则是在1839年由法国学院的佩恩首次使用。

纤维素是环状葡萄糖分子的线性链，并且具有扁平的带状构象，其中重复单元由一个葡萄糖环的C-1和相邻环的C-4(1, 4键)共价键合成的两个葡糖酐环组成的，也称为β-1, 4糖苷键[$(C_6H_{10}O_5)_n$，n=10 000～15 000，其中 n 的数值取决于纤维素来源材料]羟基与相邻环分子的氧之间稳定键合形成链内氢键并维持纤维素链的线性构型[54-56]。在生物合成期间，羟基与相邻分子氧之间的范德瓦耳斯力和分子间的氢键促进多个纤维素链的平行堆叠，形成了基本原纤维，其进一步聚集成更大的微原纤维(直径5～50 nm甚至几微米长)，如图2.5所示[57]。在这些纤维素原纤维中存在纤维素链以高度有序(结晶)结构排列的区域和无序区域(无定形)。

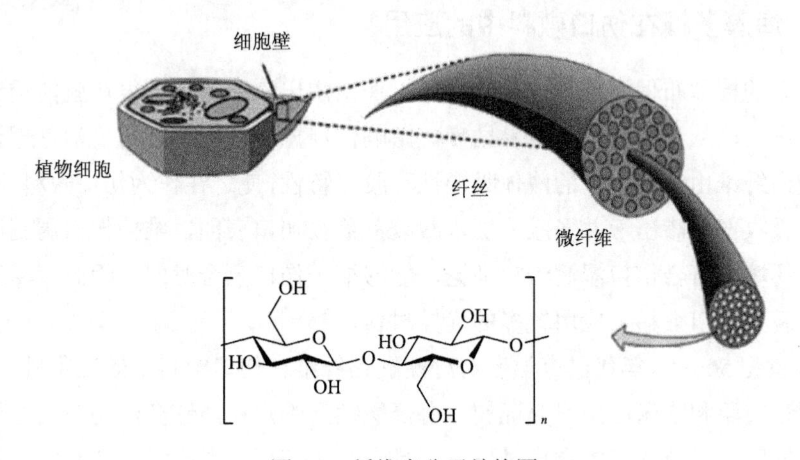

图2.5　纤维素分子结构图

纤维素这种高度官能化的线性刚性均聚物具有亲水性、手性、生物降解性、广泛的化学改性能力。作为一种化学原料，其已经使用了约 150 年，例如与硝酸反应生成硝酸纤维素，以及由奥尔巴尼(Albany)牙托公司于 1870 年合成出第一种热塑性聚合物材料，称为赛璐珞(樟脑作为增塑剂)，证明了可以通过化学工业生产对纤维素的改性[58]。目前来看，多糖纤维素作为植物中最重要的骨架成分是最常见的有机聚合物，被认为是可以同时满足对环保和生物相容性产品需求的原料来源。

2.2.3.2 海藻纤维素的制备与结构特点

由于范德瓦耳斯力以及分子间氢键的存在，使得细胞壁中基元纤丝、原纤丝和微纤丝难以分离，分离纤维素纤丝的方法有：机械法、强酸水解、酶解等。

采用机械法处理纤维素后可以得到高长径比的纳米纤丝化纤维素(通常直径为 20～150 nm，长度达几十微米)，是许多基本纤丝聚集在一起形成的[59]。强酸处理后(常用的酸有浓硫酸)纤维素，去除了纤维素纤维中的无定形区，留下了结晶度较高的的结晶区，这种呈现针状的纳米纤维素被称作纤维素纳米晶(CNC)。并且经过硫酸处理后的纳米纤维素表面会带有负电荷，有助于纤维素纳米晶分散在水溶液中，不发生絮凝。采用生物酶对纤维素处理，纤维素表面的亲水成分可以被除去，但是分子间的氢键仍然存在，所以制备出的纤维素纳米纤丝的直径一般大于 10 nm。

2.3 海藻提取物的应用

2.3.1 海藻多糖在伤口敷料中的应用

传统的棉纱布保湿性差、透气性好，伤口渗出液中的水分很快就能透过棉纱布挥发出去，从而导致创面容易结痂，影响伤口愈合，不符合伤口治疗理论。而海藻酸钙纤维由于其优良的液体吸湿性和胶凝特性，使之在作为伤口敷料使用时，能大量吸收伤口渗出液并形成一层水凝胶覆盖在伤口表面，维持伤口周围湿润而封闭的环境，符合伤口湿润治疗理论，能够缩短伤口愈合时间，因此海藻酸钙纤维是在新型伤口敷料上应用较多的优异材料。

20 世纪 50～60 年代已有学者对海藻酸钙纤维在伤口敷料中的应用进行研究，他们通过实验和临床应用研究证实：海藻酸钙纤维敷料能够激活伤口肉芽组织中的巨噬细胞，调节伤口的愈合过程，而且它可以利用自身高吸湿性和胶凝特性影响伤口表面水分的传递，创造出有利于伤口愈合的微环境，从而具有促进伤口愈合的作用[60,61]。这些特点使海藻酸钙纤维敷料在慢性和高渗出性伤口护理上具有突出优势。从 20 世纪 80 年代开始，海藻酸钙纤维敷料在欧美等国家和地区已经市场化，现已在世界各地得到广泛应用。海藻酸钙纤维伤口敷料从加工原料上可分为两类：纯海藻酸钙纤维伤口敷料和海藻酸钙纤维复合伤口敷料。以下将分别对其做详细介绍。

1) 纯海藻酸钙纤维伤口敷料

1981 年，英国的 Maersk Medical 公司推出了纯海藻酸钙纤维伤口敷料 Sorbsan®。Sorbsan®是由多层海藻酸钙纤维网叠加而成的，具有高吸收性、易于生物降解和易去除性等特点。临床研究显示，Sorbsan®在皮肤性溃疡等高渗出性伤口的护理治疗上有明显效果[62, 63]。2010 年，李建全等[64]采用辊压或水、针刺工艺得到了一种结构和功能与 Sorbsan®类似的伤口敷料。而唐雷、李忠志等[65]则将载银纳米二氧化钛喷涂到海藻酸钙纤维上，加工制成了一种抗菌海藻酸钙纤维伤口敷料，该敷料具有更好的抗菌性能，更适用于感染性伤口的护理治疗。传统的伤口敷料如棉纱布等由于保湿差，在伤口护理的过程中往往随着伤口的愈合结痂也贴敷在伤口上，甚至部分被新长的肉芽组织覆盖。在去除敷料时容易造成新生肉芽组织的损伤，但若不清理干净，棉纤维留在伤口上会产生明显疤痕，难以消除。而纯海藻酸钙纤维伤口敷料则不存在这个问题。在去除纯海藻酸钙纤维伤口辅料前，只需淋上少许生理盐水就能使与伤口接触处的海藻酸钙纤维吸湿膨胀形成一层柔软的凝胶，从而很容易地将敷料从伤口上揭除，且不会损伤新的肉芽组织；就算有部分纤维被新生的肉芽组织覆盖也不用去除，海藻酸钙纤维的可生物降解性使其在体液中能够自然降解。海藻酸钙纤维敷料的这种特性使其在手术止血敷料和洞创性伤口的填充敷料中具有较多的应用[66-68]。

2) 海藻酸钙纤维复合伤口敷料

纯海藻酸钙纤维伤口敷料虽然具有优异的性能，但是由于本身性能的限制，其应用还存在一些局限性。例如，由于海藻酸钙纤维强力低、可纺性差，造成纯海藻酸钙纤维伤口敷料存在保型性、黏附性差的问题[69,70]；海藻酸钙纤维本身的抑菌性能有限，在强感染性伤口的护理治疗上捉襟见肘；还有一些复杂性伤口护理上的特殊要求也是纯海藻酸钙纤维敷料不能满足的。因此科研人员针对特殊的用途和目的研发出了一系列的海藻酸钙纤维复合伤口敷料。例如，为了改善海藻酸钙纤维伤口敷料力学性能差的特点，李杰等[71]将聚乙丙交酯和海藻酸钙短纤维以一定的比例混合，并经过针刺工艺制成一种湿性伤口复合敷料，它不仅具有海藻酸钙纤维伤口敷料的高吸水性和成胶性特点，而且聚乙丙交酯良好的力学性能使海藻纤维形成的凝胶膜不被损坏，能够延长敷料使用寿命，减少敷料的更换次数。为了增强抗菌性能，李进进等[72]将海藻酸钙纤维与抗菌性能更好的壳聚糖纤维以一定比例混合，制备了一种海藻酸钙纤维/壳聚糖纤维复合伤口敷料，它综合了海藻酸钙纤维和壳聚糖纤维的性能优点，相比纯海藻酸钙纤维具有更好的止血和抗菌性能。为了防止伤口腐烂气味的扩散，对 KATOCARB 引入活性炭垫与海藻酸钙纤维无纺布黏合，利用活性炭的气味吸附性达到了这一目的。海藻酸钙纤维复合伤口敷料不仅综合了海藻酸钙纤维高吸湿性、优异的胶凝特性等特点，还针对复杂伤口进行了功能化改进设计，使之在某些特殊伤口的护理治疗上具有更突出的效果，进一步拓展了海藻酸钙纤维伤口敷料的应用范围。

2.3.2 海藻多糖在医学中的应用研究进展

目前已鉴定出海藻中含有脂类、酚类、萜类、多糖类、卤化物、含硫化合物等多种多样抗菌活性物质。从绿藻石中发现的 3-*O*-*β*-D-吡喃葡萄糖基氯甾醇类固醇，在抑链球菌、假单胞菌、枯草芽孢杆菌方面与 200 μg/disc 的氨苄青霉素比较，均显示了相当甚至更好的抗菌效果，Sandsdalen 等[73]从墨角藻中分离鉴定出的一种多羟基化岩藻多酚具有很强的杀菌能力，表现出抗 5 种革兰阳性菌和 2 种阴性菌的作用；从圈扇藻分离得到的一种带 20 碳骨架的间苯三酚，具有抗革兰阴性菌和阳性菌活性，因而该间苯三酚具有作为金黄色葡萄球菌和枯草芽孢杆菌抗生素的潜在应用前景[74]。总之，海藻类中含有多种抗菌活性物质，已成为寻找新型更具活性抗菌新药的研究热点。

近年有较多学者研究发现藻酸钙膜是一种理想的膜引导组织再生材料，它具有可降解性且膜降解时间与组织再生时间同步而且其中所含钙锌离子有止血效能，能在膜下迅速形成凝血块，保证了作为骨再生基础的血肿完整性，因此藻酸钙膜相对于其他生物膜材料更具优势，前景广阔[75]。但海藻纤维存在的主要问题是机械性能如力学性能低等缺点。运用高分子之间的共混技术是改善高聚物材料性能的有效方法，可改善纤维的各种性能。下述分别介绍目前研究比较多的海藻酸/壳聚糖共混纤维、海藻酸/明胶共混纤维。

Knill 等[76]研究表明，用水解后的壳聚糖溶液处理海藻酸钠纤维能够加固纤维的结构，提高纤维的拉伸性能，同时发现水解壳聚糖/海藻酸钠纤维具有一定的抗菌性能，能够缓慢地释放抗菌物质。壳聚糖于甲壳类动物的壳中提取，降解产物是氨基葡萄糖，生物相容性好，可抑制修复过程中有细胞毒性的 NO 生成[77]，同时具有抗炎、镇痛、成膜性，促进转化生长因子和血小板衍生生长因子的产生，从而促进凝血和创伤愈合[78]，能被生物体内的溶菌酶降解并完全吸收的特点[79]。有动物实验表明在生理温度下向心肌缺血的胚胎干细胞周围注射壳聚糖有利于保存细胞的存活能力，壳聚糖可以原位凝胶，表现出改善细胞功能和促进新生血管形成的优势[80]。其复合物因具有良好的生物相容性、生物可降解性、有效免疫隔离作用，在生物材料、药物控释等领域显示出广阔的应用前景。近年来的研究多为利用壳聚糖-海藻酸盐复合物制备新型膜材料、纤维敷料[81]、可注射的制剂，以及制备微纳米粒子来包裹细胞、蛋白质和药物等[82-88]。国内外以壳聚糖和海藻酸钠为基质体系研究胃内漂浮制剂的报道也比较常见[89,90]。有研究采用共沉淀法制备合成了纳米羟基磷灰石/壳聚糖-海藻酸钠三元复合材料，其与人体骨相似，有较高生物活性和一定的柔韧性及强度，弥补了纳米羟基磷灰石/壳聚糖脆性大、力学性能差等的不足，有望成为一种理想的骨修复替代材料[91]。

海藻酸/明胶共混纤维生物相容性好，黏附性强，具有促进伤口愈合的活性功能及止血功能，用作医用纱布、创面敷料时可以为创面提供密闭环境，有效隔绝外界细菌的侵入，同时该环境储留的创面渗液中含有巨噬细胞、淋巴细胞、单核细胞等，这有利于白细胞介导的宿主吞噬细胞发挥作用，增强局部杀菌能力。明胶是动物皮、骨等结缔组织中的胶原经部分水解和热变性而得到的大分子蛋白质，具有良好透水透气性、可活化巨噬细胞、良好的生物相容性、体内完全吸收性、对人体无毒以及容易成型等特性；作为生物蛋白，其还可促进生长因子的释放，刺激细胞增殖，有利于保持细胞活力[92]，因此被看作具有很大潜力的环境友好型生物材料。该共混纤维也具有较好的药物缓释作用，可与局部抗菌药物组合制成基因工程敷料用于感染创面；也可与活性生长因子或活性细胞组合制成基因工程敷料用于顽固性溃疡及烧伤创面。海藻酸/明胶共混纤维因具有高吸湿性而常被用作面部创伤敷料、鼻内镜手术后黏膜创面敷料及儿科填充物以吸收渗出液、减少黏膜水肿、抑制细菌生长等[93]。目前海藻酸/明胶共混微粒也被用于研究制造人造心脏组织进行移植[94]。

综上所述，海藻酸盐是广泛存在于自然界中的天然多聚糖化合物，因其独特的性能和环保优势已被广泛应用于农业化工[95]、生物防治[96]、组织工程[97]、缓释药物系统[98]、创伤修复[99]、净化环境等方面[100]。例如，海藻酸钠凝胶应用于内镜下黏膜病变切除术，可使标本保存良好的完整性得到完善并能够获得厚度均匀的组织病理切片[101]；海藻酸盐也可以作为注射制剂治疗心脏疾病，研究表明，其有利于改善急慢性心肌梗死心肌细胞的功能[102,103]，也可作为细胞载体凝胶提高干细胞的生存能力[104]；海藻酸钠以海藻酸纤维整合 PTFE-PVDF-PP 三元聚合物的薄膜还可用于青光眼的治疗[105]；以海藻酸封存脑源性神经营养因子植入治疗由感觉神经性引起的听力下降问题[106]。海藻酸钡纤维的防辐射性能优异，在防辐射及军工方面有较大应用潜力[107]。通过共混改性得到的各种新型混合纤维，不但改善了海藻酸纤维应用上的不足，同时也赋予了其更多的性能，成为当今和未来生物材料的研究热点[108]。目前生物医学材料正向着环保、高功能、智能化等方向发展，自然界储存量丰富、成本价格低廉、具有良好生物相容性及降解性的海藻纤维、壳聚糖纤维和明胶纤维及以它们为基质通过共混和/或改性等方法制造出来的功能性纤维潜力巨大，在生物医学及仿生医学领域有待进一步开发。

2.3.3 海藻多糖在食品中的应用研究进展

食品增稠剂的主要作用体现在 4 个方面：一是增稠作用，提高食品的黏度；二是稳定作用，保持体系的相对稳定性或形成悬浮状态；三是胶凝作用，形成亲水性的凝胶物质；四是保水作用，能够赋予食品更加黏润和适宜的口感。食品工业中增稠剂的提取原料主要来自于动物、微生物、植物、海藻类，另外还有以天然物质为原料经人工合成的增稠剂。其中以海藻为原料的增稠剂使用最多的是琼胶、卡拉胶和海藻酸钠 3 大类。琼脂由中性琼脂糖和酸性琼脂胶组成[109]。卡拉胶制作凝胶在室温下即可凝固，凝胶呈半固体状，透明度好，而且不易倒塌，是制作果冻的一种极好的凝固剂。海藻酸钠胶凝条件低，可形成热不可逆性胶体，特别适用于人造食品，用作稳定剂使用一般是加入冰淇淋等冷饮、乳制品、焙烤食品中，浓度一般为 0.1%～0.3%[110]。海藻酸丙二醇酯(PGA)与海藻酸盐相比抗盐性强，即使在浓电解质溶液中也不会盐析。另外 PGA 亲油性强，乳化稳定性好，再加上其本身 pH 在 3～4 之间，耐酸性好，能有效地应用于酸奶、乳酸饮料等低 pH 的乳制品中用作乳化剂和稳定剂[111]。同时，PGA 有很高的发泡能力，可应用于啤酒泡沫稳定剂[112]。表 2.1 为 PGA 在常见食品中的作用及使用量[113,114]。

表 2.1　PGA 在食品中的作用及使用量

用于食品品种	作用	使用量/%
乳制品	增稠、乳化、稳定	0.1～0.3
乳酸饮料	耐酸性、稳定乳蛋白	0.2～0.7
果汁	耐酸性、稳定性、分散性	0.2～0.7

续表

用于食品品种	作用	使用量/%
啤酒	泡沫稳定性	0.010～0.035
方便食品	水合物、组织改良	0.2～0.5
人造奶油	乳化稳定	0.1～0.3
调味品	耐盐、耐酸、增稠	0.2～1.0

总体而言，上述几种海藻多糖用于增稠剂的使用各有其优缺点，随着对各种胶体凝胶机理和凝胶强度影响因素等方面研究的深入，有研究发现，通过几种食品胶的混合使用或对食品胶进行改性的方法，可获得更加理想凝胶的状态。如刘施琳等[115]研究发现，添加一定量的氯化钾、木糖醇、蔗糖可增强琼脂凝胶强度；添加 15%魔芋胶、5%卡拉胶和 10%刺槐豆胶可与琼脂产生协同增效作用。

保鲜剂：研究发现，海藻多糖具有良好的成膜性、抑菌和抗病毒活性、抗氧化性，用于制作果蔬、肉制品和水产品等的涂膜保鲜剂，能够阻隔微生物并抑制其生长和繁殖，减少生鲜食品的衰老和水分蒸发，具有保持食品的新鲜度及品质的作用[116]。

目前试验证明具有良好保鲜效果的海藻多糖有海藻酸钠[117]、石莼多糖[118]、海带多糖[119]、蜈蚣藻多糖[120]、紫菜多糖[121]、马尾藻多糖[122]等，海藻多糖的添加量通常为 0.4%～2%。海藻酸钠是目前研究最多的海藻多糖涂膜保鲜剂，具有来源广泛、易获取、成本低廉和保鲜效果好的特点。玉新爱等[123]用海藻酸钠和蔗糖基聚合物涂膜液对火龙果浸泡处理，使得火龙果常温(29～31℃)贮藏期达到 8～9 d，比对照延长 2～4 d；张初署等[124]研究以海藻酸钠和紫苏醛为原料，通过熏蒸的方式对花生进行涂膜处理，发现海藻酸钠浓度 6 mg/mL、紫苏醛 0.015 mg/mL 的复合涂膜能够较好地抑制花生黄曲霉菌生长活性，起到防控黄曲霉毒素污染的作用。从相关数据来看，近两年在果蔬保鲜剂研究方面，我国以褐藻酸钠作为成膜物质的研究和应用方面成果突出[125]，将来还会有更多的海藻多糖应用于食品保鲜中，其作为新型成膜剂和保鲜剂潜力巨大。

营养强化剂：营养强化剂主要分为维生素、矿物质、氨基酸三大类，除此以外还有其他营养素类，其中从海藻中提取的营养强化剂主要是海藻膳食纤维和海藻酸盐类，添加了海藻膳食纤维的食品，能够发挥出降血脂、降血糖的功效。比如，熊霜等[126]研究表明，以海藻膳食纤维为主，以传统降脂中药山楂、绞股蓝、泽泻为辅的功能食品有较好的降血脂作用；刘莎莎等[127]通过生物发酵技术，以螺旋藻和全脂奶粉为原料生产了一种天然保健乳饮料；盛文胜等[128]以海带和蜂蜜为原料研制了新型海带粒蜂蜜口服液。这类添加海藻活性成分的新型食品，不仅保留有原食品的营养成分，同时海藻赋予了食品提高免疫力、抗癌、抗病毒等保健功能。以海藻多糖作为食品营养强化剂的功能食品、健康食品有很大的市场需求，海藻膳食纤维将是未来营养强化剂发展的一个新方向。

海藻多糖应用在食品添加剂中的未来展望：我国很重视海藻产业的发展，近几年对海藻的研究也在逐渐深入，海藻良好的安全性和具有的胶凝性、成膜性、抗氧化性、抑菌性等特性，使得其成为获取食品添加剂的天然良好来源；除海藻多糖外，将会有更多海藻活性成分用于食品添加剂，比如从脆红网藻中分离得到的吲哚噁唑类物质[129]、海藻多酚类物质是优良的天然抗氧化剂，海藻丰富的矿物质和氨基酸能够作为营养强化剂等，海藻作为食品添加剂的获取原料具有巨大的潜力。将海藻作为提取食品添加剂的原材料，需要关注使用剂量和安全性问题。国内外相关组织对海藻提取物作为食品添加剂的安全性和使用剂量陆续进行了确认，2017 年 11 月，欧盟食品安全局发布海藻酸、海藻酸盐作为食品添加剂无安全风险，可以用于一系列食品，且没有限制海藻酸、海藻酸盐的每日许可摄入量。世界卫生组织食品添加剂联合专家委员会于2016年6月批准海藻酸钙可作为增稠剂用于食品，且每日允许摄入量为“不需要限定”。与海藻自身的安全性不同，海藻的生长环境则对海藻的安全性带来一定威胁。因为藻类的富集能力很强，海水中的重金属、多氯联苯和药物残留等会在海藻中产生富集，使得海藻成为海洋环境中的“砷库”，会通过海水富集砷[130]；海藻对多氯联苯的富集可达 1000 倍左右[131]。所以为保证海藻食用的安全性，让其在食品工业中发挥更多的作用，我们应从源头抓起，对海藻养殖和生长的环境进行严格的监测和控制。

综上所述，海藻多糖在果蔬、肉制品、鱼虾和一些高档海产品中都已被证实具有较好的保鲜效果，特别是针对一些不适用其他保鲜方法的食品，如热带水果杧果、荔枝、香蕉等不适用低温储藏，蓝莓、草莓等不去皮直接食用的水果不适宜用化学保鲜剂食品。海藻多糖在这类食品中的保鲜应用有着不可替代的优势。

2.3.4 海藻多糖在降解酶中的应用研究进展

海藻多糖降解酶按其所降解多糖是否为海洋所特有的可分为两大类：一类是能降解特有的海藻多糖降解酶类[如褐藻胶酶、褐藻糖胶酶(岩藻糖胶酶)、琼胶酶、卡拉胶酶等]。这类酶所降解多糖是由 2 种单糖或者由一种单糖或这种单糖的衍生物构成的(可称为杂多糖)，单糖有 D 型和 L 型(光学异构体)构型，并含有一定量的硫酸基。另一类是能降解非特有的海藻多糖降解酶类(如淀粉酶、纤维素酶、甘露糖酶、果胶酶等)。这类酶降解的多糖是由相对均一的 D 型单糖所构成。表 2.2 列出了海藻多糖降解酶所作用多糖的组成和海藻多糖降解酶的分类[132]。

表 2.2　海藻多糖降解酶所作用多糖的组成和分类

糖的分类		单体	糖苷键
特有的海藻多糖	褐藻胶	L-古罗糖醛酸和 D-甘露糖醛酸 2 种单元交替组成	α-1,4 糖苷键、β-1,4 糖苷键
	琼胶	D-半乳糖和 3,6-内醚-L-半乳糖 2 种糖组成	α-1,3 糖苷键、β-1,4 糖苷键
	卡拉胶	D-半乳糖-4-硫酸基和 3,6-内醚-D-半乳糖 2 种糖组成	α-1,3 糖苷键、β-1,4 糖苷键
	岩藻糖胶酶	D-半乳糖和 L-岩藻糖组成	α-1,2 糖苷键、β-1,3 糖苷键
非特有的海藻多糖	纤维素	D-葡萄糖组成的纤维二糖	β-1,4 糖苷键
	淀粉	D-葡萄糖组成的麦芽糖	α-1,4 糖苷键、α-1,6 糖苷键
	甘露聚糖	D-甘露糖	β-1,4 糖苷键、β-1,6 糖苷键或β-1,3 糖苷键
	果胶	D-半乳糖	β-1,4 糖苷键

极端微生物的酶和基因资源近年来得到了广泛重视，特别是极端微生物的工业用酶，如嗜碱菌蛋白酶、纤维素酶、甘露聚糖酶、嗜热菌 α-淀粉酶、嗜冷菌蛋白酶、几丁质酶等已成为重要的研究领域。海洋环境包罗了高压、高盐、高温、低温、低营养、无光照等许多特殊环境，适应这些特殊环境的微生物诱导产生各种特殊酶系。这不仅为工业特殊用酶，而且为开发生物活性物质提供了工具酶——海藻多糖降解酶等重要的酶源。海洋极端微生物及其酶的研究开发已成为海洋生物技术中的一个重要的发展方向。

2.3.5　海藻纤维素的应用

海藻纤维素材料是建立新型生物聚合物复合材料行业的理想材料，海藻纤维素具有比凯夫拉尔(Kevlar®)纤维更大的轴向弹性模量，并且有良好的机械性能。—OH 侧基的反应表面，促进了接枝化学反应的发生以实现不同的表面官能化。表面官能化可以促进自组装的发生，有利于分散在广泛的基体聚合物中。迄今为止生产的纤维素复合材料，不仅具备透明的特点，其抗拉强度还可以大于铸铁，并且具有非常低的热膨胀系数(CTE)。目前开发生产的海藻纤维素主要应用于医疗、服装材料以及能源材料等方面。海藻纤维素在尺寸上可以模拟细胞外基质结构，且具有良好的生物相容性以及可降解性，可以作为医药载体进入人体内吸收利用；加之制备的天然海藻纤维素具有高长横比、低密度(1.6 g/cm^3)的特点，引起了医学领域科研工作者的广泛研究，并且在药物释放、伤口修复、包扎医用胶布、纤维加固合成材料以及生物组织工程等方面得到良好应用。海藻纤维素潜在的应用包括但不限于阻隔膜、抗微生物膜、透明膜柔性显示器、聚合物增强填料、生物医学植入物、药物、药物递送、纤维和纺织品、电子元件模板、分离膜、电池、超级电容器、电活性聚合物等。

青岛大学公开了一种壳聚糖接枝海藻纤维及其制备方法与用途的专利[133]，这种纤维由于表面包覆了一定的壳聚糖，因而具有良好的吸湿性和抗菌性，且无毒、无害、安全性高及生物可降解性，在医药、环保等领域均有良好的应用前景，作为止血治疗的新型材料，尤其适合于制造纱布作伤口敷料用。纤维强度：1.5～2.5 d；断裂伸长率：4%～10%；断裂强度：1.8～3.1 g/d。

海藻炭纤维和海藻纤维不是使用矿石做原料而是属于以天然植物为原料，其废弃物能够生物分解回归自然，不污染环境。海藻炭纤维具有远红外线放射及产生负离子功效，而海藻纤维具有保湿功能和矿物质中的钙、镁成分对皮肤有自然美容的效果。在目前生化科技的持续进步推动下，若能将这些具有保温、保健及美容功能的纤维与实际应用和流行时尚、色彩、款式等设计相互结合，将能够获得广大消费者的青睐与使用，顺应健康、环保理念的进一步推广，相信在不久的将来人们的生活会与这种奇特的纤维有着更紧密的联系。

此外，由德国 Alceru Schwarza 公司生产的 SeaCell 海藻纤维，是利用海草内含有的碳水化合物、蛋白质(氨基酸)、脂肪、纤维素和丰富矿物质的优点所开发出的纤维，这种纤维的制法是以 Lyocell 纤维的生产制造程序为基础，在纺丝溶液中加入研磨得很细的海藻粉末或悬浮物予以抽丝而成。这些海藻主要来自于褐、红、绿和蓝藻类，尤其是褐藻类及红藻类，是最佳海藻纤维的原材料。

海藻纤维的主要价值在于其海草成分，它可以有效提高吸湿性能，在纤维中可以通过与皮肤的接触发挥吸湿性能，积极释放海藻成分，令穿着者的皮肤吸收海藻释放的维生素和矿物质。这种纤维包含钙和镁等主要的矿物质，维生素包括维生素 A、E、C 等，在化妆品的研究中，显示这些成分对皮肤有自然的益处，而且不会让人有过敏的反应。

SeaCell纤维可以加工成任意长度和纤度的短纤或长丝，也可以与其他纤维混纺，如与天然纤维或人造纤维混纺，只要在织品中混有25%的SeaCell纤维，就可感受到SeaCell的优点。这种织品的终端用途可以应用在衬衣(Hanro已采用)、家用纺织品、床垫等。另SeaCell Active是一种抗菌型的产品，在纺丝时添加银与抗菌剂成分，能缓慢释放银离子，持久提供抗菌功能，这种织物可设计作为具有抗菌的运动衫、床单、被子、内衣及家饰用品。

意大利Zegna Baruffa Lane Borgosesia纺丝公司也推出一种名为Thalassa的长丝，丝中含有海藻成分，用这种纤维制成的面料和服装比一般纤维制成的面料和服装更能保持和提高人体表面温度。这种含有海藻成分的面料穿着后可以让人的大脑松弛，也可以提高穿着者的注意力与记忆力，还具有抗过敏、减轻疲劳及改善失眠状况。

值得一提的是，日本一家特种纤维公司是世界首家实现海藻纤维大批量生产的厂家，其工艺属领先地位。这家公司从1993年起在本国销售海藻纤维毛巾，自2000年在韩国销售海藻纤维内衣，目前已扩大到欧洲和东南亚等国家。海藻纤维在内衣上的应用充分体现了海藻纤维能反射远红外线，产生负离子保暖和保健作用的特性。海藻纤维还具有吸收性，它可以吸收20倍于自己体积的液体，所以可以使伤口减少微生物滋生及其所可能产生的异味。

2.4 海藻及其提取物在能源环境中的应用

随着全球能源需求的不断增加，石油、煤炭、天然气等传统化石燃料供给的减少对能源安全、气候变化乃至社会和政治稳定提出了严峻挑战。为了应对这些挑战，亟需寻求开发成本低廉和环保安全的解决方案[134]。基于太阳能、风能、地热能、水能和生物质能等可再生能源的存储和转化是理想的选择，因此发展高性能和高性价比的材料对于实现高效的能源存储和转换至关重要[135]。理想情况下，这些材料应具有工业和经济价值(如方法普适性和成本优势)，并应由可再生和自然丰富的资源合成。碳是地球生物圈中分布最广、第二多的元素(仅次于氧气)，并以碳水化合物和其他生物聚合物形式实现可再生能源的存储。而且，碳基材料在最近出现的能量转换和存储体系中发挥了重要作用，包括氢气的生产和存储[136,137]、燃料电池的电催化剂[138,139]，以及超级电容器和锂离子等储能设备中的电极材料[140,141]。因此，碳基材料在能源方面的应用已成为化学领域中非常重要的主题[142]。

目前大多数功能性碳基材料(如碳纳米纤维/管和石墨烯)的合成主要来源于煤或石化产品，并且大都需要经历高耗能或苛刻的合成工艺[143-146]。例如，碳纳米纤维/管和石墨烯的碳纳米材料通常是通过化学气相沉积或电弧放电技术制得。化学气相沉积(CVD)是一种使用气态石油化工产品(如乙烯、甲烷、乙炔和氢气)为碳源的沉积方法，可在高温下生产高质量的碳基材料，例如石墨烯或碳纳米管/纤维(通常高于 800℃)。与 CVD 方法不同，电弧放电技术可以使用煤或石墨等固体碳原料作为碳源来生产高质量的碳纳米管材料。CVD 和电弧放电技术通常都涉及高温和复杂的操作过程[147,148]，这极大地限制了其大规模生产和工业化应用。因此，迫切需要开发有效的方法，利用可再生资源实现高性能和低环境污染的碳基材料的制备。从可持续碳材料(生物炭)生产的角度来看，生物质由于其可再生、天然丰富，可以作为合成各种生物碳基材料的原料来源。

根据 2016 年的数据估算，全球生物质年产量超过 2×10^{11} t(以干碳为基础)。因此，生物质碳基材料的生产可持续，大气中的二氧化碳可以通过绿色植物的光合作用固定在生物质中[149,150]。通过将碳储存在生物炭中，可以从碳循环中去除 0.1～0.3 亿吨的二氧化碳。目前，功能性高分子材料通常来源于陆地生物质(例如棉花、羊毛、丝绸和大麻)。然而，覆盖地球表面 70%的海洋可以提供更多的生物质。例如，世界海洋中的海藻年产量约为 100 亿吨[151]。因此，利用海藻资源作为制备超分子有机分子具有重要意义。例如，藻酸盐和卡拉胶是海洋中产量最高的物质，是从可再生的海藻资源中逐步分离提取的。它们具有丰富的官能团，如—OH、—COOH 和—HSO_3，可以与金属离子相互作用(M^{n+})。例如，藻酸盐聚合物的 α-L-古洛糖醛酸嵌段中的带负电荷的骨架(—COO—)能够与 $M^{2+/3+}$阳离子配位，形成特殊的“蛋盒”结构(M-藻酸盐)。利用海藻酸的“蛋盒”结构，可以实现无机金属离子和天然生物多糖的融合，获得金属-生物多糖前驱体，再经过简单的处理(如碳化、氧化等)之后，即能制备多种金属/氧化物/碳复合材料。通过对金属-海藻酸前驱体和处理条件的探究，实现了金属/氧化物/碳材料的结构、形貌、性能的深度调控。基于这种生物转换策略，以海藻多糖-海藻酸钠为原料，利用其独特的“蛋盒”结构，能够实现纳米结构的可控合成，为新型能源材料的高效制备提供了独特的研究方法。

参 考 文 献

[1] 曾呈奎, 张峻甫. 海洋植物//中国大百科全书总编辑委员会, 《大气科学 • 海洋科学 • 水文科学》编辑委员会. 中国大百科全书(大气科学、海洋科学、水文科学卷)[M]. 北京: 中国

大百科全书出版社, 1987: 435-436.
[2] 张水浸. 中国沿海海藻的种类与分布[J]. 生物多样性, 1996, 4(3): 139-144.
[3] 施浒. 拉汉藻类名称[M]. 北京: 海洋出版社, 2004.
[4] 袁小凤. 药用植物分类纲要[M]. 杭州: 浙江工商大学出版社, 2014.
[5] 刘瑞玉. 中国海洋生物名录[M]. 北京: 科学出版社, 2008.
[6] 管华诗, 王曙光. 中华海洋本草[M]. 上海: 上海科学技术出版社, 2009.
[7] 孙婧. 中国沿海主要褐藻与红藻全转录组测序与分子系统进化分析[D]. 北京: 中国科学院大学, 2013.
[8] 汪财生, 王璐, 刘丽平, 等. 羊栖菜岩藻黄质色素的抗氧化性研究[J]. 食品工业科技, 2012, 33(23): 125-128.
[9] 金振辉, 刘岩, 张静, 等. 中国海带养殖现状与发展趋势[J]. 海洋湖沼通报, 2009, (1): 141-150.
[10] 李乃胜. 经略海洋[M]. 北京: 海洋出版社, 2015.
[11] 宋小雨, 玄光善, 于广利. 岩藻聚糖硫酸酯药理学活性研究进展[J]. 中国海洋药物, 2017, (1): 92-97.
[12] 李霞, 刘玉凤, 李艳伟, 等. 褐藻多糖生物活性的研究进展[J]. 中国海洋药物, 2015, 34(2): 86-90.
[13] Wang X L, He L W, Ma Y C, et al. Economically important red algae resources along the Chinese coast: History, status, and prospects for their utilization[J]. Algal Research, 2020, 46: 101817-101831.
[14] Wei N, Quarterman J, Jin Y-S. Marine macroalgae: An untapped resource for producing fuels and chemicals[J]. Trends in Biotechnology, 2013, 31(2): 70-77.
[15] 杨锐, 王淑刚, 陈娟娟, 等. 中国沿海 9 种红藻 *hsp70* 基因序列及系统进化分析[J]. 海洋学报(中文版), 2013, 35(4): 190-202.
[16] Park J H, Hong J Y, Jang H C, et al. Use of *Gelidium amansii* as a promising resource for bioethanol: A practical approach for continuous dilute-acid hydrolysis and fermentation[J]. Bioresource Technology, 2012, 108: 83-88.
[17] Naseri A, Holdt S L, Jacobsen C. Biochemical and nutritional composition of industrial red seaweed used in carrageenan production[J]. Journal of Aquatic Food Product Technology, 2019, (4): 1-7.
[18] 李智恩, 史升耀, 黄家刚, 等. 红藻多糖的化学Ⅰ. 五种琼胶海藻的研究[J]. 海洋与湖沼, 1993, 24(1): 93-99.
[19] 王广慧, 张明. 琼脂糖酶的研究进展[J]. 海洋通报, 2006, (3): 72-79.
[20] Tanna B, Mishra A. Nutraceutical potential of seaweed polysaccharides: Structure, bioactivity, safety, and toxicity[J]. Comprehensive Reviews in Food Science and Food Safety, 2019, 18(3): 817-831.
[21] Hehemann J H, Correc G, Thomas F, et al. Biochemical and structural characterization of the complex agarolytic enzyme system from the marine bacterium *Zobellia galactanivorans*[J].

Journal of Biological Chemistry, 2012, 287(36): 30571-30584.

[22] 张攀, 王伟, 李春霞, 等. 卡拉胶抗病毒作用机制研究进展[J]. 中国海洋药物, 2012, 31(2): 52-57.

[23] Usov A I. Structural analysis of red seaweed galactans of agar and carrageenan groups[J]. Food Hydrocolloids, 1998, 12(3): 301-308.

[24] 胡亚芹, 竺美. 卡拉胶及其结构研究进展[J]. 海洋湖沼通报, 2005, 1: 94-102.

[25] Necas J, Bartosikova L. Carrageenan: A review[J]. Veterinarni Medicina, 2013, 58(4): 187-205.

[26] 秦益民. 海藻酸纤维在已用敷料中的应用[J]. 合成纤维, 2003, (4): 11-16.

[27] Haug A, Larsen B, Smidsrod O. Uronic acid sequence in alginate from different sources[J]. Carbohydrate Research, 1974, (32): 217-225.

[28] Indergaard M, Skjak-Bræk G, Jensen B. Studies on the influence of nutrients on the composition and structure of alginate in *Laminaria saccharina* (L) Lamour. (Laminariales, Phaeophyceae) [J]. Botanica Marina, 1990, (33): 277-288.

[29] Stockton B, Evans L V, Morris E R. Alginate block structure in *Laminaria digitata*: Implications for holdfast attachment[J]. Botanica Marina, 1980, (23): 563-567.

[30] Drury J L, Dennis R G, Mooney D J. The tensile properties of alginate hydrogels[J]. Biomaterials, 2004, 25(16): 3187-3199.

[31] Zhang J, Ji Q, Wang F, et al. Effects of divalent metal ions on the flame retardancy and pyrolysis products of alginate fibres[J]. Polymer Degradation and Stability, 2012, 97(6): 1034-1040.

[32] Mørch Ý A, Donati I, Strand B L, et al. Effect of Ca^{2+}, Ba^{2+}, and Sr^{2+} on alginate microbeads[J]. Biomacromolecules, 2006, 7(5): 1471-1480.

[33] Lee K Y, Rowley J A, Eiselt P, et al. Controlling mechanical and swelling properties of alginate hydrogels independently by cross-linker type and cross-linking density[J]. Macromolecules, 2000, 33(11): 4291-4294.

[34] Eiselt P, Lee K Y, Mooney D J. Rigidity of two-component hydrogels prepared from alginate and poly(ethylene glycol)-diamines[J]. Macromolecules, 1999, 32(17): 5561-5566.

[35] 秦益民. 海藻酸纤维在医用敷料中的应用[J]. 合成纤维, 2003, 32(4): 11-13.

[36] 张传杰, 朱平, 王怀芳. 高强度海藻纤维的性能研究[J]. 印染助剂, 2009, 26(1): 15-18.

[37] 李辉芹, 巩继贤. 可生物降解的海藻酸盐纤维及应用[J]. 新纺织, 2002, (1):34-36.

[38] 姜丽萍, 孔庆山, 王兵兵, 等. 海藻酸钙纤维的制备及阻燃性能研究[J]. 阻燃材料与技术, 2008, (4): 14.

[39] 陈丽娇, 郑明锋. 大黄鱼海藻酸钠涂膜保鲜效果研究[J]. 农业工程学报, 2003, 19(4): 209-211.

[40] 杨琴, 胡国华, 马正智. 海藻酸钠的复合特性及其在肉制品中的应用研究进展[J]. 中国食品添加剂, 2010, (1): 164-168.

[41] 樊华, 张其清. 海藻酸钠在药剂应用中的研究进展[J]. 中国药房, 2006, 17(6): 465-467.

[42] Foegeding E A, Ramsey S R. Rheological and water-holding properties of gelled meat batters containing iota carrageenan, kappa-carrageenan or xanthan gum[J]. Journal of Food Science,

1987, 52(3): 549-553.

[43] Hermansson A M. Rheological and microstructural evidence for transient states during gelation of kappa-carrageenan in the presence of potassium[J]. Carbohydrate Polymers, 1989, 10(3): 163-181.

[44] Morris V J, Chilvers G R. Rheological studies of specific cation forms of kappa-carrageenan gels[J]. Carbohydrate Polymers, 1983, 3(2): 129-141.

[45] Kong L, Ziegler G R. Fabrication of κ-carrageenan fibers by wet spinning: Addition of ι-carrageenan[J]. Food Hydrocolloids, 2013, 30(1): 302-306.

[46] Popa E G, Gomes M E, Reis R L. Cell delivery systems using alginate-carrageenan hydrogel beads and fibers for regenerative medicine applications[J]. Biomacromolecules, 2011, 12(11): 3952-3961.

[47] 张乐华, 王元兰, 李忠海. 卡拉胶的结构·性能·生产及其在饮料工业中的应用[J]. 安徽农业科学, 2008, (7): 3042-3044.

[48] Klemm D, Heublein B, Fink H P, et al. Cellulose: Fascinating biopolymer and sustainable raw material[J]. Angewandte Chemie International Edition, 2005, 44(22): 3358-3393.

[49] Klemn D, Heublein B, Fink H P, et al. Cellulose: Faszinierendes biopolymer und nachhaltiger rohstoff[J]. Angewandte Chemie, 2005, 117(22): 3422-3458.

[50] 叶代勇. 纳米纤维素的制备[J]. 化学进展, 2007, 19(10): 1568-1575.

[51] Azizi Samir M A, Alloin F, Dufresne A. Review of recent research into cellulosic whiskers, their properties and their application in nanocomposite field[J]. Biomacromolecules, 2005, 6(2): 612-626.

[52] Carpenter A W, de Lannoy C F, Wiesner M R. Cellulose nanomaterials in water treatment technologies[J]. Environmental Science & Technology, 2015, 49(9): 5277.

[53] 卢芸, 孙庆丰, 李坚. 高频超声法纳米纤丝化纤维素的制备与表征[J]. 科技导报, 2013, 31(15): 17-22.

[54] Kimura S, Itoh T. Cellulose synthesizing terminal complexes in the ascidians[J]. Cellulose, 2004, 11(3-4): 377-383.

[55] Gatenholm P, Klemm D. Bacterial nanocellulose as a renewable material for biomedical applications[J]. MRS Bulletin, 2010, 35(3): 208-213.

[56] Jonas R, Farah L F. Production and application of microbial cellulose[J]. Polymer Degradation & Stability, 1998, 59(1-3): 101-106.

[57] Yamamoto H, Horn F. *In Situ*, crystallization of bacterial cellulose I. Influences of polymeric additives, stirring and temperature on the formation celluloses I_α and I_β as revealed by cross polarization/magic angle spinning(CP/MAS) ^{13}C NMR spectroscopy[J]. Cellulose, 1994, 1(1): 57-66.

[58] Tokoh C, Takabe K, Fujita M, et al. Cellulose synthesized by *Acetobacter xylinum* in the presence of acetyl glucomannan[J]. Cellulose, 1998, 5(4): 249-261.

[59] Sun J, Lv C X, Lv F. Tuning the shell number of multishelled metal oxide hollow fibers for

optimized lithium ion storage[J]. ACS Nano, 2017, 11: 6186-6193.

[60] Thomas A, Harding K, Moore K. Alginates from wound dressings activate human macrophages to secrete tumour necrosis factor-α[J]. Biomaterials, 2000,(21): 1797-1802.

[61] Gilchrist T, Mart A M. Wound treatment with Sorbsan: An alginate fibre dressing[J]. Biomaterials, 1983, (4): 317-32.

[62] Winter G. Formation of scab and the rate of epithelialization of superficial wounds in the skin of theyoung domestic pig[J]. Nature, 1962, (193): 293-294.

[63] Eaglstein W H, Mertz P. New method for assessing epidermal wound healing: The effects of tramcinolone acetonide and polyethylene film occlusion[J]. Journal of Investigative Dermatology, 1978, (71): 382-384.

[64] 李建全, 王欢. 一种医用敷料: CN 201920992U[P]. 2010-12-29.

[65] 唐雷, 李忠志. 医用海藻酸钙抗菌敷料及其制备方法: CN 101721734A[P]. 2010-06-09.

[66] Thomas S. Alginate dressings in surgery and wound management: Part2[J]. Journal of Wound Care, 2000, 9(3): 15-119.

[67] Thomas S. Alginate dressings in surgery and wound management: Part3[J]. Journal of Wound Care, 2000, 9(4): 163-166.

[68] 李建全, 陶荣, 王欢, 宋海波. 海藻酸医用敷料的制备与开发[J]. 非织造布, 2013, (3): 92-94.

[69] 何虹, 黄剑奇, 盛列平. 海藻酸钙膜引导下颌骨缺损再生机理的实验研究[J]. 口腔医学, 2001, 21(3): 185-188.

[70] Falanga V. Classifications for wound bed preparation and stimulation of chronic wounds[J]. Wound Repair & Regeneration, 2000, (8):347-352.

[71] 李杰, 徐纪刚, 周杰, 等. 医用湿性复合敷料及其制造方法: CN102350006A[P]. 2012-02-15.

[72] 黄亚飞, 朱平, 隋淑英, 等. 海藻酸钙/壳聚糖复合纤维的制备及性能研究[J]. 合成纤维工业, 2017, 40(1): 5.

[73] Sandsdalen E, Haug T, Stensvåg K, et al. The antibacterial effect of a polyhydroxylated fucophlorethol from the marine brown alga, *Fucus vesiculosus*[J]. World J Microbiol Biotechnol, 2003, 19: 777-782.

[74] Wisespongpand P, Kuniyoshi M. Bioactive phloroglucinols from the brown alga *Zonaria diesingiana*[J]. Journal of Applied Phycology, 2003; 15: 225-228.

[75] Lu W N, Lü S H, Wang H B, et al. Functional improvement of infarcted heart by co-injection of embryonic stem cells with temperature-responsive chitosan hydrogel[J]. Tissue Engineering: Part A, 2006, 15: 1437-1447.

[76] Knill C J, Kennedy J F, Mistry J, et al. Alginate fibres modified with unhydrolysed and hydrolysed chitosans for wound dressings[J]. Carbohydrate Polymers, 2004, 55(1): 65-76.

[77] Murakami K, Aoki H, Nakamura S, et al. Hydrogel blends of chitin/chitosan, fucoidan and alginate as healing impaired wound dressings[J]. Biomaterials, 2010, 31: 83-90.

[78] Singelyn J M, Christman K L. Injectable materials for the treatment of myocardial infarction and

heart failure: The promise of decellularized matrices[J]. Journal of Cardiovascular Translational Research, 2010, 3(5): 478-486.
[79] Lee B R, Lee K H, Kang E, et al. Microfluidic wet spinning of chitosan-alginate microfibers and encapsulation of HepG2 cells in fibers[J]. Biomicrofluidics, 2011, 5(2): 222-308.
[80] Arora S, Gupta S, Narang R K, et al. Amoxicillin loaded chitosan-alginate polyelectrolyte complex nanoparticles as mucopenetrating delivery system for *H. pylori*[J]. Scientia Pharmaceutica, 2011, 79(3): 673-694.
[81] Jeong Y I, Jin S G, Kim I Y, et al. Doxorubicin-incorporated nanoparticles composed of poly(ethylene glycol)-grafted carboxymethyl chitosan and antitumor activity against glioma cells *in vitro*[J]. Colloids and Surfaces B: Biointerfaces, 2010, 79(1): 149-155.
[82] 俞怡晨, 姚炎庆, 张亚琼, 等. 壳聚糖-海藻酸盐纳米粒子的制备及其对BSA的载药与释放特性[J]. 功能高分子学报, 2005, 18(4): 598-601.
[83] Chen W B, Wang L F, Chen J S, et al. Characterization of polyelectrolyte complexes between chondroitin sulfate and chitosan in the solid state[J]. Journal of Biomedical Materials Research: Part A, 2005, 75(1): 128-137.
[84] Murata Y, Sasaki N, Miyamoto E, et al. Use of floating alginate gel beads for stomach-specific drug delivery[J]. European Journal of Pharmaceutics and Biopharmaceutics, 2000, 50(2): 221.
[85] 卢鰓炜, 朱康杰. 新型壳聚糖-海藻酸钠胃漂浮小丸的制备[J]. 中国现代应用药学, 2004, 21(6): 475-479.
[86] 吴芳, 戴伯川, 李为祖. 纳米羟基磷灰石/壳聚糖-海藻酸钠复合材料的制备及性能研究[J]. 海峡药学, 2009, 21(3): 22-23.
[87] 展义臻, 赵雪, 朱平. 新型海藻酸共混纤维的制备及性能综述[J]. 丝绸, 2009, 46(3): 49-50.
[88] 张丽, 张兴祥. 医用敷料用海藻纤维国内外研究进展[J]. 产业用纺织品, 2009, 27(12): 3-4.
[89] Bai X P, Zheng H X, Fang R, et al. Fabrication of engineered heart tissue grafts from alginate/collagen barium composite microbeads[J]. Biomedical Materials, 2011, 6(4): 45-52.
[90] Kishore Choudhary K. Post-storage potential of *Nostoc linckia*(Cyanobacteria) immobilized in Ca-alginate(synthetic seed) as biofertilizer inocula[J]. Journal of General and Applied Microbiology, 2011, 57(4): 247-251.
[91] Goren A, Gilert A, Meyron-Holtz E, et al. Alginate encapsulated cells secreting fas-ligand reduce lymphoma carcinogenicity[J]. Cancer Science, 2012, 103(1): 116-124.
[92] Sambu S, Xu X, Schiffer H A, et al. RGDS-fuctionalized alginates improve the survival rate of encapsulated embryonic stem cells during cryopreservation[J]. CryoLetters, 2011, 32(5): 389-401.
[93] Mansour H M, Sohn M, Al-Ghananeem A , et al. Materials for pharmaceutical dosage forms: Molecular pharmaceutics and controlled release drug delivery aspects[J]. International Journal of Molecular Sciences, 2010, 11: 3298-3322.
[94] de Carvalho V F, Paggiaro A O, Isaac C, et al. Clinical trial comparing 3 different wound dressings for the management of partial-thickness skin graft donor sites[J]. Journal of Wound,

Ostomy and Continence Nursing, 2011, 38(6): 643-647.

[95] Covarrubias S A, de-Bashan L E, Moreno M, et al. Alginate beads provide a beneficial physical barrier against native microorganisms in wastewater treated with immobilized bacteria and microalgae[J]. Applied Microbiology and Biotechnology, 2012, 93(6): 2669-2680.

[96] Ichihara S, Hasegawa M, Iwakoshi A, et al. Use of alginate gel in the pathological work-up of the endoscopically resected mucosal lesions[J]. Virchows Archiv: An International Journal of Pathology, 2011, 458(1): 115-116.

[97] Leor J, Tuvia S, Guetta V, et al. Intracoronary injection of *in situ* forming alginate hydrogel reverses left ventricular remodeling after myocardial infarction in swine[J]. Journal of the American College of Cardiology, 2009, 54(11): 1014-1023.

[98] Landa N, Miller L, Feinberg M S, et al. Effect of injectable alginate implant on cardiac remodeling and function after recent and old infarcts in rat[J]. Circulation, 2008, 117(11): 1388-1396.

[99] Aguado B, Mulyasasmita W, Su J, et al. Improving viability of stem cells during syringe needle flow through the design of hydrogel cell carriers[J]. Tissue Engineering, Part A, 2012,18(7-8): 806-815.

[100] Leszczynski R, Stodolak E, Wieczorek J, et al. *In vivo* biocompatibility assessment of (PTFE-PVDF-PP) terpolymer-based membrane with potential application for glaucoma treatment[J]. Journal of Materials Science Materials in Medicine, 2010, 21(10): 2843-2851.

[101] Pettingill L N, Wise A K, Geaney M S, et al. Enhanced auditory neuron survival following cell-based BDNF treatment in the deaf guinea pig[J]. PLoS ONE, 2011, 6(4): e18733.

[102] 冯建国. 可注射复合海藻酸盐水凝胶缓释 IGF-1 修复心肌梗死的实验研究[D]. 苏州: 苏州大学.

[103] 邓必勇. 可注射型海藻酸钠-壳聚糖复合水凝胶治疗大鼠心肌梗死的实验研究[D]. 上海: 复旦大学, 2014.

[104] 林新梅, 王国祥, 陆羡,等. 海藻多糖对 HL-60 细胞体外增殖的影响[J]. 滨州医学院学报, 2005, 28(2):2.

[105] 刘茂雄. 海藻酸钠-环孢霉素 A 药膜在青光眼滤过性手术中抗增殖作用的实验研究[D]. 长春: 吉林大学, 2006.

[106] 王焕明, 徐如祥, 姜晓丹,等. 骨髓源性神经干细胞自体移植海藻酸致痫大鼠海马后脑电图的改变[J]. 中华神经医学杂志, 2007, 6(3):4.

[107] Andrasko J. Water in agarose gels studied by nuclear magnetic resonance relaxation in the rotating frame[J]. Biophysical Journal, 1975, 15(12): 1235-1243.

[108] Soletti L, Hong Y, Guan J, et al. A bilayered elastomeric scaffold for tissue engineering of small diameter vascular grafts[J]. Acta Biomaterialia, 2010, 6(1): 110-122.

[109] 问莉莉. 高品质琼胶的制备及其稳定性研究[D]. 湛江: 广东海洋大学, 2013.

[110] 王秀娟, 张坤生, 任云霞, 等. 海藻酸钠凝胶特性的研究[J]. 食品工业科技, 2008, (2): 4.

[111] Giovagnoli S, Tsai T, DeLuca P P. Formulation and release behavior of doxycycline-alginate

hydrogel microparticles embedded into pluronic F127 thermogels as a potential new vehicle for doxycycline intradermal sustained delivery[J]. AAPS PharmSciTech, 2010, 11: 212-220.

[112] Hua S, Yang H, Li Q, et al. pH-sensitive sodium alginate/calcined hydrotalcite hybrid beads for controlled release of diclofenac sodium[J]. Drug Development and Industrial Pharmacy, 2012, 38(6): 728-734.

[113] 周家华, 崔英德, 杨辉, 等. 食品添加剂[M]. 北京: 化学工业出版社, 2001.

[114] 刘骞. 食品食品加工中的增稠剂(五): 海藻类胶食品增稠剂[J]. 肉类研究, 2010, (2): 67-70, 75.

[115]刘施琳, 朱丰, 林圣楠, 等. 琼脂凝胶强度及弛豫特性的研究[J]. 食品工业科技, 2017(13): 85-89, 100.

[116] 侯萍, 马军, 李铭, 等. 海藻多糖用于食品涂膜保鲜的研究现状[J]. 热带农业科学, 2016, 36(4): 82-85.

[117] 王瑞, 孔保华, 夏秀芳, 等. 不同多糖对冷却牛肉涂膜保鲜效果研究[J]. 东北农业大学学报, 2011, 42(8): 13-18.

[118] 董书阁, 侯文燕, 董静静, 等. 一种利用石莼资源化开发的天然食品保鲜剂及制备方法: CN 201310604488. 4[P]. 2013-11- 26[2017-12-25].

[119] 程丽林, 聂小宝, 王庆国, 等. 海带多糖复合涂膜对辣椒保鲜效果的研究[J]. 食品工业科技, 2015, 36(7): 342-345.

[120] 郭守军, 叶文斌, 杨永利, 等. 蜈蚣藻多糖与卡拉胶复合涂膜保鲜剂对杨梅常温贮藏的影响[J]. 食品科学, 2010, 31(18): 394-400.

[121] 李颖畅, 王亚丽, 吕艳芳, 等. 紫菜多糖提取物对冷藏对虾品质的影响[J]. 现代食品科技, 2015, 31(3): 116-120.

[122] 郭恒, 霍健聪, 俞晓雯. 一种天然防腐剂对裸五角瓜参的保鲜效果研究[J]. 肉类工业, 2014(12): 42-45.

[123] 玉新爱, 杨昌鹏, 吴琳, 等. 复合涂膜处理对火龙果常温贮藏品质的影响[J]. 保鲜与加工, 2016, 16(1): 35-39.

[124] 张初署, 于丽娜, 毕洁, 等. 紫苏醛-海藻酸钠复合涂膜抗花生黄曲霉菌研究[J]. 食品工业科技, 2017, 38(14): 263- 266.

[125] 刘熙东, 罗焘, 吴振先. 基于专利分析的果蔬保鲜技术发展与展望[J]. 保鲜与加工, 2017, 17(4): 127-133.

[126] 熊霜, 肖美添, 叶静. 复合型海藻膳食纤维功能食品的降血脂作用[J]. 食品科学, 2014, 35(17): 220-225.

[127] 刘莎莎, 任国谱. 螺旋藻酸奶生产工艺及配方优化研究[J]. 食品与机械, 2010, 26(6): 83-85.

[128] 盛文胜, 李树岚. 海带粒蜂蜜口服液的研制[J]. 蜜蜂杂志, 2013, 33(12): 20-22.

[129] 缪宇平. 海藻生物活性物质研究——1. 天然海藻抗氧化剂—吲哚噁唑生物碱 Martefragin A 衍生物的合成及其生 物活性研究; 2. 麻痹性贝毒之膝沟藻毒素 Gonyautoxins 的制备及其测定方法研究[D]. 上海: 复旦大学.

[130] Pavoni B, Caliceti M, Sperni L, et al. Organic micropollutants (PAHs, PCBs, pesticides) in seaweeds of the lagoon of venice[J]. Oceanologica Acta, 2003, 26 (5-6): 585-596.
[131] 曲俐俐，王加晶，王宏伟. 食品保鲜技术的现状及前景[J]. 食品工业，2015，36 (8): 239-242.
[132] 管斌. 海藻多糖降解酶的研究进展[J]. 中国酿造, 2010, 9: 8-15.
[133] 朱平, 郭肖青, 隋淑英, 等. 壳聚糖接枝海藻纤维及其制备方法与用途: CN20060921[P]. 2007-04-04.
[134] Suh M P, Park H J, Prasad T K, et al. Hydrogen storage in metal-organic frameworks[J]. Chemical Reviews, 2012, 112 (2): 782-835.
[135] Zhang Q, Uchaker E, Candelaria S L, et al. Nanomaterials for energy conversion and storage[J]. Chemical Society Reviews, 2013, 42 (7): 3127-3171.
[136] Nishihara H, Kyotani T, Templated nanocarbons for energy storage[J]. Advanced Materials, 2012, 24 (33): 4473-4498.
[137] Zhang L, Xiao J, Wang H, et al. Carbon-based electrocatalysts for hydrogen and oxygen evolution reactions[J]. ACS Catalysis, 2017, 7 (11): 7855-7865.
[138] Dai L, Xue Y, Qu L, et al. Metal-free catalysts for oxygen reduction reaction[J]. Chemical Reviews, 2015, 115 (11): 4823-4892.
[139] Su D S, Perathoner S, Centi G. Nanocarbons for the development of advanced catalysts[J]. Chemical Reviews, 2013, 113 (8): 5782-5816.
[140] Roberts A D, Li X, Zhang H. Porous carbon spheres and monoliths: Morphology control, pore size tuning and their applications as Li-ion battery anode materials[J]. Chemical Society Reviews, 2014, 43 (13): 4341-4356.
[141] Zhang L L, Zhao X S. Carbon-based materials as supercapacitor electrodes[J]. Chemical Society Reviews, 2009, 38 (9): 2520-2531.
[142] Titirici M M, White R J, Brun N, et al. Sustainable carbon materials[J]. Chemical Society Reviews, 2015, 44 (1): 250-290.
[143] Garg R, Elmas S, Nann T, et al. Deposition methods of graphene as electrode material for organic solar cells[J]. Advanced Energy Materials, 2017, 7 (10): 201601393.
[144] Li Y L, Kinloch I A, Windle A H. Direct spinning of carbon nanotube fibers from chemical vapor deposition synthesis[J]. Science, 2004, 304 (5668): 276-278.
[145] Saito Y, Nakahira T, Uemura S. Growth conditions of double-walled carbon nanotubes in arc discharge[J]. The Journal of Physical Chemistry B, 2003, 107 (4): 931-934.
[146] Chingombe P, Saha B, Wakeman R. Surface modification and characterisation of a coal-based activated carbon[J]. Carbon, 2005, 43 (15): 3132-3143.
[147] Wakamatsu T, Numata Y. Flotation of graphite[J]. Minerals Engineering, 1991, 4 (7-11): 975-982.
[148] Zhao D, Zhang Y, Essene E J. Electron probe microanalysis and microscopy: Principles and applications in characterization of mineral inclusions in chromite from diamond deposition[J].

Ore Geology Reviews, 2015, 65: 733-748.

[149] Bar-On Y M, Phillips R, Milo R. The biomass distribution on earth[J]. Proceedings of the National Academy of Sciences, 2018, 115(25): 201711842.

[150] Woolf D, Amonette J E, Street-Perrott F A, et al. sustainable biochar to mitigate global climate change[J]. Nature Communications, 2010, 1: 56.

[151] Fowles M. Black carbon sequestration as an alternative to bioenergy[J]. Biomass and Bioenergy, 2007, 31(6): 426-432.

第3章　海藻基储能材料与器件

3.1　新型储能器件概述

自进入工业社会，能源对人类社会的进步和发展具有重要的推动作用。其中，传统化石燃料是目前人们广泛使用并将持续使用的主要能源材料。然而，化石燃料属于不可再生资源，长期使用会给地球生态环境带来诸多复杂的问题，如大量排放的温室气体导致的全球变暖、硫化物的排放造成的酸雨、重金属离子对人类健康的损害等。为了解决当今社会严峻的能源问题，合理开发利用可再生资源迫在眉睫，如核能、风能、太阳能、地热能、水电以及生物质能源。

碳是地球生物圈中分布最广、含量仅次于氧气的第二多的元素，并以碳水化合物和其他生物聚合物的形式存在。生物质材料(如海藻、木竹材、秸秆等)作为一种丰富的、可再生的绿色资源，其衍生的生物炭是理想的能源载体。得益于生物质自身的独特结构，经过一定的物理、化学手段处理后，其演变的生物炭具有优良的导电性、高的比表面积、可调控的孔径尺寸、丰富的活性位点、在动力传质过程中具有更小的扩散阻力以及优良的稳定性等特性。这种新颖的生物炭材料被广泛应用于超级电容器、锂离子电池、钠离子电池、氢气存储、燃料电池等众多新兴领域，对新型能源材料与器件的设计开发与综合利用具有重要的作用。

3.1.1　锂离子电池

作为具有一百多年历史的化学电源，其在当今社会发展中具有极其重要地位。具体而言，电池是一种将化学能直接转变为电能的装置，在通信和小型电子设备等领域的需求日益增加，并且随着科技的发展，人们对电池的质量提出了更高的要求。图 3.1 展示了几种电池技术，以电动汽车行驶的距离来表示电池的能量密度。铅酸电池作为传统型电池，能量密度低、对环境污染严重，在发展中将被逐步淘汰[1,2]。镍镉电池中，高含量的镉金属对人体有严重损伤，且镍镉电池的记忆效应会大大缩短电池的使用寿命[3,4]。镍氢电池具有能量密度高、循环稳定性好，且能够消除重金属的污染，但它存在重量大、体积大等缺点[5-7]。相比之下，锂离子二次电池在能量密度、热稳定性、循环性能等方面均具有优异的性能，可应用于便携式电子设备、电动汽车等各个领域。自从 SONY 公司将锂离子电池商品化之后，锂离子电池迅速占领了移动手机、数码相机、笔记本电脑等电子产品的能源市场。

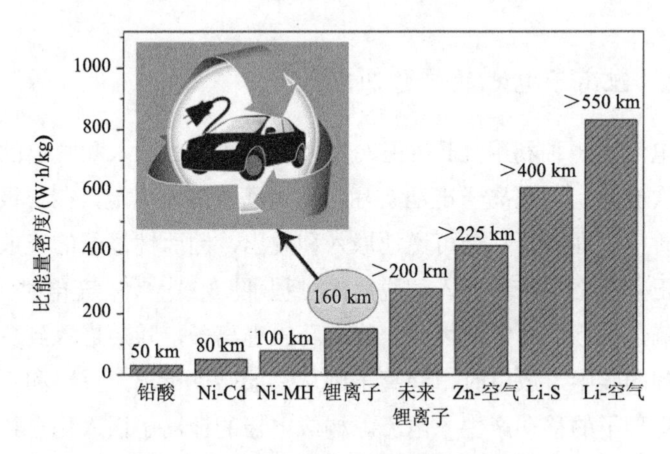

图 3.1　几种电池技术能量密度对比图

3.1.1.1　锂离子电池的发展概述

人们起初之所以选择金属锂，是因为它是质量最轻的金属(密度仅为 0.53 g/cm^3) [8]，同时它具有最低的电极电位(–3.04 *vs*. SHE) [9]，因此以金属锂作为锂一次电池的负极可获得高的能量密度。

锂离子二次电池源于 1970 年左右，Gamble 等发现层状硫化物能够容纳一系列的分子和离子的嵌入与脱出[10]。其中，二硫化钛(TiS_2)因其半金属的性质而具有较好的导电性，并且其晶体结构不会因锂离子的脱嵌而发生改变[11]。因此，TiS_2 正极/金属锂负极电池体系一度成为研究的热点。但是由于生产成本高、工作电位低、安全问题，限制了其商业化发展。之后，研究学者又对其他层状氧化物进行了研究，如五氧化二钒[12]，但是锂离子的脱嵌使其发生复杂的相变，致使循环稳定性极差。

直至 1980 年左右，Goodengough 等发现了类似硫化物层状结构的 $LiCoO_2$[13]；Yazami 发现了石墨能够在固体电解质中可逆脱嵌锂离子，形成嵌 Li 产物 LiC_6。相比金属 Li 负极造成的枝晶，此研究产品的安全性得到大大提高[14]。大量的实验证明，$LiCoO_2$ 正极/石墨负极锂离子电池是一个非常成功的电池系统，自从 20 世纪 90 年代商品化以来，该体系一直沿用至今。

锂离子二次电池由三个主要部分组成，包括低嵌锂电势的化合物的负极、高嵌锂电势的化合物的正极，以及有机溶剂或水溶有锂盐体系的电解液[15,16]。因其轻便、稳定性好、能量密度高，成为便携式设备、电动汽车、军事航天设备的首选。

3.1.1.2　锂离子电池的工作原理

锂离子电池是一种利用 Li^+在正、负极材料间可逆嵌入和脱出的可循环充放电的一种二次电池[17]。锂离子电池实际上为锂离子浓差电池，在正极与负极所使用的活性物质中，锂离子都能可逆地嵌入和脱出，因而锂离子的充放电过程也就是锂离子在正负极之间来回嵌入和脱出的过程(图 3.2)[18-20]。充电时，受到电池两极的电势影响，正极的含锂活性化合物会释出锂离子，随后嵌入到负极分子中呈片层结构排列的碳中。放电时，锂离子则从片层碳中析出，重新和正极的活性化合物结合。锂离子的移动产生了电流。构成电极的锂离子嵌入化合物以及化合物中的锂离子浓度决定了锂离子电池的工作电压。原则上锂离子电池中的能量存储取决于电极材料中可逆电化学反应/电荷存储，与电子和离子传输强烈相关，如图 3.2 所示。在放电过程中，电化学反应发生在电极处，并且所产生的电子流过外部电路以驱动外部负载。在充电过程中，施加外部电压以通过可逆的电化学反应在电极处存储电子。离子通过电解质在电极之间扩散，而电子流过外部电路。

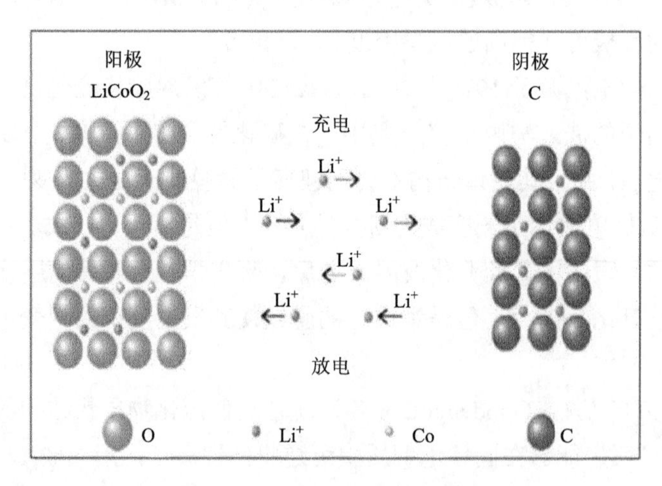

图 3.2　锂离子电池的工作原理图

锂离子电池的高能量密度，可以通过使用具有高比容量的负极材料来部分实现。锂离子电池的功率密度是其能否广泛应用于各种器件的另一个重要先决条件，并且强烈依赖于电极的动力学。调整纳米尺度的电极材料将从增加的活性反应位点和界面中获益于动力学，并且有利于锂离子的嵌入和脱出且减小了扩散路径，描述如下[21]：

$$\tau = L_{ion}^2 / D_{ion}$$

其中，τ 是主体材料的离子扩散时间，L_{ion} 是离子扩散长度，D_{ion} 是离子扩散系数。对于给定材料，D_{ion} 与 L_{ion} 类似，τ 与 L_{ion} 的二次方成正比。纳米结构阳极材料可以提供大的电极-电解质接触面积，并且当离子扩散长度缩短时可以大大降低锂离子扩散时间，这有助于在高电流密度下充分地利用活性材料。然而，锂离子电池的纳米材料的填充密度低，虽然可以双重加工，但高活性的大比表面会导致体积能量密度变低和结构稳定性变差。

目前，锂离子电池正极多采用 $LiCoO_2$、$LiMn_2O_4$、$LiCo_{1/3}Mn_{1/3}Ni_{1/3}O_2$、$LiFePO_4$ 等，而石墨是常用的负极材料。正极和负极材料间隔着一层隔膜，可防止电极材料接触，但锂离子可以在正负极间迁移。电解液要具有良好的锂离子传输性，常采用锂盐($LiPF_6$、$LiClO_4$)溶解在有机酯混合溶剂中[如体积比为1∶1的碳酸二甲酯(DMC)和碳酸乙烯酯(EC)混合溶剂]配制而成。在充放电过程中，伴随着锂离子在正负极间来回的迁移，从而达到能量交换的目的，实现化学能和电能之间的转换。

3.1.1.3　锂离子电池正极材料

对于理想的二次电池，应该具备质量轻、体积小、循环寿命长、功率密度和能量密度高、良好的安全性能和环境效应以及低成本和广泛的适合用性。但是就目前的电池技术而言，还不能满足上述所有要求。

锂离子电池的电极材料分为锂电正极材料和锂电负极材料两种，当电池在使用时，由于锂离子电池内部的正极和负极材料发生了氧化还原反应而使外部电路产生电流。而输出的电压取决于电池内部氧化还原物种的电极电势。通常，我们将电极电势低于2.0 V(*vs.* Li^+/Li)的材料称作负极材料，高于2.0 V(*vs.* Li^+/Li)的材料称作正极材料[22,23]。

对于两种材料有各自不同的要求。其中，正极材料作为锂离子电池的核心部分，是发展锂离子电池的关键部分，其成本和性能决定了锂离子电池的成本和性能。因此，开发性能良好的锂离子电池正极材料一直是锂离子电池研究的重点。理想的锂电正极材料，应具备高的输出电压和比容量、较长的循环寿命和优良的导电性能，以及材料的低成本、环保、易制备等特点。锂离子二次电池正极主要包括三大类：①层状型的嵌锂氧化物($LiMO_2$)，例如 $LiCoO_2$、掺杂三元材料；②尖晶石型嵌锂氧化物(LiM_2O_4)，例如 $LiMn_2O_4$、$LiMn_{1.5}Ni_{0.5}O_2$；③橄榄石型嵌锂氧化物，例如 $LiFePO_4$、$LiMnPO_4$。

3.1.1.4　锂离子电池负极材料

电极材料一般是用于存储锂离子的活性物质，并且在很大程度上决定了锂离子电池的性能。负极材料主要通过以下几个方面提高锂离子电池的性能：

(1)具有高比容量的负极材料可以提高锂离子电池的整体比容量；

(2)具有高比容量的负极材料可以减少与正极材料匹配时的用量,因而可以提高电池的体积比容量和质量比容量。

故高性能的锂离子电池负极材料是决定锂离子电池性能的关键因素。金属锂由于其锂的容量比较高，成为使用最早的负极材料，但是在充放电过程中枝晶锂的产生使得安全系数降低，存在隐患。经过大量实验探索，发现使用铝锂合金可解决枝晶锂问题，然而锂离子电池循环之后会出现严重的体积膨胀材料粉化，使材料的循环寿命非常低。随着技术的革新与发展，人们开始使用新型的材料，即碳材料。在碳材料中，锂离子的嵌入电位更加接近金属锂自身的电位，有利于锂的嵌入和脱出，且不易与有机电解质溶液发生反应，拥有优异的循环性能。

除了电极材料的固有特性外,材料的粒径和形貌也影响着锂离子电池的性能。将材料尺寸减小到纳米级可以提高材料与电解质的接触面积，进一步改善锂离子扩散程度，提高锂离子电池性能。此外，充电/放电过程中的体积变化可以通过在特定的纳米结构中产生的空间来匹配。随着材料设计和合成技术的发展，纳米结构负极材料的制备取得了显著进步。

3.1.2　钠离子电池

随着大规模电力储能领域的发展，锂元素储量匮乏已不能满足需求，加之锂离子电池存在生产成本高、安全性不足等问题，发展新型能量存储与转换技术迫在眉睫。因此，与锂离子电池工作原理相似的钠离子电池也受到了广泛关注。由于钠资源十分丰富、价格低廉、安全性高，以及与锂相似的电化学反应原理，钠离子电池已成为规模储能领域具有明显竞争力的储能系统之一，将有望取代锂离子电池。

3.1.2.1　钠离子电池的发展概述

从2010年到2017年，关于钠离子电池研究报道数量逐年上升(图3.3)，可见人们对钠离子电池的研究热度持续高涨。而且在某些方面，钠离子电池表现出与已建立的锂存储技术不同的特性，显示出一些有趣的现象。例如，过渡金属氧化物在钠嵌入/脱出期间表现出多相转变，并且对潮湿的大气非常敏感，在合成过程中钠的添加比例对最终产品也起着关键的作用。广泛用于商业锂离子电池的石墨阳极材料已经被证明并不适用于钠离子电池体系中。硅基材料被认为是下一代锂离子电池的阳极材料，但其与钠的合金化反应也尚未实现。以上事实表明，钠离子电池和锂离子电池技术之间存在着明显的差异，但它也为更好地了解电池反应和探索适用于高性能钠储存的材料提供了许多机会。

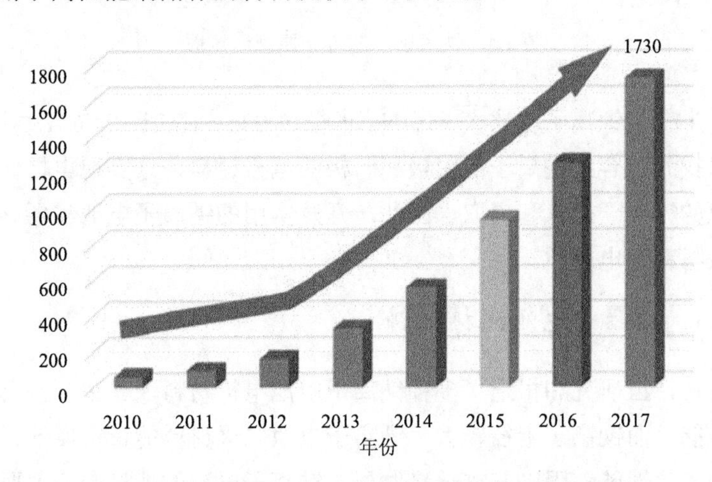

图3.3　2010～2017年有关钠离子电池的出版物数量

3.1.2.2　钠离子电池的工作原理

钠离子电池与锂离子电池的工作原理基本相同，都是通过碱金属离子在电极材料之间的嵌入和脱出来实现化学能与电能的互相转化，工作原理示意图如图3.4所示。钠离子电池由被电解质隔开的正极和负极组成。在充电过程中，钠离子从正极(阴极)主体中提取，通过电解质迁移并插入负极(阳极)。在放电过程中则发生相反的过程。同时，电子从阳极释放并通过外部电路传输，为设备提供电力，整个过程是可逆的。最近对钠离子嵌入材料的电压、稳定性和扩散的计算研究表明，相对于锂离子电池，许多电极材料中钠离子的活化能和迁移势垒是有利的[24]。

典型的钠离子电池由四种组分组成，即正极、负极、隔膜、含有非水盐的电解质。

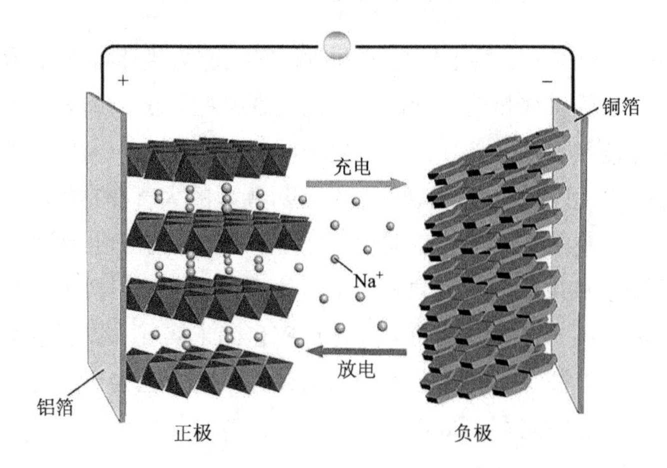

图 3.4　钠离子电池工作原理示意图

钠离子半径与锂离子相比大，即 Na^+半径(1.02 Å)比 Li^+(0.76 Å)大 34 %。这使得更难以找到可容纳钠离子的阴极和阳极的电极材料，来实现电极化合物的传输以及快速的钠离子插入和提取。因此，开发实用的钠离子电池需要寻求和优化合适的电极材料和电解质。

3.1.2.3　钠离子电池正极材料

迄今为止，已研究和报道了多种钠离子电池电极材料，其中一些已表现出优异的储钠性能。而钠离子半径较大、钠离子电池电极材料能量密度低、钠离子脱嵌和扩散动力学性能差限制其进一步发展。钠离子电池的能量密度主要由正极材料决定，相比于已取得良好发展的负极材料，发展具有钠离子快速脱/嵌动力学、高比容量的钠离子电池正极材料迫在眉睫。高性能的钠离子电池正极材料应具备以下特点：①高理论比容量；②高氧化还原电位；③利于钠离子脱嵌的结构，且结构稳定性良好；④良好的电子和离子导电率；⑤成本低、资源丰富、环境友好等。因此探索具有高电压平台和较大的可逆容量的高性能钠离子电池正极材料是实现高能量密度的关键。

在目前已报道的钠离子电池正极材料中，铁基聚阴离子型化合物以其成本低、热稳定性优异、安全性高、环境友好等优势受到广泛研究。这类化合物的晶体结构多样，能够为钠离子传输提供开放通道。其内在的四面体或八面体阴离子结构单元间由强共价键相连，并能组建三维网络结构，稳定聚阴离子框架结构，能够使材料表现出很好的耐过充性、循环稳定性。

许多已应用于锂离子电池正极材料的化合物，如聚阴离子化合物、过渡金属氧化物等也表现出优异的钠储存性能。另外，亚铁氰化物、NASICON 型(钠快离子导体)化合物、有机化合物也具有较好的储钠性能。

3.1.2.4　钠离子电池负极材料

钠离子电池负极材料的研究根据脱嵌机理可以分为三类：①嵌入反应；②转化反应；③合金化反应。大多数钠离子电池负极电极材料都显示出低工作电位和大理论容量，碳基材料和钛基氧化物已广泛用于嵌入反应型负极材料。过渡金属基化合物是常见的转化反应负极材料。除此之外，Ge、Sn、In、Sb 等是典型的合金化反应负极材料。如图 3.5 所示。

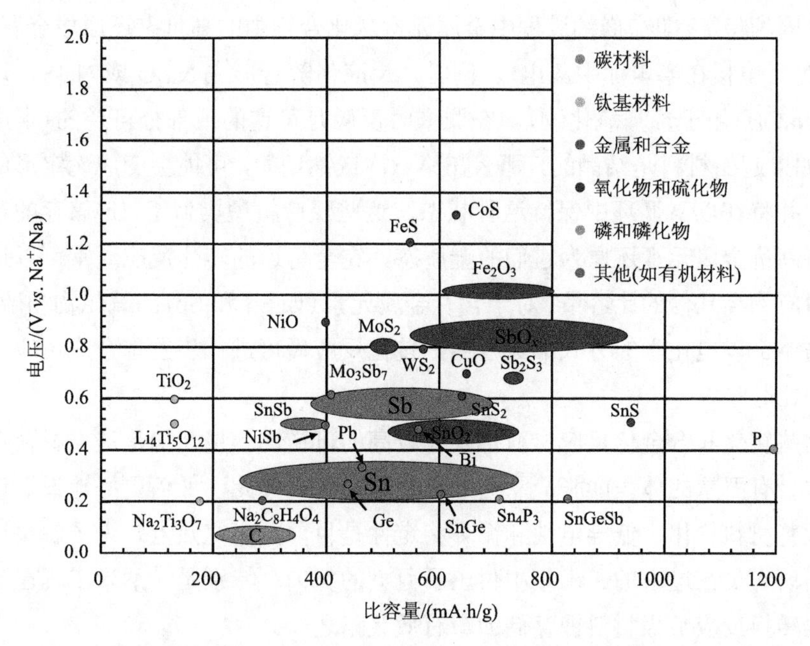

图 3.5　用于钠离子电池的典型阳极材料(钠作为对电极)[25]

1) 碳基材料

碳质材料的主要优点之一是其丰富的储量，原则上可能非常便宜。然而，早期对碳质材料的研究显示出低容量和/或低循环性等不令人满意的性能。近年来，通过对碳质材料的修饰取得了有希望的进展。

2) 钛基材料

钛基材料通常在循环期间涉及 Ti^{4+}/Ti^{3+}的氧化还原对。与基于 Co、Mn、Ni 和 Fe 材料的嵌入相比，它们显示出较低的电位。对于钛基材料来说，适用于有希望的 Na^+储存性能包括 $Na_2Ti_3O_7$、$Na_{0.66}[Li_{0.22}Ti_{0.78}]O_2$、$Li_4Ti_5O_{12}$ 和 TiO_2。

3) 合金化反应材料

许多材料能够在低电位下与 Na 发生电化学反应，形成 Na 合金并提供高比容量。其中，Sn、Sb、P 及其化合物(如金属间化合物、氧化物、硫化物、磷化物)作为钠离子电池负极材料的潜力最大。

4) 转化反应材料(氧化物和硫化物)

有些氧化物和硫化物具有显著的储 Na^+能力，这些材料包括 Fe_2O_3、Fe_3O_4、FeOOH、MoO_3、CuO、Mn_3O_4、$NiCo_2O_4$、MoS_2。这些材料所对应的电化学机制具有共同的特征，即在嵌钠过程中金属元素从化合物中的高价态还原成金属态(以 Na 作为对电极在半电池中放电)。同时，反应伴随着形成 Na_2O 或 Na_2S，以及可能的 NaOH(用于羟基氧化物)。在脱嵌时反应是可逆的或部分可逆的(半电池充电)。如果起始材料是结晶的，那么在第一次嵌钠期间，可能会变成无定形的非晶特征，并将在以下循环中保持这种状态。这些反应机理类似于 Li^+储存的反应机理，将高价金属元素还原为它们的金属态。完全可逆的转化反应通常可以达到比插入对应物高几倍的比容量。对于含有金属元素(如 Sn 和 Sb)的氧化物和硫化物，可以与 Na 以电化学的方式形成合金，转化反应后可进一步发生合成反应，提供更高的比容量。

这些转化和合金化反应材料都具有较高的可逆比容量，但是这类材料在脱嵌过程中会有严重的体积膨胀，从而导致材料粉化。因此，如何更好地设计该类材料，改善材料粉化、低导电性和循环稳定性是目前的研究热点。为了解决这些问题，科研人员在过去的二十年中付出了巨大的努力。特别是，纳米工程已被证明是增强转换反应负极材料锂存储的最有效策略之一。

3.1.3 超级电容器

随着人类社会的快速发展，能源和环境问题也成为当今社会的热点问题，开发新型的储能器件、制备新型的储能材料已成为热门的研究方向与课题。超级电容器(supercapacitors，SCs)是一种处于传统电容器与可充电电池之间的新型储能器件，并得到了人们的广泛关注。

3.1.3.1　超级电容器概述

超级电容器也被称作电化学电容器，它通过极化电解质，使电荷在电极/电解质表面进行存储，储能过程可逆，是新兴的一种重要的储能装置。比较不同类型能量储存与转换装置的能量密度和功率密度，SCs 在其中具有重要的地位。一方面，与传统电容器相比，SCs 在比能量密度上高出几个数量级。另一方面，SCs 的独特电荷存储机制使它们能够在短时间内存储和输送大量电荷，因此可以提供比电池更高的功率。此外，SCs 还具有超长的使用寿命。由此得出，SCs 既可以单独使用，又可以与另一种能量存储系统组合使用，使混合动力车辆、起重机、火车和电梯等的功率提高以及循环寿命增强。在使用由电压源驱动的驱动系统中，已经使用不同类型的 SCs 来满足对启动和恢复制动能的功率需求。因此，SCs 是许多能量存储应用的可行选择，包括作为备用电源以提供电源中断保护[26]。

SCs 的性能受到许多因素的影响，例如电极材料的电化学性质、电解质的选择以及电极的电位窗口。虽然所有这些参数对于 SCs 的研究都很重要，但器件电容是 SCs 的主要电特性，是评估 SCs 性能的重要指标。为了提高 SCs 的器件电容，已经进行了许多尝试与改进：

(1) 开发超大有效表面积的纳米多孔材料或分层微纳米结构。例如，在氧化石墨烯(GO)上均匀沉积二氧化锰(MnO_2)纳米棒以防止聚集，能够加快电荷转移，缩短充放电过程中离子扩散路径[27]。

(2) 改善接触电解质的润湿电极的表面。例如，GO 具有许多氧基官能团，其通过额外的法拉第反应效应，改善了总电容并增加了多孔碳与电解质的润湿性。

(3) 开发具有高质量传输的新型活性材料。例如，石墨烯-镍钴酸盐纳米复合材料/活性炭电容达到 618 F/g[28]。另外，赝电容材料的质量负载增加会导致电阻增大，电解质离子进入活性材料受到限制，从而比电容降低[29]。

SCs 的能量存储机制可以使用三种类型的电容行为来解释：

(1) 电化学双层电容器(EDLCs)。EDLCs 是相反的电荷在电极/电解质界面处分层并且以原子距离分开，电荷分离属于物理过程，不涉及电极表面上的化学反应[30]。由于其最大有效表面空间和非常小的电荷间隔距离，EDLCs 表现出比传统电容器更高的能量密度。

EDLCs 在平行电极表面的电传导由电极和电解质两端的电场以及它们之间的化学亲和力控制。通常，电极材料使用具有高比表面积和多孔结构的碳基材料来获得高比电容，例如活性炭、碳纳米管(CNT)、石墨烯，所以 EDLCs 行为很大程度上取决于孔隙率。因此，离子的传输受到诸如曲折的传质路径的亲和力、孔内的区域约束、与溶液相关的电现象以及溶液对孔表面润湿性等因素的严格控制。虽然 EDLCs 可以提供高功率密度并实现优异的充电放电循环稳定性，但由于碳基材料的相对低的电容，它们具有低能量密度。

(2)赝电容(PCs)。PCs 机理基于法拉第充电过程(通过氧化或还原化学物质在电极界面上进行电子转移)，此过程可以是可逆的也可以是不可逆的[31]。在可逆的化学反应(氧化/还原)过程中不会产生新的化学物质，在不可逆的法拉第过程中会产生新的物质。基于过渡金属氧化物和导电聚合物的 PCs 可以比 EDLCs 的电容大许多倍(10～100 倍)。但 PCs 的功率一般低于 EDLCs，因为较慢的法拉第机理在充电和放电过程中表现出收缩和膨胀，这导致 SCs 的循环寿命和机械稳定性较差。

(3)混合电容器。以上两种 SCs 的主要区别在于电荷存储机制：在 EDLCs 中，电极上不发生化学反应，电荷在电极/电解质界面处累积；相反，PCs 表现出比 EDLCs 更高的电容，因为它们促使电极表面发生氧化还原反应。通过构建具有两种类型的非对称/混合 SCs，即正负极分别由 PCs 和 EDLCs 材料制成，利用电势差(两种不同类型的电极材料之间)来增加总电压，从而提高整体的能量密度[32, 33]。

一方面，超级电容器相较于传统电容器拥有更高的比电容，可以存储更多的能量；另一方面，超级电容器相较于可充电电池拥有更高的功率密度与使用寿命，可以在瞬间释放出较大电流并能够循环使用上万个周期。超级电容器的出现，填补了传统电容器与可充电电池之间的空缺，在航天航空、电动汽车、移动电子设备与国防科技等领域具有广泛的应用范围，已被世界上多个国家列为研究热点。

3.1.3.2 液态超级电容器

传统的 SCs 通常由封装外壳、电极材料、液体电解质和隔膜组成。这种 SCs 器件一般组装成电池型(硬币型)，通常不具备柔性，其模型图如图 3.6 所示。

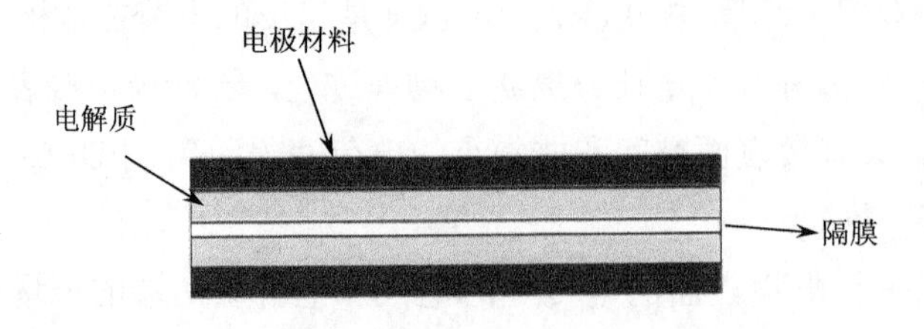

图 3.6 电池型超级电容器的模型示意图

1. 电极材料

SCs 的电荷存储和电容很大程度上取决于电极材料。SCs 的电容与其特定电极材料的电化学活性表面区域相关[34]，而电化学活性表面区域取决于导电材料的孔径。Largeot 等提出，在 EDLCs 中，电极材料的孔径应该与电解液离子的大小相似，孔径过大或过小都会造成容量的损失[35]。显然，材料的孔隙率会极大地影响其电容，因此，孔径和孔径分布不容忽视。以下是几类常用的电极材料。

(1) 碳基电极材料。碳电极材料因其低成本、高化学/热稳定性和优异的导电性在储能装置方面引起了广泛关注。碳材料一般用于 EDLCs。这些材料的高表面积最终导致其优异的电容；因此，使用碳基材料作为 EDLCs 的电极材料在能量存储方面提供了重大突破。例如，活性炭、碳纳米管、石墨烯。

(2) 导电聚合物。导电聚合物(CPs)是通过主链的共轭键矩阵而导电的。在过去的 20 年中，由于比金属氧化物更高的能量密度、低成本和可逆的法拉第氧化还原能力，CPs 已被广泛研究并应用于各种 SCs。尤其是聚苯胺(PANI)、聚吡咯(PPy)和聚噻吩衍生物，因其高导电性和低成本而被广泛用作 SCs 电极材料[36-38]。优化 CPs 的形态是产生 SCs 电化学性能的重要因素。在先前的研究中，已经开发出各种形式的 CPs(例如，纳米棒、纳米片和纳米壁)并有效地应用于能量存储。具有纳米结构的 CPs 具有高表面积和高孔隙率，由于它们本质导电性、高表面积与体积比以及纳米级的表面相互作用，最终导致良好的性能。CPs 的最新发展已经证明，作为一维纳米结构，这些材料可以比其相对应的块状物获得更好的 PCs。

(3) 金属氧化物。来自过渡金属族的许多氧化物，如氧化镍(NiO)、氧化钴(Co_3O_4)、氧化钌(RuO_2)和 MnO_2，由于它们的介孔结构，已经被作为 SCs 电极材料进行了深入研究。电极和电解质之间的有效相互作用有利于离子物质在块体电极内和电极/电解质界面快速传输，这使得这些材料具有高比电容。除金属氧化物外，其与其他材料的复合材料，如 MnO_2-石墨烯也被广泛用于超级电容器[39]。

(4) 复合材料。碳基材料(石墨烯和碳纳米管)的比电容不高，但仍被广泛用作电极材料。另一方面，金属氧化物和 CPs 可以提供良好的 PCs 以产生最大的储能能力。然而，它们在充/放电过程中具有低循环稳定性，这限制了它们在实际 SCs 中的应用。这些缺点可以通过使用具有高能量密度和功率密度的复合材料作为电极来解决。这种组合可以提高 SCs 的性能来满足能量存储在可持续方面的需求。

2. 电解质

电解质，即盐加溶剂，是 SCs 的重要组成部分，在两个电极上产生离子电导率和电荷补偿。电解质不仅参与创建用于电荷存储的 EDLCs 和 PCs，而且还影响 SCs 的性能。SCs 的一大优点就是具有高于电池的功率密度，由功率密度(P)和能量密度(E)[式(3.1)和式(3.2)]可知，电压窗口是影响 P 的因素之一，而电压窗口的大小主要取决于电解质的分解电压。目前，常用的液体电解质主要有水系电解质、有机电解质以及离子液体。

$$P = \frac{E}{t} \tag{3.1}$$

$$E = \frac{CV^2}{2} \tag{3.2}$$

(1)水系电解质。通常，水系电解质显示出良好的电导率(例如，25℃时 1 mol/L H_2SO_4 的电导率为 0.8 S/cm²)，比离子液体(ILs)和有机电解质的电导率至少高一个数量级。水系电解质通常根据其水合阳离子的大小和阴离子的迁移率来选择。然而，水系电解质由于电势窗口很小不适合商业电化学 SCs，这也是商业 SCs 通常使用有机电解质而不是水系电解质的一个关键原因。通常，水系电解质分为碱性、酸性和中性，其中代表性的有 Na_2SO_4、H_2SO_4 和 KOH。

(2)有机电解质。使用有机电解质的 SCs 目前引领商业市场，因为它们具有高电势窗口，大多数在 2.5～2.8 V 范围内。有机电解质允许使用廉价的材料作为集电器和封装外壳。尽管如此，有机电解质仍然存在需要解决的问题：它们通常具有低电导率、小比电容、高成本，并且易挥发、有毒、易燃。此外，有机电解质需要在特定环境下进行复杂的组装和纯化过程，以消除杂质(即水分)可能导致的严重的自放电和性能降低的问题。

(3)离子液体。离子液体在室温下呈液态，完全由有机阳离子和无机阴离子组成。对于 SCs 装置而言，选择合适的电解质对于保持电极材料在高温下的稳定性至关重要。商业级 SCs 中使用的有机电解质由于其燃点和爆炸温度低而不适用于高于 70℃的温度，而水系电解质受水的沸腾温度的限制不能在 80℃以上使用。ILs 具有高化学和热稳定性、宽工作电压范围、可忽略的蒸气压和不燃性，因此可以在非常高的温度下使用。但是，低导电率和高成本限制了它的应用。

以上三种都属于液体电解质。液体电解质在使用中存在的共同缺点就是电解液的泄漏。为了防止高毒性、高腐蚀性的电解质发生泄漏，对封装 SCs 器件的材料和技术要求很高，并且基于液体电解质的 SCs 无法制造小而轻的器件[40]。为了解决液体电解质给传统 SCs 带来的缺点，全固态超级电容器(SSCs)应运而生。

3.1.3.3　全固态超级电容器

随着科技水平的逐步提高，电子产品得到了飞速发展，越来越多的便携式、可穿戴产品走进人们的生活。在电子产品不断更新换代的同时，对储能器件也提出了新的要求，在保持性能的基础上还要满足新兴电子产品轻便、可弯曲的需求。SSCs 的出现成功解决了这一科学难题。

柔性电子设备由于质量轻、灵活且便于携带而受到广泛关注，通过在柔性基板或电极上进行组装可以很容易地得到柔性电子设备。迄今为止，已开发出了各种柔性电子设备，例如晶体管、传感器、发光二极管等。为了驱动这些新兴柔性电子设备的发展，开发能量转换和储存的柔性储能器件非常重要。然而，能量转换装置经常受一些不可控制因素的影响，例如太阳能电池的及时性和区域限制。因此，能够通过简单的方法以柔性形式组装而成的能量存储装置(例如，SCs 和金属离子电池)在柔性电子设备电源上有非常广泛的应用前景。与金属离子电池相比，SCs 具有更长的循环寿命和更高的功率密度，因此已经被用作各种电子设备的电源，特别是用于备用和恢复系统。

传统意义上，SCs 是使用液体电解质来进行组装的，因此必须将其封装才能用于实际应用，从而导致它们的体积和质量都很大。显然，对于传统的 SCs 来说，满足柔性电子设备的要求是一个巨大的挑战。因此，最近在使用全固态聚合物凝胶电解质代替液体电解质来制造 SCs 上做了很大的努力，通过结合自支撑或塑料基板支撑的电极很容易实现具有优异柔韧性的 SSCs。

SSCs 的优点可归纳如下：①制备过程简单。电极和电解质可以轻松地通过各种方法进行制备，例如喷涂、浸涂或滴涂；②使用相对应的电极可以实现轻质灵活(甚至可拉伸或可压缩)SSCs 与其他电子器件的完美匹配；③可以制成所需的形式(例如，薄膜状和纤维状)，或提供其他新功能(例如，可拉伸、自我修复、形状记忆)，这极大地扩展了 SSCs 在一些特殊领域的应用。因此，SSCs 被认为是未来用作电子设备电源的最重要的候选者之一。

一般而言，SSCs 主要由三部分组成：封装材料、固体电解质(同时用作隔膜)和活性电极。通过组装两个负载活性电极的基底片以及夹在中间的固体电解质，可以轻松地实现 SSCs 的组装，其组装模型如图 3.7 所示。通常使用柔软且可弯曲的塑料作为 SSCs 器件的封装材料，如聚对苯二甲酸乙二醇酯(PET)、聚二甲基硅氧烷(PDMS)、乙烯/乙酸乙烯酯共聚物(EVA)膜。SSCs 与液态 SCs 的主要区别在于电极和电解质的柔韧性，而且 SSCs 电解质必须是固体电解质。

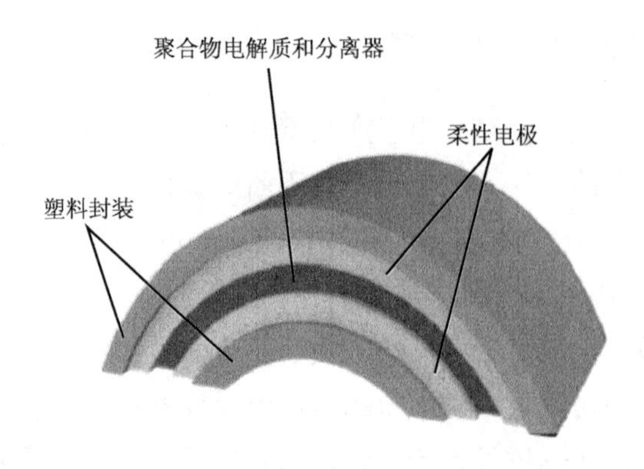

图 3.7　柔性全固态超级电容器的模型示意图

SSCs 的活性电极材料与传统的液态 SCs 的区别在于需要通过一些手段实现电极的柔性。为了制造柔性电极，可以将电极材料、导电添加剂和黏合剂的混合物沉积在 Ti 箔、Ni 箔和不锈钢网基底上。然而，金属基体一般存在质量大、容易被含水电解质腐蚀的缺点。因此，大量的研究工作主要使用非金属材料设计和制造柔性 SSCs 电极。制造柔性电极的一种有吸引力的方法是直接在柔性、多孔、轻质基板上涂覆或生长电极材料。例如，Hu 等用纸作为基底通过强毛细管效应吸收 CNTs 油墨并与 CNTs 强烈结合从而在纸上形成 CNTs 层[41]。此外，多孔棉织物和由各种聚合物制成的合成海绵也可用作基底。与纸相比，多孔棉织物和合成海绵的 3D 框架可以提供更大的表面积，因此能够实现电极材料的高质量负载。这些结构的可控孔径提供了有效的电解质传输途径。Hu 等还报道了通过简单的浸渍和干燥工艺合成 CNTs-棉电极。另一种有希望的方法是直接制造独立的碳膜。据报道，可以通过真空抽滤法和化学气相沉积法直接制备 CNT 纸。这些 CNT 纸具有良好的机械强度和优异的导电性，可以直接用作 SSCs 的电极。

而对于电解质，在 SSCs 中，固体电解质不仅为离子和电荷提供了传输和扩散通道，而且还起到将两个柔性电极黏合在一起的作用，使所获得的 SSCs 在弯曲甚至是拉伸条件下具有优异的机械耐力。在大多数情况下，固体电解质也同时起到隔膜的作用，这使得 SSCs 具有非常简单的结构。

SSCs 的优异特性使它在一些特殊的领域得到应用。无毒、生物相容且轻便的柔性 SSCs 可用于植入式医疗设备的电源。SSCs 的柔性特性使它们可以通过黏合或传统的编织技术将它们与纺织品或衣服结合在一起[42]。具有一定程度延展性的 SSCs 可用于复杂和应变相关环境中的装置。El-Kady 等使用消费级的光速写刻录机直接制造叉指型石墨烯微型超级电容器，所生产的器件薄且具有良好的柔韧性，可以应用于小型便携式电子设备[43]。

3.1.3.4 超级电容器的工作原理

依据储能机理的不同，超级电容器可以分两种。一种为双电层超级电容器，如图 3.8 所示，这类电容器工作机理为在电解质与电极之间群集静电电荷，从而形成双电层来进行能量的存储。这种电容器由于在充放电过程中主要发生的是物理变化而没有化学反应，其理论容量有限。另一种为赝电容超级电容器，这种电容器工作机理为在电极材料上发生快速可逆的氧化还原反应来存储能量。纵然赝电容超级电容器与双电层超级电容器相比来说其具有更高的理论容量，但是由于其在充放电过程中电极材料会发生相转变，这使得超级电容器的功率密度与使用周期受到很大影响。因此，设计与制备适宜的超级电容器电极材料来达到这两种机理共存，仍是研究者需要不断努力的方向。

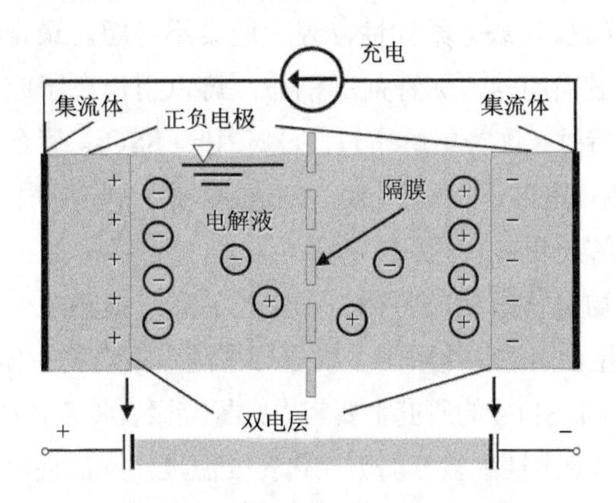

图 3.8 超级电容器的工作原理图

3.1.3.5 超级电容器的电极材料

目前，超级电容器的电极材料有碳材料、金属氧化物或氢氧化物、导电聚合物以及上述材料组成的复合材料。

超级电容器的电极材料最先采用的就是碳材料，比如碳气凝胶、碳纳米管、活性炭与石墨烯等。碳材料在作为超级电容器电极材料时，其工作机理是在材料表面或者表面附近发生离子的吸附与脱附。一般来说，碳材料拥有的比表面积越高，其比电容也会越高[44]。

金属氧化物或氢氧化物，比如四氧化三钴、二氧化锰与氢氧化镍等。这类材料在当作超级电容器电极材料时，其工作机理是在材料上发生快速可逆的氧化还原反应。一般来说，此类电极材料拥有较高的比表面积与合适的孔道，能够改善材料的电化学性能。

导电聚合物，例如聚吡咯、聚苯胺与聚噻吩等，其工作机理同金属氧化物或者氢氧化物一样，这类材料可以利用分子设计获得聚合物结构，从而改善超级电容器的电化学性能。

复合材料一般为上述两种及以上材料通过多种方法制备得到。由于它包含多种材料，能够克服单一材料的不足，形成协同效应，因此具有非常大的研究前景。

3.1.3.6 固体电解质的分类

固体电解质通常分为聚合物电解质和陶瓷电解质。用于电化学电容器的陶瓷电解质一般都是基于磷-硫或氧化铝。但由于它们的导电性低(在室温下为1 mS/cm)、响应时间长且缺乏柔韧性，因此通常不考虑。聚合物电解质是固体聚合物膜，通过添加适当的盐，如钾盐、钠盐，可以用作离子或电子导体。由于它们出色的离子传输特性，这类电解质被广泛应用于SSCs。聚合物电解质的高机械强度、高离子电导率(室温下可达到10^{-3} S/cm)、易于制造和柔韧性等特点使它们相比于其他固体电解质更加出色。

对于固体聚合物电解质(SPEs)而言，快速的离子传输主要取决于聚合物基质中存在的非晶相，并且聚合物电解质中的电导率随着聚合物主体非晶相的增加而增大[45]。因此，过去对于SPEs的研究主要集中在提高聚合物主体的无定形相。这些聚合物通常具有良好的稳定性和较低的玻璃化转变温度，从而使聚合物链具有良好的弹性以提供更快的离子传输。要使聚合物电解质能够用于电化学装置，那么它们必须满足以下几点：①离子迁移数应为1($t_{ion}\approx1$)；②高离子电导率(≥ 10^{-4} S/cm)；③高机械强度；④高热、化学、电化学稳定性；⑤与电极的高兼容性。

聚合物电解质可细分为以下几类：

(1)凝胶聚合物电解质(GPEs)。GPEs通过将溶解于液体增塑剂中的大量盐溶液与聚合物主体混合而获得。实际上，GPEs是用适当的溶剂发泡的聚合物网络，因此同时具有固体和液体的性质。在这里要求聚合物主体能形成稳定的凝胶。GPEs 通常具有较高的环境电导率，但机械稳定性较低。目前，已经开发并研究了几种聚合物基体材料用于制备高性能 GPEs[46]，包括聚丙烯酸(PAA)、聚氧化乙烯(PEO)、聚乙烯醇(PVA)、聚丙烯腈(PAN)、聚甲基丙烯酸甲酯(PMMA)，它们在环境条件下的电导率值介于 10^{-4}～10^{-3} S/cm 之间。GPEs 是 SSCs 中最常用的一种电解质。

(2) 聚合物-盐络合物。聚合物-盐络合物是无溶剂 SPEs，通过将各种离子盐混合到不同的聚合物主体中而形成，例如聚环氧丙烷(PPO)和聚环氧乙烷。

(3) 增塑聚合物电解质。这类电解质通过将液体增塑剂，如碳酸亚乙酯(EC)、碳酸亚丙酯(PC)、聚乙二醇(PEG)等与干燥的固体聚合物电解质混合而制得。

(4) 橡胶电解质。这类电解质也被称为“盐中聚合物”，通过将盐与少量聚合物(PEO 和 PPO)混合制备[47]。

(5) 溶剂-溶胀电解质。在这些电解质中，溶剂-溶胀聚合物为主体。水溶液和非水溶液都可以用于溶胀聚合物，例如聚乙烯吡咯烷酮(PVP)和 PVA，掺杂剂离子溶质 H_3PO_4 和 H_2SO_4 则位于溶胀的晶格中[48]。

(6) 聚电解质。这种电解质也称为聚离子或离聚物。在聚电解质中，与聚合物主链连接的重复单元是电解质(盐)基团或自离子产生基团。聚电解质中自离子产生基团提供离子电导率[49]。

(7) 复合聚合物电解质或复合 GPEs。这类电解质基本上是两相聚合物/凝胶电解质。通过将少量微米或纳米尺寸的无机颗粒如陶瓷分散到固体聚合物或凝胶电解质中来制备这些电解质[50]。GPEs 的机械强度、界面活性和离子电导率通过这些分散的颗粒得到改善，并且这些颗粒的尺寸在增强物理性质方面起着重要作用。

3.2　纳米碳及其金属化合物复合储能材料

3.2.1　纳米碳储能材料

1. 碳纳米管

碳纳米管可以被可视化为一张或多张石墨卷成的纳米级管。三维金刚石立方晶体结构是由每个碳原子和邻近的四个碳原子以四面体的形式排列而成的，与此不同的是，石墨是由碳原子和邻近的碳原子以六边形的形式排列而成。在这种情况下，每个碳原子与三个邻近的碳原子相连。由石墨片层卷曲成圆筒就形成了碳纳米管。碳纳米管的性能取决于原子排列、管的直径和长度，以及形貌或纳米结构。碳纳米管存在单壁结构和多壁结构，单壁碳纳米管(SWCNTs)可看成是由单层石墨片层卷曲而成的，其结构具有较好的对称性与单一性；而多壁碳纳米管(MWCNTs)可看成是多层同轴的单壁碳纳米管套在一起，形状像同轴电缆。

碳纳米管的主要制备方法有：电弧法、化学气相沉积法、激光蒸发法等。碳纳米管在诸多领域得到了广泛应用。例如，①纳米电子器件：碳纳米管独特的电学性使其适用于纳米电子器件，即通过构建基于碳纳米管的纳米级的电子器件和连线，提高集成电路的速度并降低集成电路的功能损耗。碳纳米管同时具有金属导电性和半导体的性质，相连的两个碳纳米管间有明显的隧道效应[51]。②储氢材料：碳纳米管的比表面积比较大，且具有大量的微孔，具有优异的储氢性能，其储氢量远大于传统材料的储氢量。此外，在燃料电池中，碳纳米管可以作为催化剂的载体，以 CNTs 为载体的催化剂的性能明显优于以活性炭或炭黑为载体的性能[52]。与常规的碳纳米管相比，修饰或掺杂的碳纳米管展现出更优越的电学性能[53-55]。碳纳米管还可以作为锂离子电池的电极材料，能有效提高电池的电流密度、容量、电池的使用寿命等。

2. 石墨烯

石墨烯的理想结构与平面六边形点阵十分相似，可以看作是从石墨上剥离的一分子层，每个碳原子都是以 sp^2 杂化模式存在的，且分别贡献各自 p 轨道上的电子共同形成一个大π键。石墨烯是一个典型的二维材料，但它能够变成零维(0D)的富勒烯，还能形成一维(1D)的碳纳米管、三维(3D)的石墨[56]。因此，石墨烯被视作构建其他碳材料的基本物质。

目前已报道的石墨烯材料的制备方法有：外延生长法[57]、机械剥离法[58]、化学氧化-还原法[59]、晶体化学气相沉积法[60]、溶剂剥离法[61]等。在电催化领域，石墨烯具有独特的优势：①理论表面积[62]高达 2630 m^2/g，远比碳纳米管(约 1315 m^2/g)和石墨[63](约 10 m^2/g)大；②具有更均一的电化学活性位分布；③还拥有优良的电导和热导特性[64]，如果在石墨烯的表面负载上催化剂粒子，可以明显降低催化反应的过电位。例如，以石墨烯代替昂贵金属铂来做碱性燃料电池的阴极，一方面既降低了燃料电池的制作成本，另一方面也避免了以铂做电极因为 CO 中毒等而造成效率下降。此外，将 N、B 等非金属元素掺杂到石墨烯薄层中可以很好地改善石墨烯的结构和性能，实现更为丰富的功能和应用。

3. 膨胀石墨

石墨晶体是两相大分子层状结构，每一平面内的 C 原子都以 C—C 共价键相结合，层与层之间以较弱的范德瓦耳斯力相结合。石墨的层状结构十分典型，每一层片是一个碳原子层，层内碳原子之间以 sp^2 杂化轨道形成很强的共价键，即 1 个 2s 电子和 2 个 2p 电子杂化形成的等价的杂化轨道位于同一平面上，互相形成 σ 键，而 2 个未参加杂化的 2p 电子则垂直于平面，形成二键 π。石墨的这种层状结构使得层间存在一定的空隙。在一定条件下，某些反应物(如酸、碱、卤素)的原子(或单个分子)即可进入层间空隙，并与碳网平面形成层间化合物。这种插有层间化合物的石墨即为可膨胀石墨。可膨胀石墨不仅保持了石墨优异的理化性质，而且由于插入物质与石墨层的相互作用，呈现出原有石墨及插层物质不具备的新性能。插有层间化合物的石墨在遇到高温时，层间化合物将分解，产生一种沿石墨层间 *C* 轴方向的推力，这个推力远大于石墨粒子的层间结合力，在这个推力的作用下石墨层间被推开，从而使石墨粒子沿 *C* 轴方向高倍地膨胀，形成蠕虫状的膨胀石墨。

3.2.2　金属化合物/碳复合材料

近年来，随着小型移动电子设备、动力电池和大规模能量储存转换系统的快速发展，对储能体系的能量密度提出了更高的标准。锂离子电池凭借其高能量密度、无污染、便携化等优点，被广泛地应用于电子商业、交通运输等各个领域。然而，锂资源的匮乏制约了锂离子电池的长远发展。钠与锂的物化性质相似，而储量却非常丰富，因此在未来的可持续能源发展中，钠离子电池具有非常好的应用前景。金属基化合物(氧化物、硫化物、硒化物)等作为锂/钠离子电池的负极材料，由于其极高的理论容量，引起了研究者的广泛关注。然而，金属化合物导电性差，在循环过程中由于体积变化易发生结构破坏、固体电解质膜不稳定等问题，从而造成容量的急剧衰减。Chung 等[65]合成出具有多孔的和树枝状的金属合金结构材料，这种管状多孔 Ni-Sn 形态中的空隙增强了锂离子的质量传递，并在充放电过程中充当机械缓冲器。Yang 等[66]通过简便的水热法然后在空气中简单煅烧来构造垂直结合有氧的 MoS_2 纳米片/碳纤维。碳纤维上涂覆的垂直 MoS_2 纳米片阵列不仅可以暴露出丰富的活性位点，而且可以减少 Na^+的扩散距离，提高了电子导电性，并增强结构稳定性。同时，层间膨胀的 MoS_2 可以降低 Na^+的扩散阻力并增加 Na^+的可及活性位点。Li 等[67]在碳纳米管表面堆积了少量的 MoS_2 层(小于 10 层)，增加了复合材料的层间距(由 0.62 nm 变为 0.91 nm)，降低了 Na^+的扩散势垒，促进了 Na^+的插层，从而使碳纳米管载体显著提高了复合材料的导电性与电学性能。Anwer 等[68]采用天然石墨烯包裹的 3D MoS_2 超薄微花结构作为钠离子电池的负极材料，发现 MoS_2-G 杂化网络具有较高的电子导电性，是电子的有效导电通道，可以缩短 Na^+的扩散距离，为其提供更大的活性表面位。在充放电过程中，电极材料可以适应体积变化，MoS_2 与石墨烯之间的层间距的增加和层表面接触面的增加，将使扩散和可逆钠离子插层/提取变得更容易，同时也会降低界面阻抗。另外，采用喷雾干燥辅助法，制备了具有开放稳定的 NASICON 骨架的 $Na_3MnTi(PO_4)_3$/C 空心微球[69]，该复合材料作为阳极时，在 0.2C 下的容量为 160 mA·h/g，当循环温度为 2℃时，容量为 119 mA·h/g，循环 500 圈后容量保持率约为 92%。

3.3　海藻酸盐基储能材料与器件

3.3.1　基于海藻酸纤维的单金属氧化物的锂离子电池负极材料的研究

过渡金属氧化物(TMO)由于其高理论比容量，被看作是理想的替代石墨的锂离子电池负极材料[70]。构建不同过渡金属氧化物微纳米复合结构是克服其体积膨胀、低导电性等因素的主要方法。以海藻微米纤维为模板，可制备多种具有不同微纳结构的过渡金属氧化物复合材料。例如，单质镍掺杂和石墨碳存在的氧化镍碳纤维(NiO/Ni/C-F)、具有核-壳(核：Fe_2O_3；壳：洋葱状石墨碳)结构的 Fe_2O_3 碳纤维(C@Fe_2O_3-F)和竹节状氧化铜中空纤维(CuO-HF)[71-73]。

利用海藻酸钙纤维为原料制备海藻酸铜/铁/镍纤维[M-AF(M = Cu, Ni, Fe)]。该制备过程的典型流程如图 3.9(a)所示，利用由褐藻中提取的海藻酸钠为前驱体，经过湿法纺丝制备海藻酸钙纤维(Ca-AF)[74]。海藻酸镍纤维的制备：取 1.0 g Ca-AF 放入去离子水中超声清洗，去除纤维中溶于水的杂质，然后将清洗好的纤维放入浓度为 1 mol/L 的盐酸溶液中，放入超声波清洗机中超声 40 min，此过程重复五次，用氢离子置换出 Ca-AF 中的钙离子。将置换出钙离子的海藻纤维用去离子水清洗除去表面钙离子，然后将海藻酸纤维加入 0.1 mol/L 的乙酸镍溶液中，放入超声波清洗机中超声，使镍离子与氢离子充分交换，该过程中海藻酸大分子与镍离子螯合[75]。将得到的海藻酸镍纤维用去离子水清洗 3 次，然后用无水乙醇浸泡脱水，最后放入 60℃烘箱中烘干，得到海藻酸镍纤维(Ni-AF)。海藻酸铁纤维(Fe-AF)和海藻酸铜纤维(Cu-AF)的制备方法与海藻酸镍纤维的制备流程和方法类似。单质镍掺杂的氧化镍碳纤维(NiO/Ni/C-F)和氧化镍碳纤维(NiO/C-F)的制备：取 1 g 海藻酸镍纤维(Ni-AF)利用管式炉碳化，升温过程为以 2℃/min 的速率升温到 800℃，保温 2 h，得到镍碳纤维(Ni-CF)。取 0.2 g Ni-CF 利用管式炉在空气中 400℃

氧化 3 h 和 5 h，分别得到单质镍掺杂的氧化镍碳纤维(NiO/Ni/C-F)和氧化镍碳纤维(NiO/C-F)。具有核–壳结构的三氧化二铁碳纤维($C@Fe_2O_3$-F)的制备：以 1 g 海藻酸铁纤维为原料，利用管式炉在氮气气氛下，以 2℃/min 的升温速率升温至 800℃，保温 2 h，得到铁碳纤维(Fe-CF)。取 0.2 g Fe-CF 在空气中 400℃氧化 2 h，得到棕红色纤维，为具有核–壳结构的三氧化二铁碳纤维($C@Fe_2O_3$-F)。氧化铜中空纤维(CuO-HF)的制备：取 1 g 海藻酸铜纤维(Cu-AF)放入管式炉中，在氮气气氛下，在 400 min 内缓慢地升温至 800℃，并在该温度下保温 2 h，然后自然降温至室温，得到铜碳纤维(Cu-CF)。然后取 200 mg Cu-CF 放入管式炉中，在空气中以 2℃/min 的升温速率升温至 400℃，维持 2 h，自然冷却到室温，得到氧化铜中空纤维(CuO-HF)，如图 3.9(b)所示。NiO/Ni/C-F 是具有单质镍掺杂和催化石墨碳的多孔一维纤维，其具有发达的多孔结构，NiO 纳米颗粒均匀分布于纤维中，并含有良好导电性的单质镍和石墨碳[76,77]。电化学性能测试结果表明，具有单质

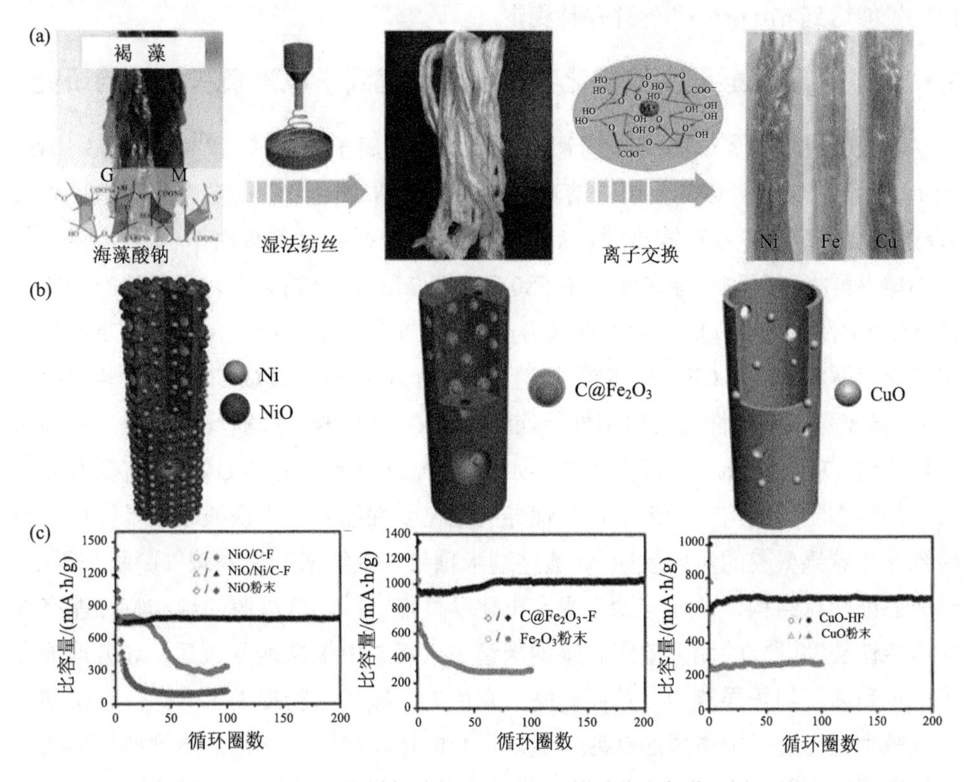

图 3.9　(a) M-AF(M=Cu, Ni, Fe)的制备过程；(b) M-AF 的碳化和氧化；(c) NiO/Ni/C-F、NiO/C-F 和商业 NiO 粉末，$C@Fe_2O_3$-F 和商业 Fe_2O_3 粉末，CuO-HF 和商业 CuO 粉末的循环稳定性能比较

镍掺杂和催化石墨碳的 NiO/Ni/C-F 具有较高的可逆比容量和优异的循环稳定性能，如图 3.9(c)所示。经 200 圈循环后，其比容量能稳定在 793 mA · h/g。还具有优异的倍率性能，在 3.6 A/g 的电流密度下可逆容量可达 401 mA · h/g。C@Fe_2O_3-F 是由纳米核-壳结构组成的一维多孔纤维，其具有独特的核-壳结构(核：Fe_2O_3，20～40 nm；壳：洋葱状石墨碳, 6 nm)，核-壳结构的纳米颗粒均匀分布于纤维中。通过对 C@Fe_2O_3-F 作锂离子电池负极材料时的性能测试，结果表明 C@Fe_2O_3-F 具有较高的可逆比容量和优异的循环稳定性能。经 200 圈循环后，其比容量能达到 1036 mA · h/g，且还具有优异的倍率性能，在 5 A/g 的电流密度下，其可逆容量可达 450 mA · h/g。CuO-HF 是 CuO 纳米颗粒组成的中空纤维，形貌呈现竹节状。该结构具有发达的孔结构和中空结构，CuO 纳米颗粒均匀分布于中空纤维中[78]。通过对 CuO-HF 作锂离子电池负极材料时的性能测试，结果表明 CuO-HF 具有较高的可逆比容量和优异的循环稳定性能。经 200 圈循环后，其比容量能达到 670 mA · h/g 并保持稳定。

3.3.2 基于海藻酸双金属氧化物气凝胶的锂离子电池负极材料的研究

海藻酸过渡金属/碳纳米管气凝胶的制备采用离子交换法[79,80]，如图 3.10(a)所示，将氯化铁和氯化钴的混合溶液滴入海藻酸钠/碳纳米管的混合溶液中形成海藻酸铁钴/碳纳米管水凝胶小球，后经过冷冻干燥得到海藻酸铁钴/碳纳米管气凝胶小球。再将气凝胶小球在氮气中 580℃煅烧 2 h，煅烧结束后，所得的产物即为铁酸钴/碳纳米管(CFO/CNT)气凝胶复合材料。如图 3.10(b)所示，CFO/CNT 气凝聚呈交织网状形貌，CFO 晶体颗粒的尺寸约为 100 nm。CFO/CNT 气凝胶的库仑效率(76.8%)、循环性能与倍率性能均优于纯 CFO 电极。在循环充放电 160 圈后仍可达到 874 mA · h/g 的可逆容量，如图 3.10(c)所示。从 CFO/CNT 气凝胶复合材料的形态学和结构特征来讲，其优异的电化学性能归功于铁酸钴纳米颗粒、碳纳米管和碳气凝胶的协同效应。铁酸钴纳米颗粒和碳纳米管嵌入碳气凝胶基质中，形成三维网状结构，从而有助于提高电化学性能[81,82]。气凝胶的结构特征能有效地避免铁酸钴颗粒的团聚效应。碳纳米管在气凝胶中很好地分散开，显著地提高了电子和离子的传导能力，从而提高倍率性能。碳气凝胶提供了多孔三维结构，可以减少循环过程中造成的铁酸钴纳米颗粒的体积膨胀，这也是能维持循环稳定性的原因所在[83,84]。

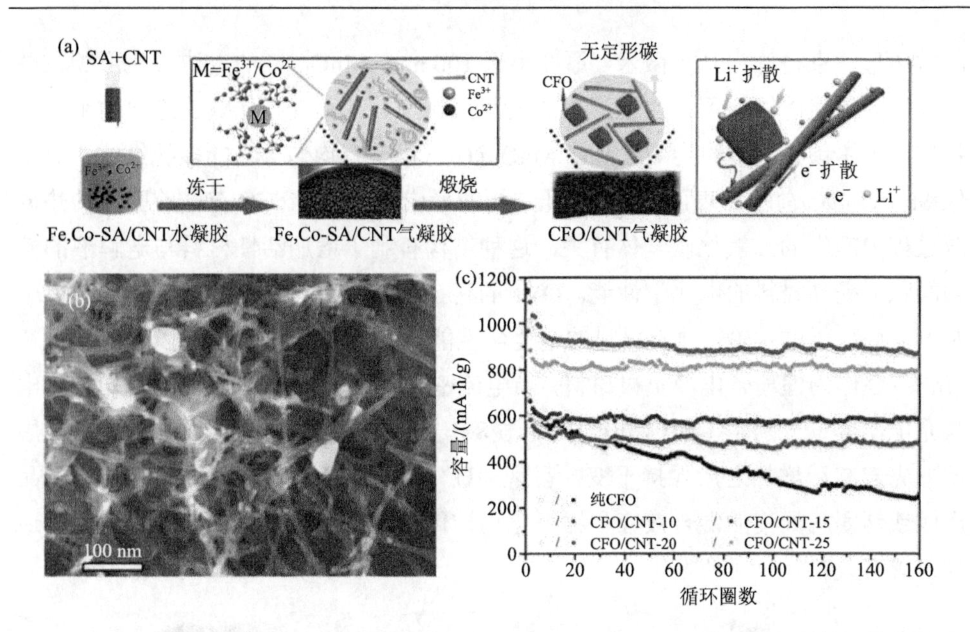

图 3.10　(a)海藻酸铁钴/碳纳米管气凝胶的制备过程；(b)CFO/CNT 样品的场发射扫描电镜图；(c)CFO/CNT-X 电极和纯 CFO 电极在电流密度为 1 A/g 时的循环性能

此外，我们采用相同方法制备了 $ZnCo_2O_4$、$ZnFe_2O_4$ 气凝胶负极材料用于锂离子电池，均展现出了优异的储锂性能，验证了海藻酸制备二元金属氧化物气凝胶具有普适性。

3.3.3　海藻基碳/富含氧空位的氧化锰复合材料的制备与储能性能研究

海藻基碳/富含氧空位的氧化锰复合材料的制备采用水热-还原性气氛煅烧法[85]，如图 3.11(a)所示，将 SA 溶解在 Li_2CO_3 和 $KMnO_4$ 溶液中，随后将反应混合物移至 100 mL 的聚四氟乙烯高压反应釜中，加热至 140℃下水热反应 14 h，得到 $MnCO_3$@C。在这个过程中，作为碳源的 SA 被 $KMnO_4$ 氧化。在该反应系统的合成条件下，$MnCO_3$ 的表面带负电荷，锂离子会吸附在碳酸锰的表面上。又因反应体系中的锂离子浓度相对较小，吸附是选择性的，将优先吸附在(001)极性面上[86]。而锂离子一旦吸附，会形成难溶性的碳酸锂层，从而使(001)方向的生长受到抑制。此外，(100)面也由于弱抑制而暴露，这可能是由于该面的晶面指数低，暴露该面有利于降低粒子的整体能量。因此，所形成的 $MnCO_3$@C 前驱体的形态将呈六边形片状。然后，将 $MnCO_3$@C 在氩氢气中 550℃下煅烧，由于氢气具有还原作用，在所制备的材料表面制造了丰富的氧空位(OVs)。$MnCO_3$@C 前驱体的六边形片直径约为几个微米，厚度小于 100 nm。MnO@C 的六边形片形貌在高温热解后依然能够保留，六边形片的表面呈现为具有不规则孔隙的连通的小晶体颗粒，晶体颗粒大小约为 100 nm。MnO@C 材料具有均匀分布的多孔结构，而不像 $MnCO_3$@C 前驱体表面光滑。多孔结构的形成可能与 $MnCO_3$@C 前驱体的热分解过程中产生的二氧化碳气体有关，这种结构有利于增加活性材料与电解液的接触面积，提高材料的电化学性能。OVs 的存在能够改善材料的导电性，加快电子及电解质离子的传输，改善材料的电化学性能。如图 3.11(b)所示，以所制备材料 MnO@C 作为锂离子电池负极材料，当电流密度为 1.0 A/g 时，MnO@C 初始放电与充电比容量分别是 1149.3 mA • h/g 与 861.7 mA • h/g，比容量在一定的循环周期下先衰减后增加之后保持不变，呈现“U”型。这可能与锰的高氧化态的产品形成或锰团簇聚集的混合效应和锰氧化物转化过程中由于缺陷和变形引起的可逆性改善有关[87]。

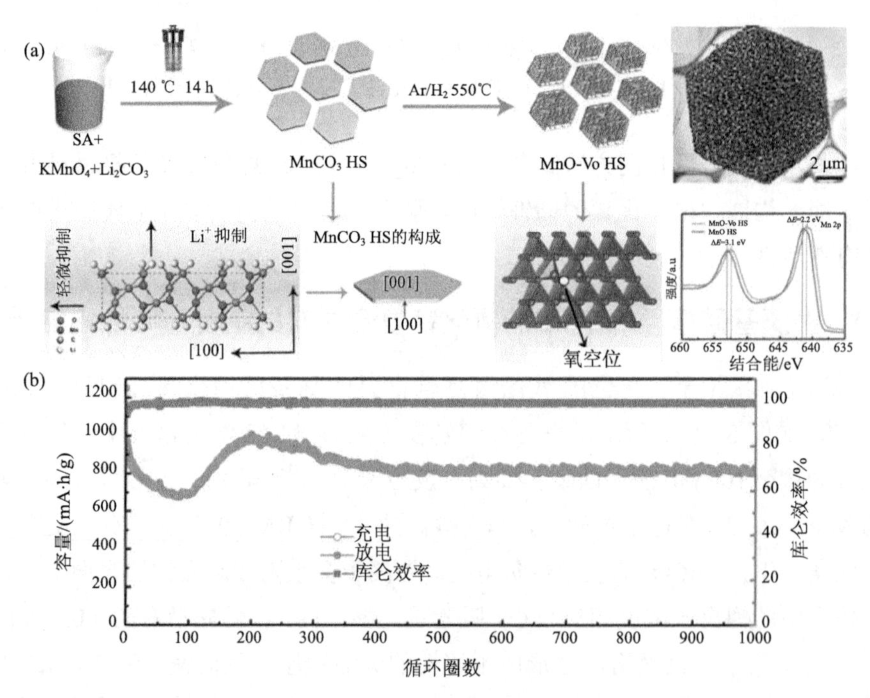

图 3.11　(a)海藻基碳/富含氧空位的氧化锰复合材料的制备过程；(b)当电流密度是 1.0 A/g 时，MnO@C-AH-2 h 的长循环性能

3.3.4　海藻酸钠抑制锂离子电池正极材料中阳离子混排的研究

富 Ni 三元氧化物 $Li(Ni_xCo_yMn_z)O_2$ ($x\geqslant0.5$) 因具有更高的比容量和较高的放电电压平台而成为锂电池正极材料领域内研究热点。然而 Ni 与 Li 的阳离子混排问题导致了该材料循环稳定性差、倍率性能低。所以需要设计一种切实有效的方法来解决锂离子电池正极材料晶体结构中的阳离子混排问题。考虑到海藻酸大分子中的特殊结构，可用以有效抑制锂离子电池正极材料晶体结构中阳离子混排，优化晶体结构。

利用由褐藻中提取的海藻酸钠作为前驱体，配制 5.0wt%的海藻酸钠溶液，经过喷丝孔，在 4.5wt%的氯化钙凝固浴中得到海藻酸钙纤维(Ca-AF)。M-AF 的制备：取 1.0 g 海藻酸钙纤维放入去离子水中超声清洗，去除纤维中溶于水的杂质，然后将清洗好的纤维放入浓度为 3 mol/L 的盐酸溶液中，超声清洗 40 min，此过程重复五次，用氢离子置换出 Ca-AF 中的钙离子。将置换出钙离子的海藻酸纤维用去离子水清洗除去表面钙离子，然后将海藻酸纤维放入乙酸镍、乙酸钴、乙酸锰混合溶液中，超声清洗 1 h，使过渡金属离子与氢离子充分交换，该过程中海藻酸大分子与过渡金属离子螯合，得到过渡金属离子螯合的海藻酸纤维(M-AF)。将得到的 M-AF 用去离子水清洗 3 次，然后用无水乙醇浸泡脱水。Li-M-AF 的制备：将得到的 M-AF 在 0.1 mol/L 的碳酸锂/(水+乙醇)悬浮溶液中浸渍 30 min，水与乙醇的比例为 1∶2，之后将得到负载有 Li 与过渡金属的海藻酸纤维(Li-M-AF)。$Li(Ni_xCo_yMn_z)O_2$ 多层中空纤维的制备，如图 3.12(a)所示：取 1 g Li-M-AF 利用管式炉高温氧化，升温过程为 2℃/min 升温到 500℃，保温 2 h，随后升温到不同温度，保温 8 h，得到六种比例的 $Li(Ni_xCo_yMn_z)O_2$ 多层中空纤维。为了确定四种 $Li(Ni_xCo_yMn_z)O_2$ 多层中空纤维的结晶状态，晶体中阳离子混排的比例以及海藻酸大分子对阳离子混排的影响，我们对样品进行了 XRD 测试并对其进行精修：用 GSAS 软件对 XRD 谱图进行精修，精修过程中，初始的原子占位参数以 $(Li_1Ni_2)_{3b}(Li_2Ni_1Co_1Mn_1)_{3a}O_2$ 为基础，Li_1/Ni_2 在 $3b$ 位置，$Li_2/Ni_1/Co_1/Mn_1$ 在 $3a$ 位置，O 在 $6c$ 位置。$3a$ 位置 Co 与 Mn 的占位量固定，晶体中 Li 与 Ni 的原子总量固定，$3a$ 与 $3b$ 位置中 Li 与 Ni 的分布可以在精修中变化。通过对占位参数的精修，$Li(Ni_xCo_yMn_z)O_2$ (x=0.8、0.7、0.65、0.5) 多层中空纤维的晶体化学式分别为：$(Li_{0.9352}Ni_{0.0675})_{3b}(Li_{0.0675}Ni_{0.7325}Co_{0.1}Mn_{0.1})_{3a}O_2$，$(Li_{0.9338}Ni_{0.0662})_{3b}(Li_{0.0662}Ni_{0.6338}Co_{0.20}Mn_{0.1})_{3a}O_2$，$(Li_{0.9472}Ni_{0.0528})_{3b}(Li_{0.0528}Ni_{0.5972}Co_{0.25}Mn_{0.1})_{3a}O_2$，$(Li_{0.9515}Ni_{0.0485})_{3b}(Li_{0.0485}Ni_{0.4515}Co_{0.2}Mn_{0.3})_{3a}O_2$。从精修结果可以看出，随着 Ni 含量从 0.5 增加到 0.8，镍锂混排比例从 0.0485 增加到 0.0675，但仍低于文献中富镍三元材料报道的 0.085。在较低的煅烧温度时，金属离子被很好地固定在蛋盒结构中，不能自由地移动到锂位。在较高的温度时，蛋盒结构转变成碳层包覆金属的核壳结构，碳层的存在进一步阻止了阳离子混排的形成，直到碳层被完全分解。显而易见，Li-M-AF 前驱体在低阳离子混排的 $Li(Ni_{0.65}Co_{0.25}Mn_{0.1})O_2$ 多层中空纤维的合成过程中起到了至关重要的作用。Li-M-AFs 前驱体在不同温度下煅烧分别得到 $Li(Ni_xCo_yMn_z)O_2$ (x= 0.8、0.7、0.65、0.5) 四种多层中空纤维。纤维的横截面呈现出多层中空的结构，并且大部分纤维具有双层和三层以及丰富的孔道结构，如图 3.12(b) 所示。每一层的厚度达到几百纳米。层与层之间的空间是我们所需要的，它可以有效增加电极与电解液的接触面积，加快锂离子和电子的扩散速率，这对提高材料的倍率性能和比容量有很大帮助。相比传统的富 Ni 三元正极材料，$Li(Ni_xCo_yMn_z)O_2$ 富 Ni 多层空心纤维表现出优异的电化学性能，如图 3.10(d) 所示：当 x=0.8，在 20 mA/g 的电流密度下，首次放电比容量达到 229.9 mA・h/g，100 mA/g 电流密度下循环 300 圈后，容量保持率在 84.36%。在 2 A/g 的高电流密度下，放电容量达到 172.7 mA・h/g。这种优异的性能归因于低的阳离子混排缺陷和多层空心纤维的导电网络，从而有效提高了锂离子电池性能。

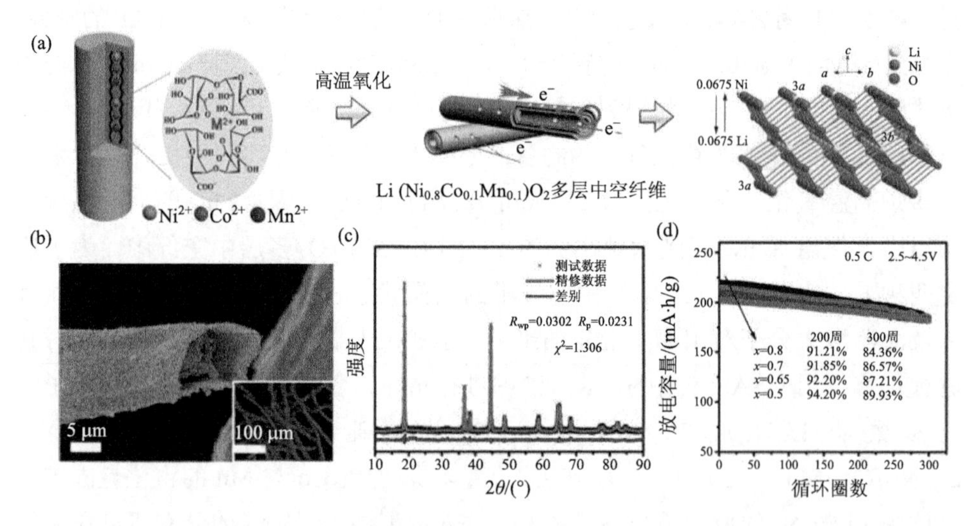

图 3.12　(a) $Li(Ni_xCo_yMn_z)O_2$ 多层中空纤维的制备过程；(b) $Li(Ni_{0.8}Co_{0.1}Mn_{0.1})O_2$ 多层中空纤维的扫描电镜图；(c) $Li(Ni_xCo_yMn_z)O_2$ 的 XRD 图谱精修图；(d) 循环稳定性曲线

磷酸铁锂 ($LiFePO_4$) 材料以其成本低、环境相容性好、比容量高、稳定性好等优点，成为一种极具应用潜力的锂离子蓄电池正极材料。然而，Fe-Li 反位缺陷仍然是一个致命的问题，它限制着锂离子在 $LiFePO_4$ 晶体中的扩散速率，从而降低了 $LiFePO_4$ 的倍率性能。以海藻酸纤维为模板也可合成低 Fe-Li 反位缺陷的 $LiFePO_4$/碳复合微米管(LFP/CMT)。

其制备过程如图 3.13(a)所示，用置换出钙离子的海藻酸纤维放入硝酸锂、硝酸铁、磷酸二氢铵混合溶液中，三者的摩尔浓度均为 0.1 mol/L，放入超声波清洗机中超声 1 h，使过渡金属离子与氢离子充分交换，该过程中海藻酸大分子与过渡金属离子螯合，得到金属离子螯合的海藻酸纤维(Li-Fe-P-AF)。将得到的 Li-Fe-P-AF 用去离子水清洗三次，然后用无水乙醇浸泡脱水。取 1 g Li-Fe-P-AF 利用管式炉碳化，升温过程为 2℃/min 升温到不同温度(350～850℃)，保温 8 h，得到 LFP/CMT-*T*。如图 3.13(b)所示，将 XRD 图谱精修后发现 Fe-Li 反位缺陷的百分比低至 0.23%。通过对不同温度下 LFP 晶体的 X 射线衍射图谱进行精修发现，海藻酸纤维中的四个 α-L-古罗糖醛酸分子链与三价铁离子交联得到的铁基蛋盒结构和 β-L-甘露糖醛酸分子链与锂离子的吸附作用，可以有效控制晶体形成初期 Fe 的优先占位，随着碳化温度升高，蛋盒结构可以转变成金属/碳的核壳结构，进一步抑制 Fe-Li 反位。同时，海藻酸纤维的碳骨架在 N_2 下碳化，转变成多孔碳微米管,如图 3.13(c)所示。LFP/CMT-650、LFP/CMT-750、LFP/CMT-850 的充放电曲线中，LFP/CMT-750 具有最稳定的充放电电压平台，充放电的电压差只有 27～

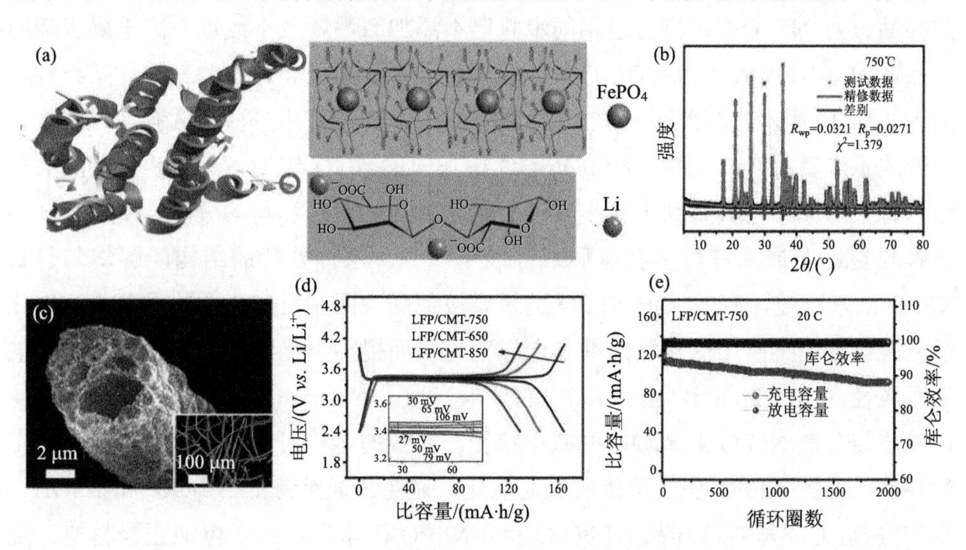

图 3.13　(a) Li-Fe-P-AF 前驱体中具有金属络合的蛋盒结构示意图；(b) LFP/CMT 在 750℃热处理后的 XRD 精修谱图；(c) LFP/CMT 的横截面扫描电镜图；(d) LFP/CMT 在 0.5C 下的首圈充放电曲线，插图为放电平台的电压比较；(e) LFP/CMT-750 在 20 C，2.4～4.1 V 下的循环稳定性曲线

30 mV，说明电池的极化程度很低，即 LFP 颗粒中的锂离子扩散通道顺畅。相比传统的 LFP/C 材料，低 Fe-Li 反位缺陷的 LFP/碳复合微米管表现出优异的电化学性能，如图 3.13(d)、(e)所示。在 0.5C 的电流密度下，首次放电比容量达到 164.6 mA·h/g，10 C 电流密度下循环 1000 圈后，容量保持率在 91%。在 100C 的高电流密度下，放电容量达到 99.7 mA·h/g。这种优异的性能归因于低的 Fe-Li 反位缺陷和一维多孔碳微管的导电网络，从而有效提高了锂离子电池性能。

3.3.5 基于海藻酸钠的铁基气凝胶正极材料的合成及其储钠性能研究

$Na_{3.12}Fe_{2.44}(P_2O_7)_2$/r-GO 气凝胶的制备仍然以海藻酸钠为模板，如图 3.14(a)所示，将 SA 和还原氧化石墨烯(10wt%)分散在蒸馏水中，在室温下形成 SA/r-GO 黑色溶胶。其次，将硝酸钠、硝酸铁与磷酸二氢铵溶解在蒸馏水中得到混合水溶液。在室温下使用一次性注射器将 SA/r-GO 溶胶滴入混合水溶液中，磁力搅拌下反应 1 小时，混合溶液中的铁离子与海藻酸钠大分子的四个 G 链段螯合，形成独特的蛋盒结构，钠离子被海藻酸钠大分子 M 链段中带负电荷的羧基静电吸附固定，最终得到 Na-Fe-P-SA/r-GO 水凝胶，清洗冷冻干燥得到 Na-Fe-P-SA/r-GO 气凝胶。将制得的 Na-Fe-P-SA/r-GO 气凝胶在 5% H_2/Ar 气氛下 600℃碳化 10 小时，得到三维多孔结构的 NFPO/r-GO 气凝胶。我们将通过上述相同步骤不添加石墨烯的样品命为 NFPO/C，将上述相同步骤但不添加石墨烯及不经过冷冻干燥步骤的样品命为 d-NFPO/C。NFPO/r-GO 具有丰富的多孔结构和典型的三维骨架结构，如图 3.14(b)所示。海藻酸/r-GO 水凝胶在冷冻干燥过程中形成了大孔，经碳化过程形成了丰富的介孔结构。NFPO/r-GO 中加入的 r-GO 作为 Na-Fe-P-海藻酸的单分散骨架的原因是其有助于减小 NFPO 纳米颗粒的粒径和均匀分散，使 NFPO 纳米颗粒更易于嵌入三维多孔碳质气凝胶中[88,89]。这种独特的结构能够均匀包封 NFPO 纳米颗粒，有效保护 NFPO 纳米颗粒免受表面副反应，并能显著提高电化学反应过程中钠离子的传输速率和电导率，从而提高电化学性能[90,91]。NFPO 纳米颗粒径为 10～20 nm。由于 r-GO 的加入充当了 Na-Fe-P-海藻酸的单分散骨架，可以均匀分散 NFPO 纳米颗粒并减小粒径。精致的结构可以阻挡空气，提供稳定的环境，保护 NFPO 免受严重的表面氧化，避免形成绝缘的 Na_2CO_3 和 NaOH。将 NFPO/r-GO 与对比样品 NFPO/C 和 d-NFPO/C 作为钠离子电池正极材料，金属钠作为钠离子电池负极材料组装 CR2025 纽扣电池，通过循环伏安(CV)测试和恒流充放电循环测试来评估三种样品的电化学性能，如图 3.14(c)所示。在电流密度为 0.1 C 时的充放电曲线(1 C = 117.4 mA·h/g)，NFPO/r-GO 的放电容量为 116.9 mA・h/g，高于 NFPO/C(96.1 mA・h/g)和 d-NFPO/C(68.4 mA・h/g)。NFPO/r-GO 在 20C 下循环 5000 圈容量保持为 87%。

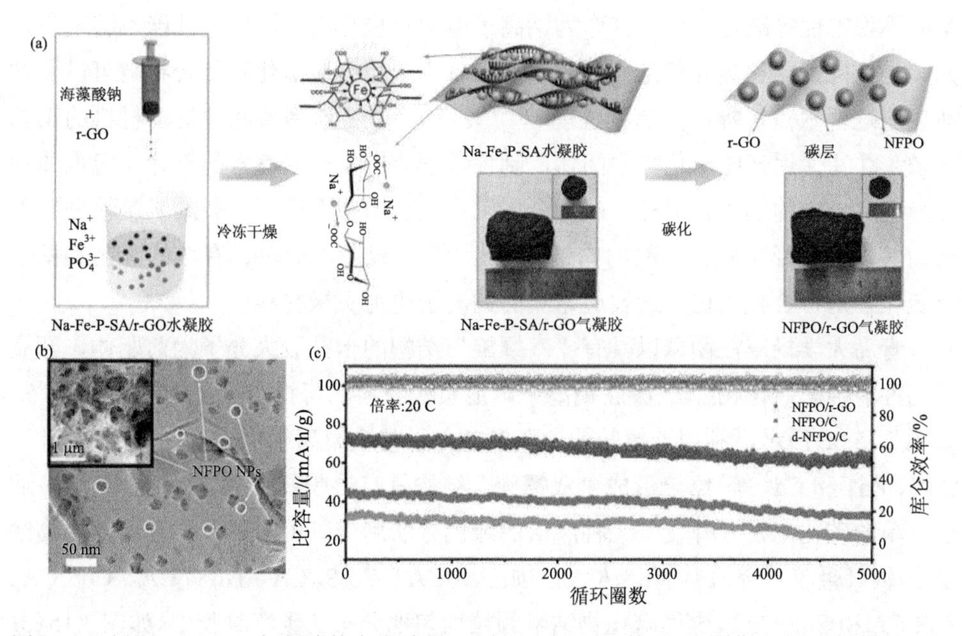

图 3.14　(a) NFPO/r-GO 气凝胶的合成过程；(b) NFPO/r-GO 的 TEM 图像；(c) 三种样品 20 C 的长循环性能

采用上述方法，改变碳酸钠、草酸铁和磷酸二氢铵离子交换时的摩尔比，并改变煅烧条件，Ar 气氛中 350℃煅烧 5 小时，600℃煅烧 8 小时，可以得到 $NaFePO_4$/r-GO 气凝胶，依然展现出了优异的储钠性能。

3.4　卡拉胶基储能材料与器件

3.4.1　金属硫化物/碳复合阴极材料

3.4.1.1　金属硫化物/碳气凝胶复合材料的绿色制备及储钠性能研究

金属硫化物(如硫化铁、硫化锡、硫化锑、硫化钴、硫化钼等)因具有优异的物理化学特性，在电化学储能、电催化、光催化等领域受到了研究者的广泛关注[92-94]。金属硫化物可以与钠离子发生可逆的氧化还原反应实现自身的储钠性能，可以作为钠离子电池的负极材料。同时，金属硫化物的层间结构允许外来的原子或分子插入层间，层与层之间的间隙为钠离子的扩散提供了便利的通道，便于钠的脱嵌反应，因此金属硫化物具有高理论比容量值，成为钠离子电池负极材料的研究热点[95-99]。但是金属硫化物因本身导电性不理想及其在充放电过程中结构的不稳定性等缺点，使得其作为钠离子电池负极材料时的储钠性能不够理想，尤其是倍率性能和循环稳定性[100]。通过制备碳包覆金属硫化物复合材料可以有效地克服这些缺点，提高其储钠性能[101-104]。然而，目前制备此种复合材料的工艺复杂，往往使用一些硫化物中间体，制备过程会产生一些有毒的气体，对人体和环境造成一定的危害。另外，碳对金属硫化物包覆得不理想，如纳米颗粒分布不均匀等，也会影响复合材料的储钠性能[105-106]。绿色、简单、有效的工艺制备金属硫化物是符合我国可持续发展路线的钠离子电池负极材料。

青岛大学杨东江团队以具有“双螺旋”结构的卡拉胶大分子为前驱体，开展了高性能金属硫化物/碳气凝胶钠离子电池负极材料的可控合成及储钠性能研究。如图3.15(a)所示，利用卡拉胶的含硫多糖分子与金属离子(如Co^{2+}、Fe^{3+}、Ni^{2+}、Cu^{2+}、Zn^{2+}和Cd^{2+}等)络合形成“双螺旋”结构具有溶胶-凝胶化的特性[107-111]，通过简单的碳化工艺，开发了一种广谱的绿色方法用于制备多种多孔金属硫化物纳米晶/碳气凝胶复合材料(M_xS_y/CAs，如FeS/CA、Co_9S_8/CA、Ni_3S_4/CA、CuS/CA、ZnS/CA和CdS/CA)，金属硫化物纳米颗粒均匀地分布在碳气凝胶中。如图3.15(b)所示，FeS/CA的表面具有丰富的介孔，直径大约为4～10 nm。这种尺寸大的大孔结构主要是在卡拉胶-金属离子水凝胶冷冻干燥过程中形成的，介孔结构是在卡拉胶-金属离子气凝胶热解过程中产生的。另外五种M_xS_y/CAs样品均呈现典型的三维气凝胶形貌，这种结构可以增加电解液与活性物质的接触面积，提高钠离子的扩散速率，促进电子的传输，从而有效地提高材料作为钠离子电池负极材料时的倍率性能。如图3.15(c)和(d)所示，FeS/CA作为钠离子电池负极材料时展现出较高的比容量、优异的倍率性能和循环稳定性，这是由于复合材料中石墨化程度较高的碳气凝胶及其具有的分级大孔-介孔-微孔碳网络结构对提高FeS导电性及结构稳定性起到了关键作用。FeS/CA中的介孔结构可以储存电解液，为钠离子的传输和扩散提供通道，从而缩短了钠离子的传输距离，小尺寸孔径的介孔和微孔使得复合材料具有高的比表面积，有利于提高活性材料与电解液的接触面积。另外，微孔结构可以对FeS在储钠过程中的中间产物起到一定的束缚作用，阻止活性物质在充放电过程中的流失，这些都可以提高稳定性[112]。另外，无定形碳对FeS的包覆不仅可以有效提高电极材料的导电性从而提高倍率性能，还可以抑制FeS储钠后的体积膨胀，有利于活性物质结构的稳定性。

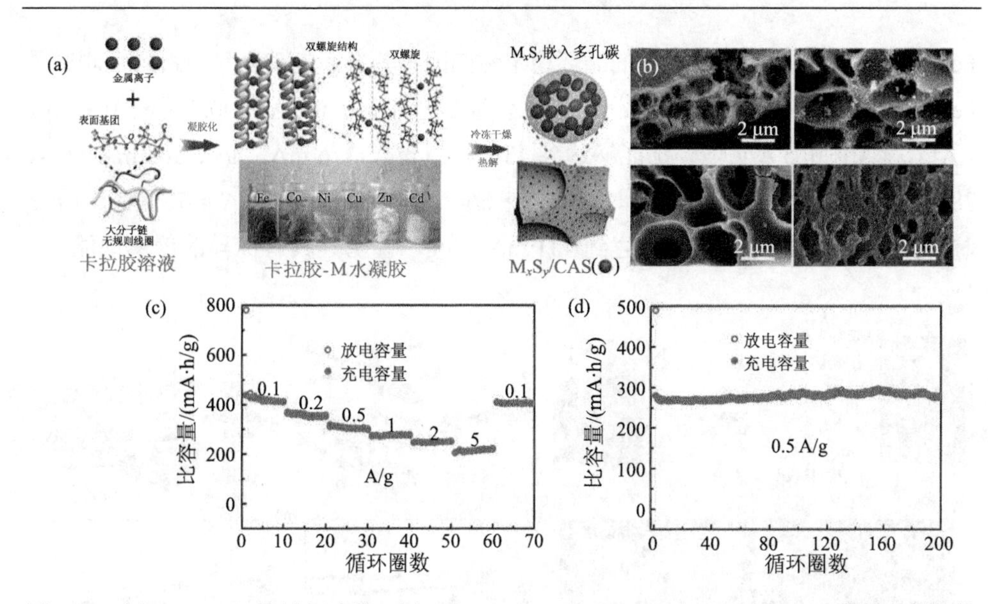

图 3.15 (a) M_xS_y/CAs 的制备过程；(b) Co_9S_8/CA、Ni_3S_4/CA、ZnS/CA、CdS/CA 的场发射扫描电镜图；(c) FeS/CA 在不同电流密度下的倍率性能；(d) FeS/CA 的循环稳定性能

3.4.1.2 FeS/C 复合纤维的制备及储钠性能研究

以上节工作为基础，卡拉胶经过湿法纺丝制备了卡拉胶-铁纤维，经过一系列的碳化及除碳工艺，可对一维 FeS/碳复合纤维材料(FeS/CFs-*t*)进行组分调控。本节系统介绍了复合材料中碳含量对材料储钠性能的影响。其中，碳含量大约为20.9wt%的 FeS/CFs-1 作为钠离子电池的负极材料时，表现出最高的可逆比容量及优异的倍率性能和循环稳定性。合适厚度的碳层对 FeS 的包覆有效地提高了 FeS 的导电性、缩短了钠离子的扩散距离以及抑制了 FeS 在充放电过程中的体积膨胀问题。

组分调控过程是利用 CO_2 在 600℃对 FeS/CFs 进行除碳处理，时间为 t(t = 1 h 和 2 h)，得到了具有不同碳含量的样品(FeS/CFs-*t*)，其具体制备过程见图 3.16(a)。FeS/CFs-1 和 FeS/CFs 具有典型的纤维形貌[图 3.16(b) 和 (c)]，其直径大约为 10～15 μm。对于 FeS/CFs-1 来说，复合纤维表面存在大量的大孔结构(直径大约 100 nm)，可以有效地存储电解液来促进电解液离子的传输。如图 3.16(d) 所示，FeS/CFs-1 经过连续 400 圈充放电之后，其比容量能达到 283 mA・h/g，这要高于 FeS/CFs(207 mA・h/g) 和 CFs(75 mA・h/g) 的比容量。对于含碳量少的 FeS/CFs-2，虽然在刚开始充放电时展现出高的比容量，但其循环稳定性很差。

FeS/CFs-1 的高比容量和优异的循环稳定性归因于其合适的碳含量。最后，测试了FeS/CFs-1 的倍率性能[图 3.16(e)]，其比容量在电流密度 0.1 A/g、0.2 A/g、0.5 A/g、1 A/g、2 A/g 和 5 A/g 下分别能够达到 438 mA·h/g、376 mA·h/g、303 mA·h/g、280 mA·h/g、247 mA·h/g 和 203 mA·h/g。当电流密度从 5 A/g 减小到 0.1 A/g 时，FeS/CFs-1 的比容量又能达到 431 mA·h/g，说明其具有优异的倍率性能。

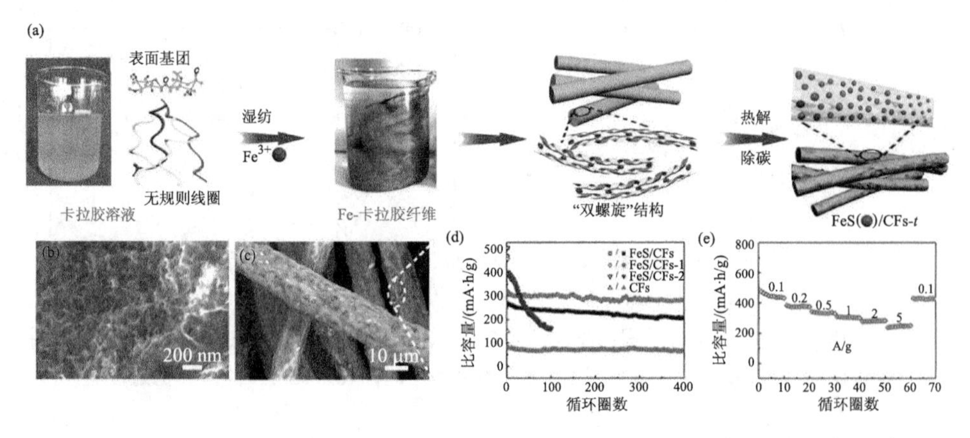

图 3.16　(a) FeS/CFs-*t* 的制备过程；(b)、(c) FeS/CFs-1 和 FeS/CFs 的场发射扫描电镜图；(d) FeS/CFs、FeS/CFs-1 和 FeS/CFs-2 的循环稳定性能，电流密度 1.0 A/g；(e) FeS/CFs-1 在不同电流密度下的倍率性能

3.4.2　硫掺杂多级孔碳纳米材料与器件

利用卡拉胶-铁离子水凝胶作为前驱体，经过简单的碳化和 KOH 活化工艺，还可制备具有超高比表面积的分层多级孔结构并且硫掺杂的碳气凝胶(HPSCA)，其比表面积可达 4037 m^2/g。卡拉胶-铁离子水凝胶中无机(Fe^{3+})和有机(卡拉胶高分子)部分在制备 HPSCA 过程中起了不同的作用，其中含有磺酸基团的卡拉胶大分子进过冷冻干燥和碳化转化为硫掺杂的多孔碳气凝胶，“双螺旋”结构中的 Fe^{3+} 可以在碳化过程中转变为在碳气凝胶中均匀分布的硫化铁纳米颗粒，可以作为制造介孔的模板。制备的 HPSCA 可以负载高比例的硫，作为高性能正极材料应用于锂硫电池中，也可以作为高性能电极材料应用于超级电容器中。

HPSCA 的具体制备流程如图 3.17(a) 所示。卡拉胶-铁离子气凝胶的制备过程详见上节内容。把冷冻干燥得到的卡拉胶-铁离子气凝胶放置于管式炉中，在氩气保护下以 1℃/min 的升温速率升温到 T(T = 300℃、400℃、500℃和 600℃)，维持 1 h。冷却至室温后，制备得到包含硫化铁纳米颗粒的硫掺杂的碳气凝胶

(SCA-T)。然后对上述得到的样品浸泡在 1 mol/L 的盐酸水溶液中，浸泡 10 h，除掉硫化铁纳米颗粒，在碳气凝胶内部造成介孔结构。最后，把上述得到多孔碳材料的样品与一定量的 KOH 研磨混合均匀(碳材料和 KOH 的质量比为 1∶4)后，放入金属镍坩埚后置于管式炉中，在氩气保护下以 5℃/min 的升温速率升温到 800℃，维持 1 h。冷却至室温后，取出样品浸泡在 1 mol/L 盐酸中，除掉碳与 KOH 的反应产物，如碳酸钾等和剩余的 KOH，水洗干燥后得到 HPSCA-*T*。HPSCA-*T* 呈现一种典型的蜂窝状三维多孔结构。此碳气凝胶具有大约直径 2～5 μm 的大孔多孔网状结构，并且薄壁厚度大约为 100 nm。对材料进行高倍扫描电镜观察，可以看出材料表面是由蠕虫状的介孔结构连接而成。这些大孔-介孔结构可以对电解

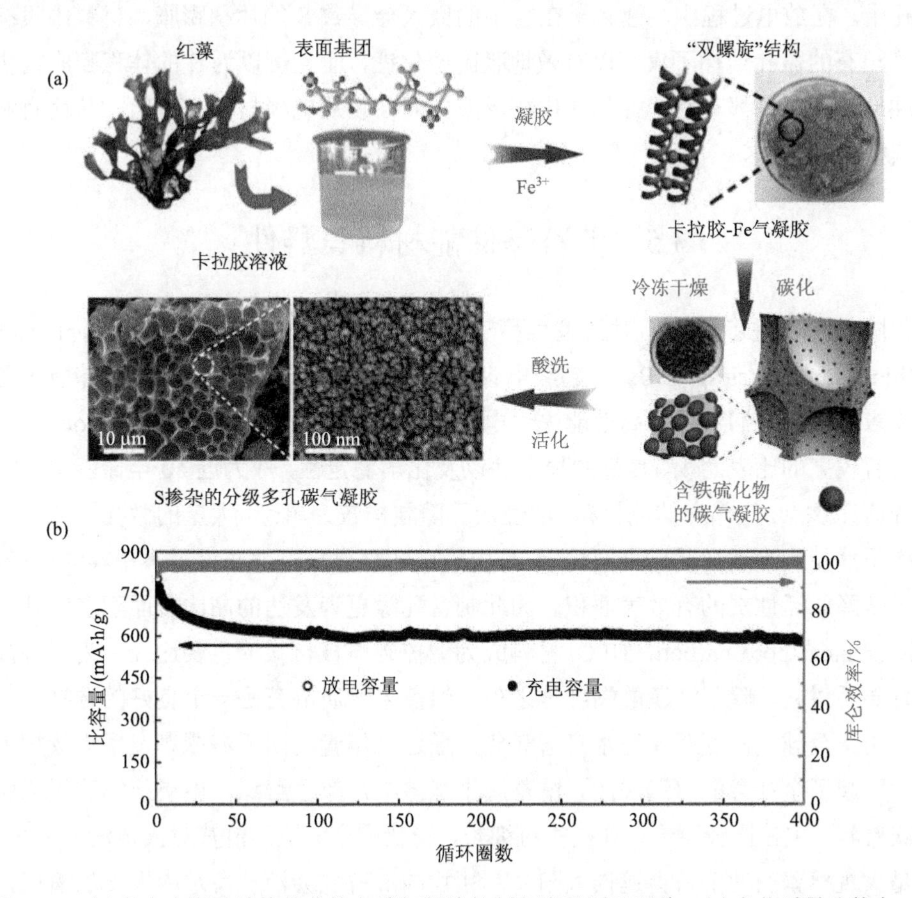

图 3.17　(a)具有多级孔结构的硫掺杂碳气凝胶的制备流程图及形貌；(b)负载质量分数为 80%单质硫的 S/HPSCA-400 在 1C 倍率下的循环稳定性

液进行储存，增加活性材料与电解液的接触面积，从而缩短电解液离子的扩散距离，有利于提高其倍率性能。将 HPSCA 作为正极材料，金属锂作为对电极组成半电池并测试锂硫电池的电化学性能。从图 3.17(b)可以看出，此样品在电流密度 1C 下，经过连续 400 圈充放电后的比容量仍能维持在 590 mA · h/g，并且其库仑效率能保持在 98%以上。具有超高比表面积的 HPSCA 样品在作为 S 载体应用于锂硫电池中展现出优异的电化学性能，这与其丰富的多级孔结构有关。材料的大孔结构可以有效地储存电解液，从而缩短了电解液离子的传输距离，有利于锂硫电池的倍率性能，介孔和微孔结构对锂硫电池的稳定性起着关键作用。在多孔 HPSCA 材料负载 S 过程中，S 首先扩散到 HPSCA 介孔中去，并且 S 很难填充到微孔中。在放电过程中，锂离子在 S 中的嵌入会导致 S 的体积膨胀，材料中没有被 S 填充的微孔结构不仅可以有效地吸附硫化锂，而且可以为 S 的体积膨胀提供缓冲地带，这些都有利于抑制硫化物反应中间产物从电极材料中脱出，从而有利于其循环稳定性。

3.5　浒苔基储能材料与器件

随着时代进步，人们对新型可移动储能设备的需求越来越高。锂离子电池(lithium-ion batteries，LIBs)、超级电容器(supercapacitors，SCs)等高效储能设备的需求引发了人们对设计高性能先进电极材料的兴趣。活性炭(active carbon，AC)因具有较高的比表面积、良好的导电性以及化学稳定性，成为近 40 年储能电极材料的研究热点。但作为储能材料，活性炭孔隙结构较为单一，大量的微孔(＜2 nm)结构虽然能大大增加其比表面积，但是由于微孔材料与电解质离子不相容的孔径，会显著降低活性炭的有效表面积。因此制备孔隙更为发达的高比表面积多级孔碳(hierarchical pore carbon，HPC)材料成为调控碳电极材料的重要途径。为了寻找良好碳质材料，除了海藻酸钙纤维之外，海藻生物质浒苔是一个良好的选择。

由于全球气候变暖，海水富营养化，最近几年青岛附近海域爆发了大规模浒苔，引起了全社会的普遍关注。浒苔属于绿藻纲，颜色鲜绿，由单层细胞组成管状或带状，主枝比较明显，分枝相对细长，管状中空。虽然浒苔对人体没有危害，但是大规模繁殖的浒苔会遮挡太阳光，死亡的浒苔也会消耗海水中大量的氧气，这也必将导致海底其他生物无法正常生存，海底的生态系统也将不再平衡。还有研究表明，浒苔分泌的化学物质很可能还会对其他海洋生物造成不利影响。同时浒苔大量堆积后腐烂会散发出恶臭气味，严重影响景观。因而，通过打捞浒苔，将其变废为宝是一个非常有价值的研究课题。浒苔是由碳水化合物、粗纤维、蛋白质、氨基酸、脂肪和氨基酸等组成，具有独特的钠微结构，通过高温处理即能获取具有高比表面积的、孔隙结构可调控的优质碳源。

3.5.1 浒苔基纯碳材料与器件

浒苔本身的管状结构对电解液的存储及离子的扩散具有重要作用。为了更好地利用浒苔、解决海洋污染的问题，青岛大学杨东江团队通过简单的冷冻干燥、碳化活化处理，从浒苔废物中构筑了新型的、高品质的多孔碳气凝胶(HPCA)。

图 3.18(a)为浒苔多孔碳气凝胶制备流程图，浒苔用滤包包好，置于索氏抽提器中。加入苯-醇混合液及人工沸石，将索氏提取器放在水浴中加热。温度以保持圆底瓶中的苯-乙醇混合液剧烈沸腾为佳，抽提 6 h。抽提完毕后，置于通风处自然风干。将抽提后产物移入容量瓶中。加入蒸馏水、冰醋酸及亚氯酸钠，放在 75℃恒温水浴中加热 1 h。在加热过程中不断摇动锥形瓶，如此重复进行，直至试样变白为止。然后将锥形瓶从水浴中取出，放在水中冷却，在经漏斗抽滤，用蒸馏水反复洗涤至洗液不呈酸性反应为止。纤维素为潮湿状态。然后在超低温(–60℃)冷冻 24 h，置于冷冻干燥机中干燥，获取浒苔纤维气凝胶。将浒苔纤维气凝胶置于管式炉中在氮气保护气氛下 600℃、700℃、800℃碳处理。将碳化所得碳材料在 700℃、800℃、900℃下活化处理，得到所需样品。图 3.18(b)为 700℃碳化样品在 800℃温度下活化所得样品的扫描电镜图。从 SEM 电镜图可以看出，活化后的样品保留了浒苔自身的管状结构。KOH 活化后，微管壁变薄，从管壁观察到或为圆形或为四边形浒苔细胞衍生出的窗状结构(2～10 μm)依然存在，另外，在窗口状结构上出现了许多大小不一的孔结构(> 50 nm)，其孔的大小随活化温度的不同而有所不同：活化温度越高，孔径越大。这些浒苔碳管壁上的窗状结构以及活化出的大孔有利于电解液的存储与传输，可大大增大材料的离子导电率。为了测试样品作为锂离子电池负极材料的性能，使用 CR2016 型电池组装，如图 3.18(c)所示，HPCA-700-800 在 0.5 A/g 电流密度下，300 圈循环后在仍能表现出 522.9 mA·h/g 的高可逆容量，远优于 AC-700-800 的比容量(264.4 mA·h/g)。图 3.18(d)为在不同电流密度下进行的恒电流充放电测试。当电流密度从 0.1 A/g 逐步增加到 0.2 A/g、0.5 A/g、1 A/g、2 A/g 和 5 A/g 时，HPCA-700-800 展现出 876.5 mA·h/g、729.1 mA·h/g、529.1 mA·h/g、422.5 mA·h/g、362.5 mA·h/g 和 270.7 mA·h/g 的稳定比容量。当电流密度最终返回到 0.1 A/g 时，其可逆容量可以回归到 827.1 mA·h/g。HPCA-700-800 的优异倍率性能和循环性能可归因于其高比表面

积和分级多孔结构。高表面积产生足够的电极/电解质界面以吸收 Li^+并促进快速电荷转移反应。介孔结构可以作为储存电解质的储存器，促进足够的电极/电解质界面和快速的锂离子传输途径，加快离子转移速率。

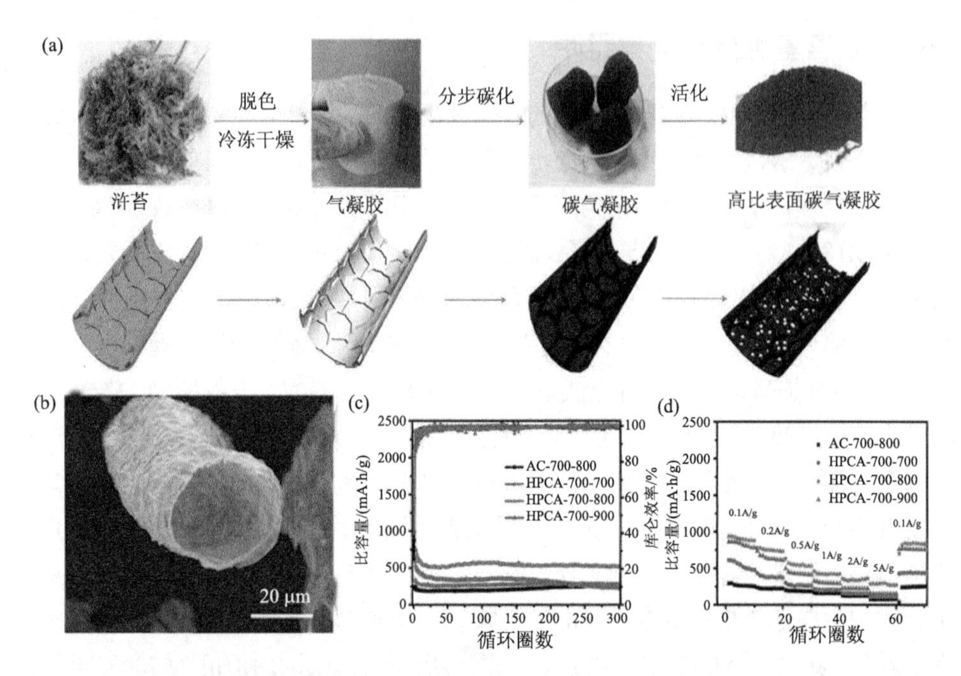

图 3.18 (a)浒苔多孔碳气凝胶制备流程图；(b)HPCA-700-800 的扫描电镜图；(c)HPCA-700-800 在 0.5 A/g 电流密度下的循环性能；(d)HPCA-700-800 在不同电流密度下的倍率性能

3.5.2 浒苔基复合材料与器件

3.5.2.1 基于浒苔的磷碳复合负极材料的研究

将浒苔在高温下碳化、酸洗，得到高比表面积和孔容的碳质浒苔基底。通过蒸发吸附的方法将红磷与碳质浒苔复合，得到 P@EP 复合材料，其可作为锂离子电池负极材料。

如图 3.19(a)所示，将从海边收集的绿藻浒苔自然晒干，经过多功能粉碎机粉碎后过筛。将过筛后的浒苔粉末放在管式炉里，在惰性气体氩气的保护下，以 5℃/min 的升温速率加热到 800℃，保温 1 h。随后自然冷却到室温取出碳化的 EP，并放入 1 mol/L 的盐酸溶液中过夜。最后通过二次水真空抽滤，并在 60℃的烘箱中烘干，得到多孔碳质浒苔(EP-*T*)。将制备好的红磷和 EP 按照质量比 3∶2 在电子天平上称量并转移到石英管里，通过氢氧机真空密封。把密封好的石英管放入管式炉，在空气下以 5℃/min 的升温速率加热到 550℃，保温 2 h，并以 1℃/min 的降温速率冷却到 280℃，保温 40 h。待冷却到室温后，取出样品，并用二硫化碳洗涤，除去未转化的白磷。最后通过无水乙醇真空抽滤，并在 60℃的烘箱中烘干，得到磷碳复合材料，记作为 P@EP-800。最后将样品进行电池组装。图 3.19(b)展示了 P@EP-800 复合材料的 SEM 图，可以看出碳化后的浒苔的典型形貌特征：表面褶皱交错，相互连接。在 1 A/g 的电流密度下，P@EP-T 复合材料的循环性能如图 3.19(c)所示。P@EP-800 具有良好的循环性能，在经过 100 圈充放电循环后依然具有 570 mA·h/g 的可逆比容量。由于具有合适的孔结构参数，P@EP-800 的比容量要高于 P@EP-700。

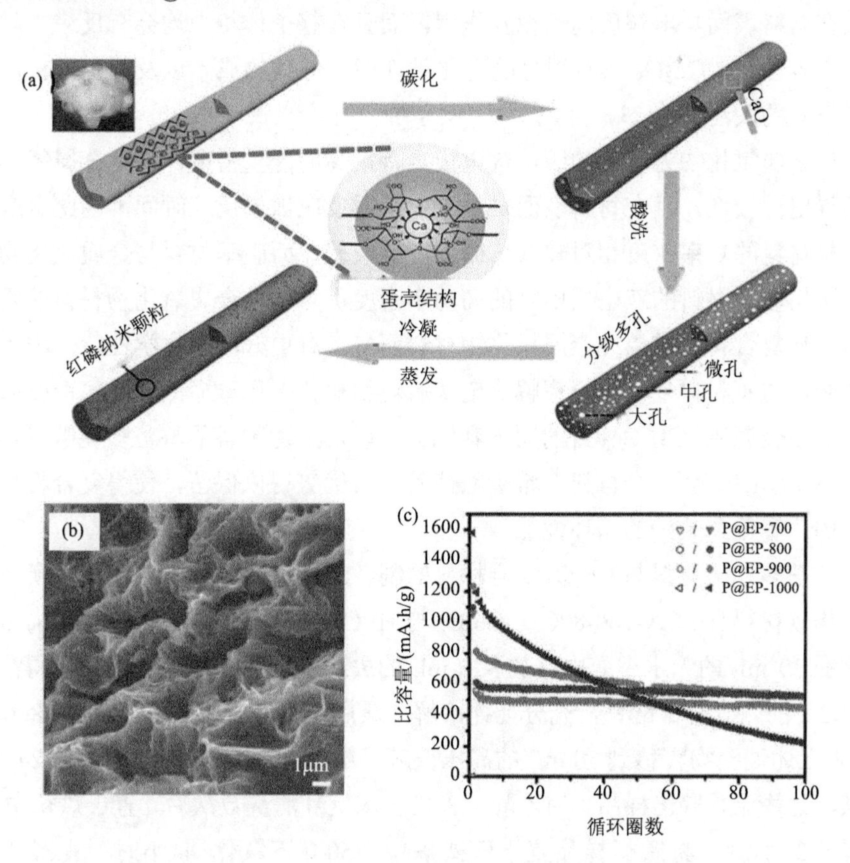

图 3.19　(a) P@EP 制备流程图；(b) P@EP-800 的扫描电镜图；(c) 电流密度为 1 A/g 下的 P@EP-T 复合材料的循环性能

3.5.2.2　浒苔多孔碳材料与 Co_3O_4 复合材料的研究

过渡金属氧化物(transition metal oxides)由于可以产生有效的多种氧化态，在发生氧化还原反应中产生电荷转移，被认为是理想的赝电容电极材料。现如今过渡金属氧化物已被广泛应用于构建超级电容器。由于 RuO_2 其理想的固态赝电容反应可提供超高的理论比容量，水合 RuO_2 已被认为是最有前景的过渡金属氧化物电极材料，但其商业成本太高、孔隙率较低、具有一定的毒性等缺点使其在实际应用中受限。在其他过渡金属氧化物中，尖晶石 Co_3O_4 可被认为是比水合 RuO_2 更好的电极材料。因为 Co_3O_4 不仅具有环境友好、理论容量高(3560 F/g)的特点，而且无论是大小与形状，还是表面结构，其调控工艺相对成熟。在碱性溶液中其不仅在材料表面与电解质离子相互作用，而且在整个体相中均会有反应，具备高的赝电容性能。Co_3O_4 具有很好的电化学性能、低廉的成本以及赝电容特性，引起了笔者的关注。

以金属氧化物为基础的赝电容电极具有很高的能量密度，但是金属氧化物材料的导电性较低，且在材料表面发生氧化还原反应需要反应时间，因此金属氧化物电极材料的功率密度相对较低、循环性能较差。而碳基材料与金属氧化物的复合，可集成碳材料的双电层电容的高功率密度优势以及金属氧化物材料的赝电容优势，使复合材料较单纯金属氧化物材料而言具有更好的电化学性能。因此，将过渡金属与碳材料复合，希望解决金属氧化物材料循环寿命低、功率密度低等问题。利用金属氧化物 Co_3O_4 的赝电容优势，以及上述制备的浒苔多孔碳材料，制造 Co_3O_4@HPCA 复合材料，希望能使其各自优势得以保留，使得复合材料具有更高的比容量、更好的循环性能。

浒苔多孔碳材料与 Co_3O_4 复合材料的制备：基底碳材料选用 3.5.1 节所得多级孔结构碳材料(HPCA-700-800)。Co_3O_4 与 HPCA-700-800 复合：取 1 g $C_{19}H_{42}BrN$ 溶解在 30 mL 的无水甲醇中，加入 6 mL 的去离子水，充分溶解；向所得溶液中加入 2 g 的六水合硝酸钴，充分搅拌溶解；最后加入 0.2 g 的 HPCA-700-800 碳材料。将上述混合物转移到 50 mL 的高压反应釜中，置于烘箱中 180℃加热 24 小时。待其自然降温，取出样品，用乙醇、去离子水反复清洗数次后，置于烘箱中 80℃干燥 12 小时。将所得样品置于管式炉中 250℃下氧化 4 小时，得最终产物 Co_3O_4@HPCA-700-800。

Co_3O_4 纳米线的制备：取 1 g $C_{19}H_{42}BrN$ 溶解在 30 mL 的无水甲醇中，加入 6 mL 的去离子水，充分溶解；向所得溶液中加入 2 g 的六水合硝酸钴，充分搅拌溶解。将上述混合物转移到 50 mL 的高压反应釜中，置于烘箱中 180℃加热 24 小时。待其自然降温，取出样品，用乙醇、去离子水反复清洗数次后，置于烘箱中 80℃干燥 12 小时。将所得样品置于管式炉中 250℃下氧化 4 小时，得最终产物 Co_3O_4 纳米线。

通过图 3.20(a)的 SEM 电镜图可知，Co_3O_4 纳米线均匀地在 HPCA-700-800 多孔碳表面生长，通过其元素分析可知，Co 原子与 O 原子的元素分布清晰可见，充分说明确实是 Co_3O_4 已长在 HPCA-700-800 表面。通过图 3.20(b)可知，Co_3O_4 纳米线的长度要大于 5 μm。也可看出纳米线之间存在大量的孔隙，可以为电解液

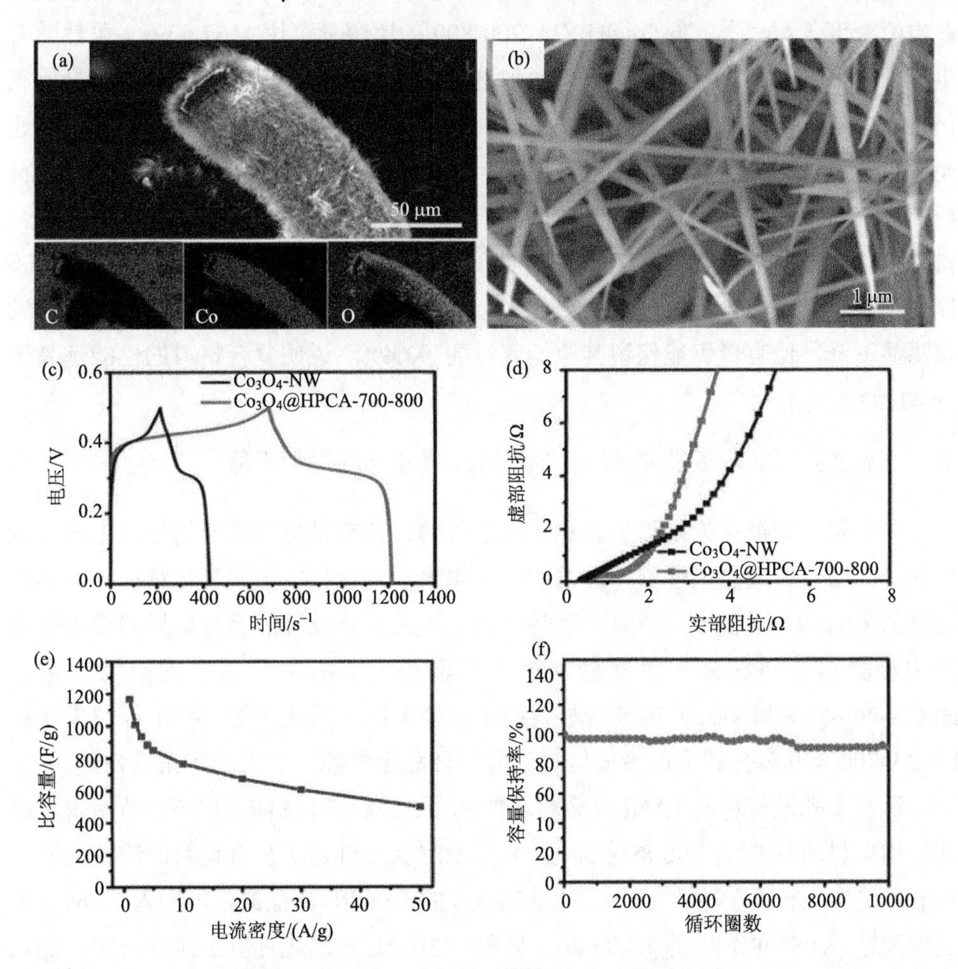

图 3.20　(a)和(b)Co_3O_4@HPCA-700-800 的扫描电镜图及 EDS 电镜图；(c)Co_3O_4@HPCA- 700-800 与 Co_3O_4 纳米线的三电极超电性能对比；(d)Co_3O_4@HPCA-700-800 与 Co_3O_4 纳米线的阻抗对比；(e)Co_3O_4@HPCA-700-800 在不同电流密度下的比容量；(f)样品在 10 A/g 电流密度下的稳定性测试曲线

的传输提供条件。纳米线的存在虽然会阻挡部分 HPCA-700-800 的孔隙及表面，但是纳米线状的 Co_3O_4 提供了更多的赝电容的活性面积，可以提高其赝电容性能。另外，由于 Co_3O_4 是原位生长在 HPCA-700-800 表面，多孔碳的存在提供了导电集流体的作用，使得复合材料的导电性要比纯的 Co_3O_4 纳米线要强很多。图 3.20(c)为 Co_3O_4@HPCA-700-800 与 Co_3O_4 纳米线的超电性能对比。图 3.20(d)为两种材料的 EIS 阻抗对比图，通过对比发现，Co_3O_4@HPCA-700-800 复合材料的电子传输电阻更小一些，而且，从低频区看，Co_3O_4@HPCA-700-800 复合材料更接近理想电容器的特性。图 3.20(e)为 Co_3O_4@HPCA-700-800 的倍率性能曲线，在电流密度 1 A/g 时，Co_3O_4@HPCA-700-800 的比容量可达 1167.6 F/g。虽然随着电流密度增加，其比容量有所下降，但这是赝电容材料不可避免的。因为金属氧化物较差的导电性，以及赝电容发生氧化还原反应需要一定的时间，所以在快速充放电条件下，其容量下降是正常现象，但当电流密度增大到 50 A/g 时，复合材料的比容量仍然可达 500.0 F/g。相较于一般材料，其比容量仍然具有优势。复合材料大电流充放电的优势与碳材料导电介质的存在密不可分，因为碳材料的存在，提高了复合材料的导电性。图 3.20(f)稳定性测试数据，万次循环后，其容量并没有明显下降，比容量仍能保留其原始容量的 92.4%。说明复合材料的性能远高于 Co_3O_4 纳米线本身。

3.5.2.3　浒苔多孔碳材料与 PANI 复合材料的研究

导电聚合物被认为是除金属氧化物之外的，具有赝电容性能的超级电容器电极材料。而且，随着柔性器件的发展，导电聚合物材料较金属氧化物而言，具有更高的灵活性、柔韧性以及重量轻等特点。因此，开发性能更为优异的导电聚合物电极材料，将在未来可穿戴能源存储器件中具有非常重要的应用。鉴于 HPCA-700-800 与 Co_3O_4 的复合材料超电性能突出，因此，将 PANI 原位生长在 HPCA-700-800 多孔碳上，希望能提高其循环稳定性能，改善功率密度性能。

浒苔多孔碳材料与 PANI 复合材料的制备：基底碳材料选用 3.5.1 节所得多级孔结构碳材料(HPCA-700-800)。PANI 与 HPCA-700-800 复合材料的制备：取一 30 mL 玻璃烧杯置于冰水浴中，加入 20 mL 的 1 mol/L 的盐酸，再加入 1.369 g 的过硫酸铵(APS)并不断搅拌 20 min。另取一 30 mL 玻璃烧杯置于冰水浴中，加入 20 mL 的 1 mol/L 的盐酸，再加入 540 μL 的苯胺以及不同量的 HPCA-700-800(碳量分别取用 0.014 g、0.028 g、0.042 g、0.056 g)，充分搅拌至溶液冷却。将含有苯胺的溶液缓慢导入含有 APS 的溶液中(一直保持冰水浴状态)，充分搅拌。得到样品后用高速离心机离心清洗(水、乙醇反复清洗三次)，置于烘箱中烘干，制得最终产物 PANI@HPCA-700-800。

图 3.21(a)和(b)分别为不同碳含量的 PANI@HPCA-700-800 复合材料的 SEM 电镜图。可以看出 PANI 是一种多孔、蓬松状的存在。我们对材料进行了复合材料的电容性能测试。测试手段选取三电极测试方式，并选用了酸性的电解液。四个样品在扫速为 10 mV/s 的 CV 曲线对比见图 3.21(c)，图 3.21(d)为电流密度为 1 A/g 的恒电流充放电曲线对比图，从 CV 图中可以看出，在 0.3 V 附近有氧化还

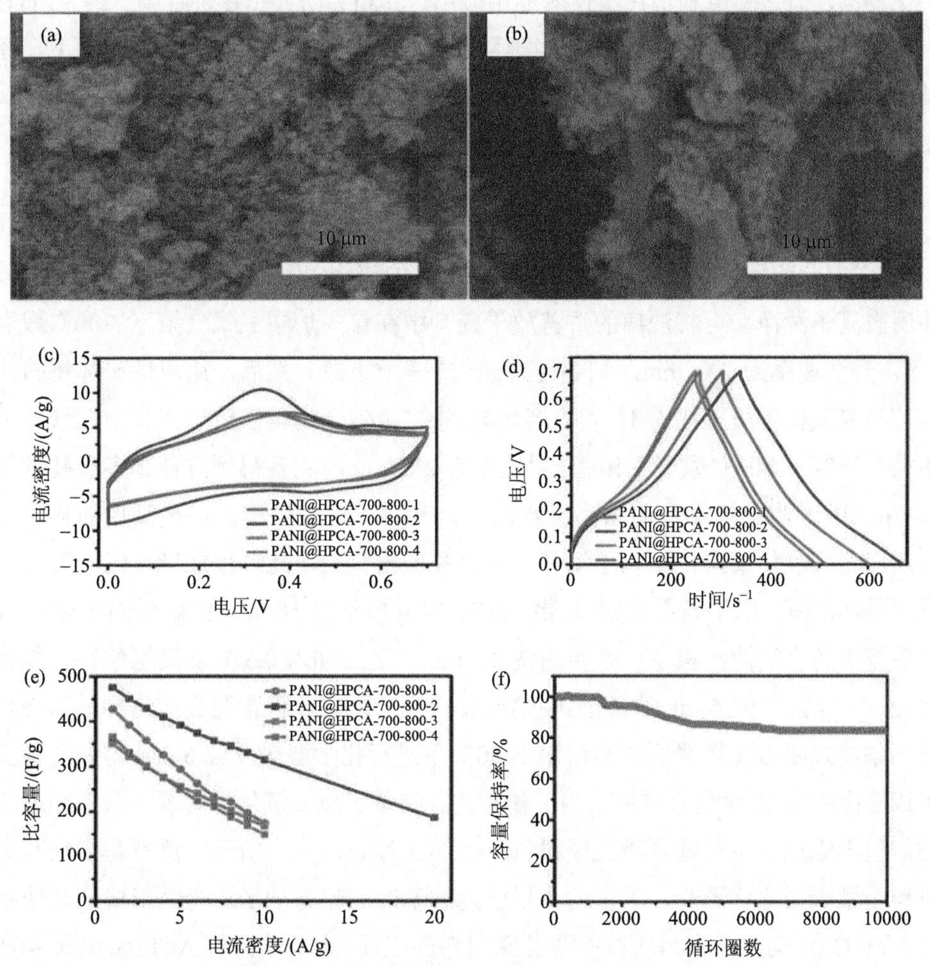

图 3.21　(a)、(b)不同碳含量 PANI@HPCA-700-800-*X* 复合材料扫描电镜图；(c)PANI@HPCA-700-800-*X* 复合材料 CV 曲线；(d)PANI@HPCA-700-800-*X* 复合材料的恒电流充放电曲线图；(e)PANI@HPCA-700-800-*X* 复合材料在不同电流密度下的比容量对比；(f)PANI@HPCA-700-800-2 循环稳定性测试

原峰的存在，证明 PANI 的赝电容性能得以体现[1]，2 号样品是四个样品中峰电流最大的样品，其电容性能相对更高。从恒电流充放电曲线图中也可以看出，1、2 号样品的放电容量更大，3、4 号的容量相对较小，可能是其 PANI 含量相对较低，导致其比容量较低。图 3.21(e)为四个 PANI@HPCA-700-800 复合材料在不同电流密度下的比容量对比。通过对比可看出，2 号样品的容量一直是最高的，而且随着电流密度增加，其降低速率也是最慢的。在 1 A/g 的电流密度下，四个样品的比容量依次为 427.8 F/g、475.7 F/g、350.4 F/g、365.5 F/g。虽然其容量不比金属氧化物高，但是其更利于在柔性器件中应用，其相关研究仍在进行中。图 3.21(f)为 PANI@HPCA-700-800-2 样品的循环稳定性测试，在 10 A/g 的电流密度下，经过 10000 圈的循环充放电，其容量保留率为 83.2%。

3.5.2.4 浒苔基多级孔碳/二氧化锰复合材料的制备

以 EP 为原料，利用简单的碳化与活化可制备浒苔基多级孔碳材料(ACEP)。如图 3.22(a)所示，首先，将浒苔在 0.1 mol/L 的硫酸中浸泡 24 h，除去多余杂质，并用去离子洗净。再将洗净的浒苔放于瓷舟中在管式炉中氮气气氛下 700℃煅烧 2 h，升温速率为 2℃/min，制备得到碳化浒苔(CEP)。然后，用玛瑙研钵将碳化浒苔与氢氧化钾质量比为 1∶4 研磨均匀，将二者混合物再次放于瓷舟中在管式炉中氮气气氛下 800℃煅烧 1 h，升温速率为 2℃/min，制备得到浒苔基多级孔碳材料(ACEP)，收集样品，用去离子水洗净，60℃下过夜烘干。通过简单的化学湿热反应将二氧化锰原位生长于浒苔基多级孔碳材料上，此过程二氧化锰会随时间发生晶相演变。取浒苔基多级孔碳材料 0.024 g 放于含 50 mL 去离子水的烧杯中，然后放于超声波清洗机中，超声清洗 30 min，之后加入 0.316 g 高锰酸钾，搅拌 30 min。再加入 0.25 mL 浓硫酸再搅拌 2 h，混合均匀。将含混合均匀样品的烧杯放于集热式磁力搅拌器恒温油浴锅中 80℃下进行化学湿热反应 6 h，得到浒苔基多级孔碳/二氧化锰复合材料。为了作对比，制备了纯二氧化锰材料，与上述方法类似但不添加多浒苔基多级孔碳材料。如图 3.22(b)、(c)所示，浒苔基多级孔碳材料是微米级片状形貌，大量的由厚度为纳米级的超薄纳米片交叉形成的花球状的 δ-MnO_2 均匀生长在浒苔基多级孔碳材料的表面。为了获得对 ACEP@MnO_2-6 h 电化学性能的更多信息，我们将其与纯 ACEP 与纯 δ-MnO_2 材料进行了锂离子电池与超级电容器电化学性能的比较。如图 3.22(d)、(e)所示，在 5000 圈循环后，ACEP@MnO_2-6 h 储锂容量可以保留初始容量的 92.8%。值得注意的是，前几十圈容量有小幅度上升，这是由于电解质溶液逐渐浸润材料和活性位点的逐渐激活所致。相较而言，纯 ACEP 在 5000 圈循环后电容量保留 91.5%，而纯 δ-MnO_2 在 5000 圈循环后电容量保留仅 47.2%。这说明，ACEP@MnO_2-6 h 因为具有协同效应而拥有更加优异的循环稳定性。如图 3.22(f)超电性能所示，从纯 ACEP、纯 δ-MnO_2 和 ACEP@MnO_2-6 h 在 10 mV/s 的扫描速率下的 CV 曲线中可以看出，ACEP@MnO_2-6 h 复合材料的曲线闭合面积较纯 ACEP 和纯 δ-MnO_2 大很多，说明 ACEP@MnO_2-6 h 复合材料的比电容要远大于纯 ACEP 和纯 δ-MnO_2，这是由于在复合材料中 ACEP 和 δ-MnO_2 之间形成了协同效应，有利于提高材料的电化学电容性能。图 3.22(g)为纯 ACEP、纯 δ-MnO_2 和 ACEP@MnO_2-6 h 在电流密度为 1.0 A/g 时的恒电流充放电曲线，可以看出，所有曲线均呈近似等腰三角形形状，这意味着三种材料均拥有优良的可逆性与较高的库仑效率。比电容是能够根据恒电流充放电曲线进行进一步计算得出，ACEP@MnO_2-6 h 的比电容(329.5 F/g)大于其他复合材料。根据以上结果可知，ACEP@MnO_2-6 h 在所有复合材料中具有最高的电容性能。

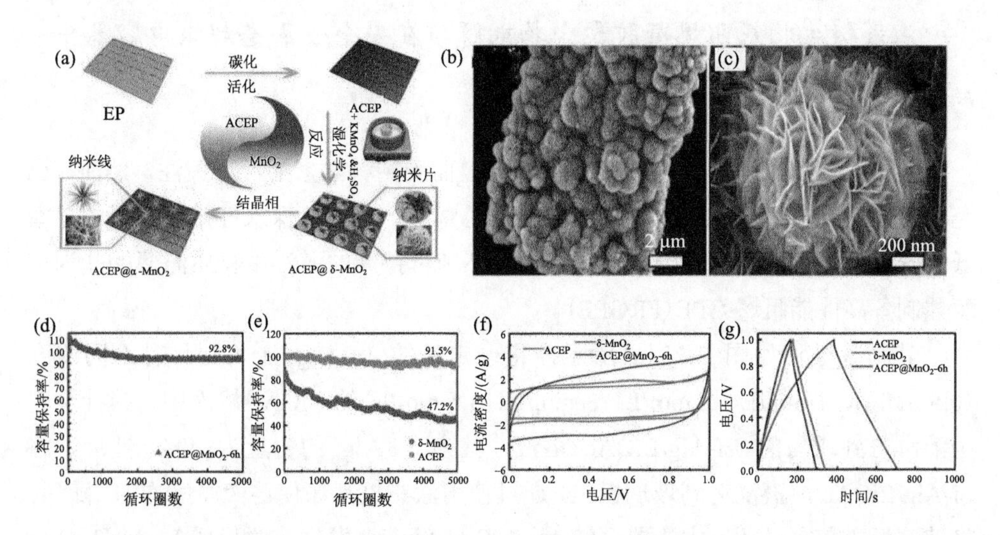

图 3.22　(a)PVA/Car 基 GPE 的制备流程图；(b)ACEP 的扫描电镜照片；(c)ACEP 的透射电镜照片；(d)ACEP@MnO_2-6 h 在 5.0 A/g 电流密度下的循环稳定性测试；(e)ACEP 和 δ-MnO_2 在 5.0 A/g 电流密度下的循环稳定性测试；(f)ACEP、δ-MnO_2 和 ACEP@MnO_2-6 h 的 CV 曲线；(g)恒电流充放电曲线图

3.6 海藻基固体电解质

由于安全性、灵活性、小型化等特征，全固态储能器件成为近年来的发展趋势。在前述研究中，笔们团队发现，海藻多糖材料除了可用作碳材料的原料之外，其本身还具有优异的天然自阻燃性，可以作为固体电解质应用于全固态超级电容器的构建。

3.6.1 海藻酸基阻燃凝胶聚合物电解质

海藻酸盐是一种天然的、可再生的、环境友好型多糖。由于海藻酸盐的大量羧基和配位阳离子(如 Li^+和 Ca^{2+})的协同作用使其在本质上具有阻燃性。此外，海藻酸盐由于水和分子链之间可以形成氢键而具有独特的凝胶特性和良好的成膜性[113]。更重要的是，海藻酸盐的优异保水性使其能够有效地保留凝胶中的水分[114]。另外，海藻酸盐具有无定形结构，这对于 GPE 离子电导率的提高起到一定的积极作用[115]，使海藻酸盐成为制备固体电解质的一种有前途的候选者。

- 海藻衍生物基阻燃凝胶聚合物电解质在安全性固态超级电容器中的应用研究

凝胶聚合物电解质(GPE)可应用于 SSC 而受到科学家的广泛关注。然而，已经报道过的大多数 GPE，如石油衍生的聚乙烯醇，易燃、保水性差、离子电导率低、安全性差、电容低。因此，我们以天然和可持续的海洋生物质海藻酸盐为前驱体制备高性能阻燃 GPE(FRGPE)。

其制备过程如图 3.23(a)所示，将一定量的 Li-Alg 加入到具有不同浓度(0.5 mol/L、1 mol/L、2 mol/L、3 mol/L、3.5 mol/L)的 LiOAc 溶液中，搅拌至完全溶解得到均匀的 Li-Alg/LiOAc 溶液，其中 Li-Alg 的含量为 4%。然后，将 Li-Alg/LiOAc 溶液浇铸到玻璃板上，通过使用涂布机刮涂使溶液厚度均匀。随后，将玻璃板放在室温环境中静置，Li-Alg/LiOAc 溶液会发生交联形成 Li-Alg/LiOAc 膜。最后，将 Li-Alg/LiOAc 膜从玻璃板上剥离即可得到透明且自支撑的 Li-Alg/LiOAc FRGPE。将含有相同锂盐的 PVA 基 GPE(PVA/LiOAc FRGPE)和常用在酸性环境下的 PVA 基 GPE(PVA/H_3PO_4 GPE)作为对比样品。

所制得的海藻酸锂/$C_2H_3LiO_2$(Li-Alg/LiOAc) FRGPE 不仅具有优异的阻燃性能(高氧指数 35%)[图 3.23(b)]，而且能有效保水，避免高温下的膨胀行为。这得益于海藻酸盐大分子链中大量的—COOH 和—OH 基团通过脱水和脱羧反应产生 H_2O 和 CO_2 来稀释可燃气体的浓度，进一步抑制热裂解。其次，金属离子在燃烧过程中会转化为金属氧化物/碳酸盐，这些产物会覆盖燃烧表面，从而阻止氧气的渗透和火势蔓延。因此，完全可以解决 SSC 的安全问题。如图 3.23(c)所示，Li-Alg/LiOAc-2 mol/L FRGPE 显示出最大的 CV 面积，表明 Li-Alg/LiOAc FRGPE 具有最佳的电化学性能。较高的电化学窗口归因于中性电解质 LiOAc 的强溶剂化，它可以有效降低水的活性，使电化学窗口增大。图 3.23(d)给出了不同 LiOAc 浓度下 Li-Alg/LiOAc FRGPE、PVA/LiOAc GPE 的离子电导率和不同 H_3PO_4 浓度下 PVA/H_3PO_4 GPE 的离子电导率。与电化学性能的结果相对应，Li-Alg/LiOAc-2 mol/L FRGPE 具有最高的离子电导率，可达到 32.6 mS/cm，远大于 PVA/LiOAc GPE(8.7 mS/cm)和 PVA/H_3PO_4 GPE(5 mS/cm)的最大值。最重要的是，由于聚合物的无定形结构和氧含量丰富，FRGPE 显示出相当高的离子电导率(32.6 mS/cm)。因此，采用 FRGPE 与活性炭电极制作的安全型 SSC 具有高比电容、优异倍率性能和长循环稳定性。天然、可持续的海藻衍生物基 GPE 是一种作为开发高安全性、高性能的聚合物电解质的良好材料。

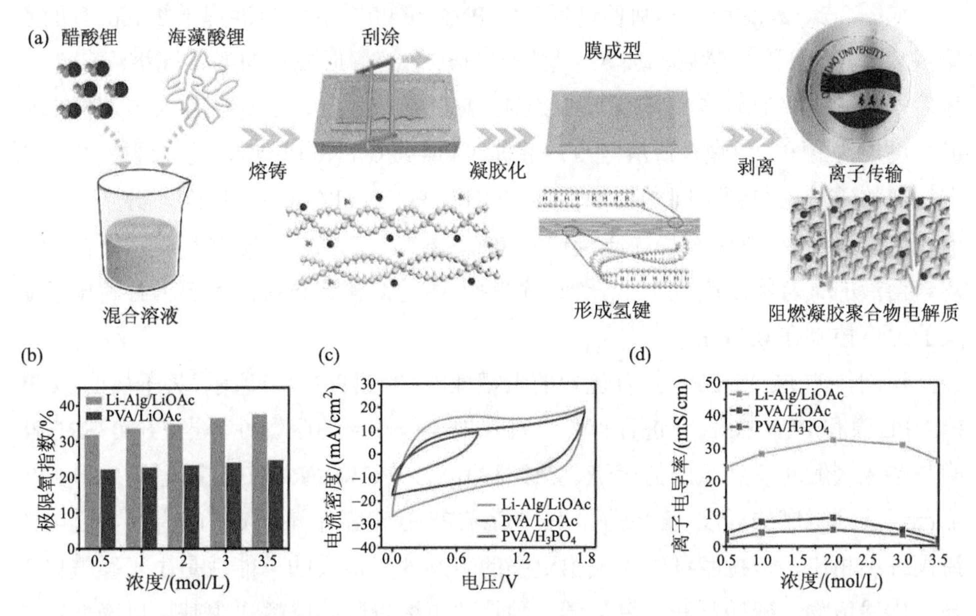

图 3.23　(a)琼脂/PVA 基 GPE 的制备流程图；(b)不同 LiOAc 浓度的 Li-Alg/LiOAc FRGPE 和 PVA/LiOAc GPE 的极限氧指数；(c)基于不同 GPE 的 SSC 在 50 mV/s 下的 CV 曲线；(d)不同 LiOAc 浓度的 Li-Alg/LiOAc FRGPE、PVA/LiOAc GPE 的离子电导率和不同 H_3PO_4 浓度的 PVA/H_3PO_4 GPE 的离子电导率

3.6.2 卡拉胶基阻燃凝胶聚合物电解质

作为水溶性阴离子聚合物，卡拉胶已广泛用于食品、药品和化妆品领域。卡拉胶的凝胶特性证明了其在 GPE 中应用的潜能，并且无定形结构决定了它的出色的离子电导率。此外，卡拉胶中的硫酸基团使其具有自阻燃性。然而，卡拉胶的机械强度却不尽人意。因此，我们将 PVA 与卡拉胶共混，使共混物同时兼具 PVA 的机械强度和卡拉胶的阻燃性，并通过共混降低 PVA 的结晶度，提高整体的离子电导率。

- 高离子电导率的 PVA/卡拉胶基凝胶聚合物电解质在安全柔性固态超级电容器中的应用

PVA 是半结晶聚合物，规整排列的分子链之间可以形成大量的氢键，氢键的存在使 PVA 基的 GPE 具有非常优异的机械强度。但是 PVA 的半结晶结构会降低 GPE 的离子电导率。因此使用无定形的卡拉胶和 PVA 共混来破坏 PVA 的结晶结构，提高离子电导率。在共混过程中，卡拉胶的加入会破坏 PVA 分子链之间原有的氢键，并在卡拉胶和 PVA 分子链之间形成新的氢键。

如图 3.24(a)所示，其制备过程为将 PVA 在 90℃下完全溶解于 2 mol/L 的乙酸锂(LiOAc)溶液。然后，加入卡拉胶继续加热溶解形成均匀的共混溶液(PC)。最后，在 PC 共混溶液没有冷却时浇铸到热的玻璃板上，迅速刮涂在玻璃板上形成厚度均匀的 PC 溶液，待溶液冷却后即可得到 PC FRGPE 膜。通过调控 PVA 和卡拉胶的质量比得到不同样品 PC10、PC20、PC30、PC40 和 PC50，分别对应于卡拉胶含量(基于总聚合物的质量)为 10%、20%、30%、40%和 50%，所得均匀混合溶液的聚合物浓度为 10%。制备过程中通过调整涂布机的薄膜刀片将电解质膜的厚度控制在 0.1 cm。

所制得的 PC FRGPE 具有优异的阻燃性能，如图 3.24(b)所示，将干燥的 PC30 FRGPE 膜和 PVA GPE 膜进行点燃，直观地表征样品的阻燃性，当 PC30 FRGPE 膜与热源接触时发生微弱的燃烧，热源移开后，PC30 FRGPE 立即熄灭。可见样品已经达到阻燃的程度，解决了传统 PVA GPE 在高温下不稳定的弊端。与之前的海藻纤维相比，卡拉胶纤维表现出更强的阻燃性，很大的可能性是由于磺酰自由基、碳残留物、硫酸盐和二氧化碳等独特的阻燃机制。磺酰自由基可以降低羟基自由基的浓度从而终止燃烧。此外，未燃烧的样品会被碳残留物和硫酸盐包裹，阻止热量进入样品内部继续燃烧。从图 3.24(c)的电化学 CV 测试中可以看出，PC

FRGPE 的 CV 面积远高于 PVA GPE，表明其具有更加优异的电化学性能。并且由于卡拉胶的加入可以降低 PVA 的结晶度，低结晶度有利于离子传输，因此，卡拉胶的含量越高，PC FRGPE 的电化学性能越优异。图 3.24(d)给出了不同卡拉胶浓度下 PC GPE 的离子电导率。与电化学测试的结果一致，PC50 FRGPE 具有最高的离子电导率。然而，考虑到应力-应变对 GPE 的要求，我们选择卡拉胶含量为30%的 PC30 FRGPE 作为最终样品，此时样品的离子电导率可达到 34.13 mS/cm。因此，采用 PVA 与卡拉胶(Car)共混制得的 GPE 能够满足安全型 SSC 的需要。

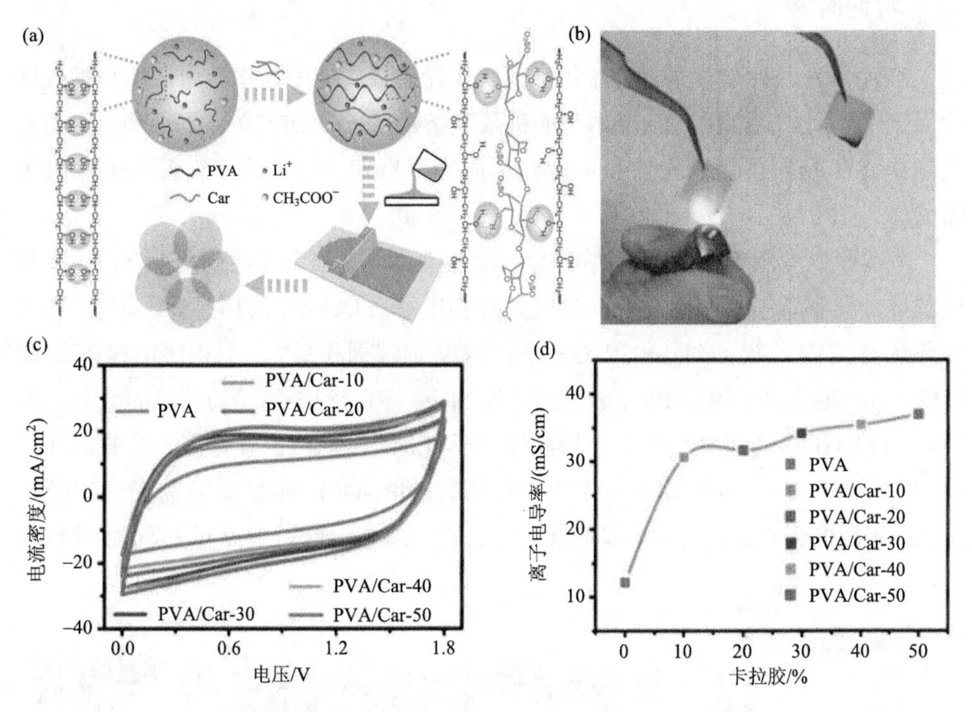

图 3.24 (a)不同卡拉胶含量 GPE 的制备流程图；(b)PC30 FRGPE 膜的燃烧测试；具有不同卡拉胶含量的 PC FRGPE 的电化学性能的比较：(c)在 50 mV/s 扫描速率下的 CV 曲线和(d)离子电导率

3.6.3 琼脂基阻燃凝胶聚合物电解质

琼脂，又称琼胶，是一种常见的纯天然聚合物，具有良好的降解性。从生物化学的角度来看，它是一种从石花菜和麒麟菜等海藻中提取出来的海洋多糖。琼脂主要由琼脂糖和琼脂果胶两部分组成，常用作凝胶研究的是琼脂糖部分，其大分子链连接着 1,3 苷键交替相连的β-D-半乳糖残基和 3,6-内醚-L-半乳糖残基，易溶于 90～100℃的热水。琼脂凝胶是由一个具有弹性孔径的亲水性聚合物网络组成，在全 pH 值范围和宽的温度范围内都具有一定的稳定性，这使它成为一种适用于电化学储能器件的电解质材料。琼脂的另一个优点是具有的良好的胶凝能力，这有利于制备高安全性的超级电容器的固体电解质材料。此外，水凝胶结构可以很容易地溶解和运输离子，从而提高其电化学性能。

- 氢键作用的琼脂糖/聚乙烯醇互穿网络用作高离子电导率阻燃凝胶聚合物电解质

PVA 作为一种凝胶聚合物基体，因其优异的成膜能力、化学稳定性和机械性能而被广泛研究。然而，PVA 本身的极限氧指数较低(LOI=20%)，具有一定的安全隐患。在此，我们以天然和可持续琼脂为原料对 PVA 改性制备高性能阻燃 GPE(AP-GPE)。

本实验以琼脂/PVA 为聚合物基体、醋酸锂为电解质盐，通过高温互溶、冷却成膜等过程制备了具有阻燃性的凝胶聚合物电解质(AP-GPE)[图 3.25(a)]。通过循环伏安(CV)曲线可知，A1P1-GPE 膜的 CV 曲线面积最大、面积比电容最高[图 3.25(b)]，这是由于琼脂/PVA 的三维互穿网络结构有利于离子的传输的缘故。此外，A1P1-GPE 的保水率更高，协同作用于 Li^+的传输，也意味着容量的提升。图 3.25(c)、(d)分别测试了 A1P1-GPE 和 A0P1-GPE 电解质膜的燃烧实验，A1P1-GPE 电解质膜离开火焰即自熄，而 A0P1-GPE 电解质膜离开火焰继续燃烧，

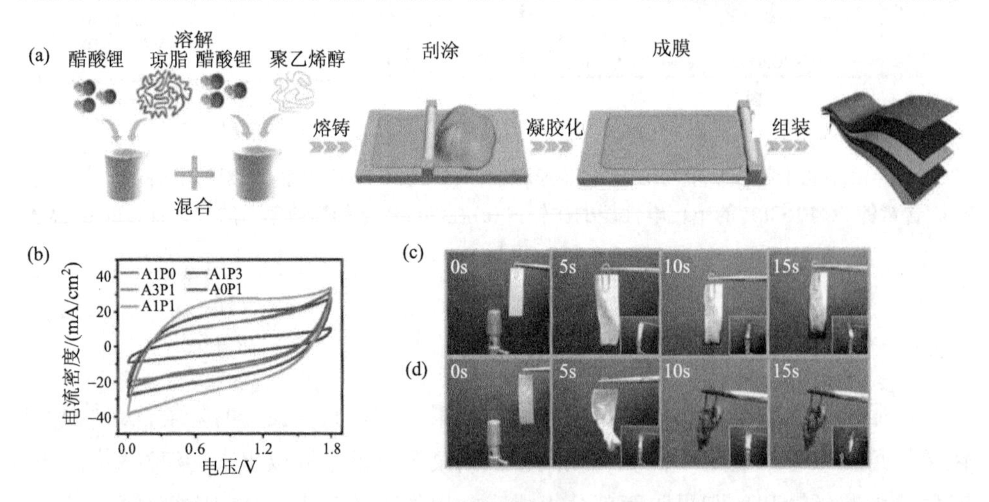

图 3.25 (a)制备流程图；(b)在 50 mV/s 扫描速率下的 CV 曲线 PVA GPE；(c)、(d)PVA GPE 膜的燃烧测试

且完全烧毁。这个结果表明，琼脂具有良好的阻燃性。琼脂分子中含有丰富的羟基基团，燃烧过程产生水，从而起到抑制燃烧的作用。此外，Li^+在燃烧过程中转化为 Li_2CO_3，覆盖表面，使可燃物与空气隔绝，防止火焰蔓延。因此，琼脂基电解质材料对全固态超级电容器的安全性提高具有重要调控作用。

参 考 文 献

[1] Kang K, Meng Y S, Bréger J, et al. Electrodes with high power and high capacity for rechargeable lithium batteries[J]. Science, 2006, 311(5763): 977-980.

[2] Park O K, Cho Y, Lee S, et al. Who will drive electric vehicles, olivine or spinel?[J]. Energy & Environmental Science, 2011, 4(5): 1621-1633.

[3] Wang R, Li X, Liu L, et al. A disordered rock-salt Li-excess cathode material with high capacity and substantial oxygen redox activity: $Li_{1.25}Nb_{0.25}Mn_{0.5}O_2$[J]. Electrochemistry Communications, 2015, 60: 70-73.

[4] Levasseur S, Ménétrier M, Shao-Horn Y, et al. Oxygen vacancies and intermediate spin trivalent cobalt ions in lithium-overstoichiometric $LiCoO_2$[J]. Chemistry of Materials, 2003, 15(1): 348-354.

[5] Vu A, Qian Y, Stein A. Porous electrode materials for Lithium-ion batteries: How to prepare them and what makes them special[J]. Advanced Energy Materials, 2012, 2(9): 1056-1085.

[6] Wang K X, Li X H, Chen J S. Surface and interface engineering of electrode materials for lithium-ion batteries[J]. Advanced Materials, 2015, 27(3): 527-545.

[7] Chen X, Li C, Grätzel M, et al. Nanomaterials for renewable energy production and storage[J]. Chemical Society Reviews, 2012, 41(23): 7909-7937.

[8] Zhao S, Bai Y, Ding L, et al. Enhanced cycling stability and thermal stability of $AlPO_4$-coated $LiMn_2O_4$ cathode materials for lithium ion batteries[J]. Solid State Ionics, 2013, 247: 22-29.

[9] Jugović D, Uskoković D. A review of recent developments in the synthesis procedures of lithium iron phosphate powders[J]. Journal of Power Sources, 2009, 190(2): 538-544.

[10] Cheng F, Liang J, Tao Z, et al. Functional materials for rechargeable batteries[J]. Advanced Materials, 2011, 23(15): 1695-1715.

[11] Ji L, Lin Z, Alcoutlabi M, et al. Recent developments in nanostructured anode materials for rechargeable lithium-ion batteries[J]. Energy & Environmental Science, 2011, 4(8): 2682-2699.

[12] Kozen A C, Lin C F, Pearse A J, et al. Next-generation lithium metal anode engineering via atomic layer deposition[J]. ACS Nano, 2015, 9(6): 5884-5892.

[13] Lin D, Liu Y, Liang Z, et al. Layered reduced graphene oxide with nanoscale interlayer gaps as a stable host for lithium metal anodes[J]. Nature Nanotechnology, 2016, 11(7): 626-632.

[14] Zhang Y J, Liu X Y, Bai W Q, et al. Magnetron sputtering amorphous carbon coatings on metallic lithium: Towards promising anodes for lithium secondary batteries[J]. Journal of Power Sources, 2014, 266: 43-50.

[15] Choi J W, Aurbach D. Promise and reality of post-lithium-ion batteries with high energy densities[J]. Nature Reviews Materials, 2016, 1: 16013-16019.

[16] Liu W, Oh P, Liu X, et al. Nickel-rich layered lithium transition-metal oxide for high-energy lithium-ion batteries[J]. Angewandte Chemie International Edition, 2015, 54(15): 4440-4457.

[17] Eriksson T A, Doeff M M. A study of layered lithium manganese oxide cathode materials[J]. Journal of Power Sources, 2003, 119: 145-149.

[18] Tarascon J-M, Armand M. Issues and challenges facing rechargeable lithium batteries[J]. Nature, 2001, 414(6861): 359-367.

[19] Roy P, Srivastava S K. Nanostructured anode materials for lithium ion batteries[J]. Journal of Materials Chemistry A, 2015, 3(6): 2454-2484.

[20] Bruce P G, Scrosati B, Tarascon J M. Nanomaterials for rechargeable lithium batteries[J]. Angewandte Chemie International Edition, 2008, 47(16): 2930-2946.

[21] Wang Y, Li H, He P, Hosono E, Zhou H. Nano active materials for lithium-ion batteries[J]. Nanoscale, 2010, 2(8): 1294-1305.

[22] Trevey J E, Gilsdorf J R, Stoldt C R, et al. Electrochemical investigation of all-solid-state lithium batteries with a high capacity sulfur-based electrode[J]. Journal of the Electrochemical Society, 2012, 159(7): A1019-A1022.

[23] Huang J Q, Zhang Q, Zhang S M, et al. Aligned sulfur-coated carbon nanotubes with a polyethylene glycol barrier at one end for use as a high efficiency sulfur cathode[J]. Carbon, 2013, 58: 99-106.

[24] Billaud J, Singh G, Armstrong A, et al. $Na_{0.67}Mn_{1-x}Mg_xO_2$ ($0 \leqslant x \leqslant 0.2$) a high capacity cathode for sodium-ion batteries[J]. Energy & Environmental Science, 2014, (7): 1387-1391.

[25] Fang Y, Chen Z, Xiao L, et al. Recent progress in iron-based electrode materials for grid-scale sodium-ion batteries[J]. Small, 2018, (14): 1703116.

[26] Kötz R, Carlen M. Principles and applications of electrochemical capacitors[J]. Electrochimica Acta, 2000, 45(15-16): 2483-2498.

[27] You B, Li N, Zhu H, et al. Graphene oxide-dispersed pristine CNTs support for MnO_2 nanorods as high performance supercapacitor electrodes[J]. ChemSusChem, 2013, 6(3): 474-480.

[28] Wang H, Holt C M B, Li Z, et al. Graphene-nickel cobaltite nanocomposite asymmetrical supercapacitor with commercial level mass loading[J]. Nano Research, 2012, 5(9): 605-617.

[29] Sumboja A, Foo C Y, Wang X, et al. Large areal mass, flexible and free-standing reduced graphene oxide/manganese dioxide paper for asymmetric supercapacitor device[J]. Advanced Materials, 2013, 25(20): 2809-2815.

[30] Qu C, Jiao Y, Zhao B, et al. Nickel-based pillared MOFs for high-performance supercapacitors: Design, synthesis and stability study[J]. Nano Energy, 2016, 26(11): 66-73.

[31] Ramachandran R, Saranya M, Santhosh C, et al. Co_9S_8 nanoflakes on graphene (Co_9S_8/G) nanocomposites for high performance supercapacitors[J]. RSC Advances, 2014, 4(40): 21151-21162.

[32] Wu S, Zhu Y. Highly densified carbon electrode materials towards practical supercapacitor devices[J]. Science China Materials, 2017, 60 (1): 25-38.

[33] Zhang J, Zhao X S. On the configuration of supercapacitors for maximizing electrochemical performance[J]. ChemSusChem, 2012, 5 (5): 818-841.

[34] Cai L, Xu J, Huang J, et al. Structure control of powdery carbon aerogels and their use in high-voltage aqueous supercapacitors[J]. Carbon, 2018, 130 (6): 847-848.

[35] Largeot C, Portet C, Chmiola J, et al. Relation between the ion size and pore size for an electric double-layer capacitor[J]. Journal of the American Chemical Society, 2008, 130 (9): 2730-2731.

[36] Lota K, Khomenko V, Frackowiak E. Capacitance properties of poly (3, 4-ethylenedioxythiophene) / carbon nanotubes composites[J]. Journal of Physics and Chemistry of Solids, 2004, 65 (2-3): 295-301.

[37] Kim J Y, Kim K H, Kim K B. Fabrication and electrochemical properties of carbon nanotube/polypyrrole composite film electrodes with controlled pore size[J]. Journal of Power Sources, 2008, 176 (1): 396-402.

[38] Zhang H, Cao G, Wang W, et al. Influence of microstructure on the capacitive performance of polyaniline/carbon nanotube array composite electrodes[J]. Electrochimica Acta, 2009, 54 (4): 1153-1159.

[39] Chen S, Zhu J, Wu X, et al. Graphene oxide-MnO_2 nanocomposites for supercapacitors[J]. ACS Nano, 2010, 4 (5): 2822-2830.

[40] Tarascon J M, Armand M. Issues and challenges facing rechargeable lithium batteries[M]// Dusastre V. Materials for Sustainable Energy: A Collection of Peer-Reviewed Research and Review Articles from Nature Publishing Group. London: Nature Publishing Group, 2011: 171-179.

[41] Hu L, Wu H, Cui Y. Printed energy storage devices by integration of electrodes and separators into single sheets of paper[J]. Applied Physics Letters, 2010, 96 (18): 183502-183505.

[42] Meng Y, Zhao Y, Hu C, et al. All-graphene core-sheath microfibers for all-solid-state, stretchable fibriform supercapacitors and wearable electronic textiles[J]. Advanced Materials, 2013, 25 (16): 2326-2331.

[43] El-Kady M F, Kaner R B. Scalable fabrication of high-power graphene micro-supercapacitors for flexible and on-chip energy storage[J]. Nature Communications, 2013, 4 (13): 1475-1483.

[44] Wang G P, Zhang L, Zhang J J. A review of electrode materials for electrochemical supercapacitors[J]. Chemical Society Reviews, 2012, 41 (2): 797-828.

[45] Berthier C, Gorecki W, Minier M, et al. Microscopic investigation of ionic conductivity in alkali metal salts-poly (ethylene oxide) adducts[J]. Solid State Ionics, 1983, 11 (1): 91-95.

[46] Thakur V K, Ding G, Ma J, et al. Hybrid materials and polymer electrolytes for electrochromic device applications[J]. Advanced Materials, 2012, 24 (30): 4071-4096.

[47] Angell C A, Xu K, Zhang S S, et al. Variations on the salt-polymer electrolyte theme for flexible solid electrolytes[J]. Solid State Ionics, 1996, 86 (7): 17-28.

[48] Margolis J M. Conductive Polymers and Plastics [M]. New York: Chapman and Hall, 1989.
[49] Ivory D M, Miller G G, Sowa J M, et al. Highly conducting charge transfer complexes of poly (pphenylene) [J]. The Journal of Chemical Physics, 1979, 71 (3) : 1506-1507.
[50] Weston J E, Steele B C H. Effects of inert fillers on the mechanical and electrochemical properties of lithium salt-poly(ethylene oxide) polymer electrolytes[J]. Solid State Ionics, 1982, 7 (1) : 75-79.
[51] Lu J, Li L, Park J B, et al. Aprotic and aqueous Li-O_2 batteries[J]. Chemical Reviews, 2014, 114 (11) : 5611-5640.
[52] Goodenough J B. Evolution of strategies for modern rechargeable batteries[J]. Accounts of Chemical Research, 2012, 46 (5) : 1053-1061.
[53] Sun Y K, Myung S T, Park B C, et al. High-energy cathode material for long-life and safe lithium batteries[J]. Nature Materials, 2009, 8 (4) : 320-324.
[54] Tarascon J M, Armand M. Issues and challenges facing rechargeable lithium batteries[J]. Nature, 2001, 414 (6861) : 359-367.
[55] Jeong S, Park S, Cho J. High-performance, layered, 3D-$LiCoO_2$ cathodes with a nanoscale Co_3O_4 coating via chemical etching[J]. Advanced Energy Materials, 2011, 1 (3) : 368-372.
[56] Padhi A K, Nanjundaswamy K S, Masquelier C, et al. Mapping of transition metal redox energies in phosphates with nasicon structure by lithium intercalation[J]. Journal of the Electrochemical Society, 1997, 144 (8) : 2581-2586.
[57] Kaskhedikar N A, Maier J. Lithium storage in carbon nanostructures[J]. Advanced Materials, 2009, 21 (25-26) : 2664-2680.
[58] Landi B J, Ganter M J, Cress C D, et al. Carbon nanotubes for lithium ion batteries[J]. Energy & Environmental Science, 2009, 2 (6) : 638-654.
[59] Kim C, Yang K S, Kojima M, et al. Fabrication of electrospinning-derived carbon nanofiber webs for the anode material of lithium-ion secondary batteries[J]. Advanced Functional Materials, 2006, 16 (18) : 2393-2397.
[60] Hou J, Shao Y, Ellis M W, et al. Graphene-based electrochemical energy conversion and storage: Fuel cells, supercapacitors and lithium ion batteries[J]. Physical Chemistry Chemical Physics, 2011, 13 (34) : 15384-15402.
[61] Zhou H, Zhu S, Hibino M, et al. Lithium storage in ordered mesoporous carbon (CMK-3) with high reversible specific energy capacity and good cycling performance[J]. Advanced Materials, 2003, 15 (24) : 2107-2111.
[62] Yang J, Takeda Y, Imanishi N, et al. SiO_x-based anodes for secondary lithium batteries[J]. Solid State Ionics, 2002, 152: 125-129.
[63] Ge M, Rong J, Fang X, et al. Porous doped silicon nanowires for lithium ion battery anode with long cycle life[J]. Nano Letters, 2012, 12 (5) : 2318-2323.
[64] Hwang I S, Kim J C, Seo S D, et al. A binder-free Ge-nanoparticle anode assembled on multiwalled carbon nanotube networks for Li-ion batteries[J]. Chemical Communications, 2012,

48(56): 7061-7063.

[65] Zhuo K, Jeong M G, Chung C H. Highly porous dendritic Ni-Sn anodes for lithium-ion batteries[J]. Journal of Power Sources, 2013, 244: 601-605.

[66] Zhang Y, Tao H, Li T, et al. Vertically oxygen-incorporated MoS_2 nanosheets coated on carbon fibers for sodium-ion batteries[J]. ACS Applied Materials & Interfaces, 2018, 10(41): 35206-35215.

[67] Li W, Bashir T, Wang J, et al. Enhanced sodium-ion storage performance of a 2D MoS_2 anode material coated on carbon nanotubes[J]. ChemElectroChem, 2021, 8(5): 903-910.

[68] Anwer S, Huang Y, Li B, et al. Nature-inspired, graphene-wrapped 3D MoS_2 ultrathin microflower architecture as a high-performance anode material for sodium-ion batteries[J]. ACS Applied Materials & Interfaces, 2019, 11(25): 22323-22331.

[69] Zhu T, Hu P, Wang X, et al. Realizing three-electron redox reactions in NASICON-structured $Na_3MnTi(PO_4)_3$ for sodium-ion batteries[J]. Advanced Energy Materials, 2019, 9: 1803436.

[70] Wang R, Wang P, Yan X, et al. Promising porous carbon derived from celtuce leaves with outstanding supercapacitance and CO_2 capture performance[J]. ACS Applied Materials & Interfaces, 2012, 4(11): 5800-5806.

[71] 胡国华. 功能性食品胶[M]. 2版. 北京: 化学工业出版社, 2014.

[72] Haug A, Larsen B, Smidsrφd O. Uronic acid sequence in alginate from different sources[J]. Carbohydrate Research, 1974, (32): 217-225.

[73] Indergaard M, Skjak-Bræk G, Jensen B. Studies on the influence of nutrients on the composition and structure of alginate in *Laminaria saccharina* (L) Lamour. (Laminariales, Phaeophyceae) [J]. Botanica Marina, 1990, (33): 277-288.

[74] Stockton N, Evans W, Morris, et al. Alginate block structure in *Laminaria digitata*: Implications for holdfast attachment[J]. Botanica Marina, 1980, (23): 563-567.

[75] Gombotz W R, Wee S F. Protein release from alginate matrices[J]. Advanced Drug Delivery Reviews, 2012, (64): 194-205.

[76] David A, Rees E J W. Secondary and tertiary structure of polysaccharides in solutions and gels[J]. Angewandte Chemie International Edition in English, 1977, (16): 214-224.

[77] 詹晓北. 食用胶的生产、性能与应用[M]. 北京: 中国轻工业出版社, 2003.

[78] Mørch Ý A, Donati I, Strand B L, et al. Effect of Ca^{2+}, Ba^{2+}, and Sr^{2+} on alginate microbeads[J]. Biomacromolecules, 2006, 7(5): 1471-1480.

[79] 陈丽娇, 郑明锋. 大黄鱼海藻酸钠涂膜保鲜效果研究[J]. 农业工程学报, 2003, 19(4): 209-211.

[80] 杨琴, 胡国华, 马正智. 海藻酸钠的复合特性及其在肉制品中的应用研究进展[J]. 中国食品添加剂, 2010, (1): 164-168.

[81] 张传杰, 朱平, 王怀芳. 高强度海藻纤维的性能研究[J]. 印染助剂, 2009, 26(1): 15-18.

[82] 秦益民. 海藻酸纤维在医用敷料中的应用[J]. 合成纤维, 2003, 32(4): 11-13.

[83] 樊华, 张其清. 海藻酸钠在药剂应用中的研究进展[J]. 中国药房, 2006, 17(6): 465-467.

[84] Rees D A. Polysaccharide shapes and their interactions[J]. Pure and Applied Chemistry, 1981, (53): 1-14.

[85] Moon S, Ryu B Y, Choi J, et al. The morphology ad mechanical properties of sodium alginate based electrospun poly(ethylene oxide) nanofibers[J]. Polymer Engineering and Science, 2009, (49): 52-59.

[86] Fang Y, Xiao L, Chen Z, et al. Recent advances in sodium-ion battery materials[J]. Electrochemical Energy Reviews, 2018, (1): 294-323.

[87] Mai Y J, Zhang D, Qiao Y Q, et al. MnO/reduced graphene oxide sheet hybrid as an anode for Li-ion batteries with enhanced lithium storage performance[J]. Journal of Power Sources, 2012, 216(11): 201-207.

[88] Li X, Huang X, Liu D, et al. Synthesis of 3D hierarchical Fe_3O_4/graphene composites with high lithium storage capacity and for controlled drug delivery[J]. Journal of Physical Chemistry C, 2011, (115): 21567-21573.

[89] Xu J, Wang M, Wickramaratne N P, et al. High-performance sodium ion batteries based on a 3D anode from nitrogen-doped graphene foams[J]. Advanced Materials, 2015, (27): 2042-2048.

[90] Wang Y, Kong D, Shi W, et al. Ice templated free-standing hierarchically WS_2/CNT-rGO aerogel for high-performance rechargeable lithium and sodium ion batteries[J]. Advanced Energy Materials, 2016, (6): 1601057.

[91] Niu Y, Xu M, Shen B, et al. Exploration of $Na_7Fe_{4.5}(P_2O_7)_4$ as a cathode material for sodium-ion batteries[J]. Journal of Materials Chemistry A, 2016, (4): 16531-16535.

[92] Debe M K. Electrocatalyst approaches and challenges for automotive fuel cells[J]. Nature, 2012, 486(7401): 43-58.

[93] Zhang H, Shen P K. Recent development of polymer electrolyte membranes for fuel cells[J]. Chemical Reviews, 2012, 112(5): 2780-2832.

[94] Chen Z, Higgins D, Yu A, et al. A review on non-precious metal electrocatalysts for PEM fuel cells[J]. Energy & Environmental Science, 2011, 4(9): 3167-3192.

[95] Bu L, Zhang N, Guo S, et al. Biaxially strained PtPb/Pt core/shell nanoplate boosts oxygen reduction catalysis[J]. Science, 2016, 354(6318): 1410-1414.

[96] Bu L, Guo S, Zhang X, et al. Surface engineering of hierarchical platinum-cobalt nanowires for efficient electrocatalysis[J]. Nature Communications, 2016, 7(4): 11850.

[97] He D, Zhang L, He D, et al. Amorphous nickel boride membrane on a platinum-nickel alloy surface for enhanced oxygen reduction reaction[J]. Nature Communications, 2016, 7(4): 12362.

[98] Huang X, Zhao Z, Cao L, et al. High-performance transition metal-doped Pt_3Ni octahedra for oxygen reduction reaction[J]. Science, 2015, 348(6240): 1230-1234.

[99] Gong K, Du F, Xia Z, et al. Nitrogen-doped carbon nanotube arrays with high electrocatalytic activity for oxygen reduction[J]. Science, 2009, 323(5915): 760-764.

[100] Shui J, Wang M, Du F, et al. N-doped carbon nanomaterials are durable catalysts for oxygen reduction reaction in acidic fuel cells[J]. Science Advances, 2015, 1(1): e1400129.

[101] Hu C, Dai L. Carbon-based metal-free catalysts for electrocatalysis beyond the ORR[J]. Angewandte Chemie International Edition, 2016, 55 (39): 11736-11758.

[102] Liu X, Dai L. Carbon-based metal-free catalysts[J]. Nature Reviews Materials, 2016, 1 (11): 16064.

[103] Zhang J, Xia Z, Dai L. Carbon-based electrocatalysts for advanced energy conversion and storage[J]. Science Advances, 2015, 1 (7): e1500564.

[104] Li Y, Zhou W, Wang H, et al. An oxygen reduction electrocatalyst based on carbon nanotube-graphene complexes[J]. Nature Nanotechnology, 2012, 7 (6): 394.

[105] D. Guo et al. , Active sites of nitrogen-doped carbon materials for oxygen reductionreaction clarified using model catalysts[J]. Science, 2016, 354 (6318): 361.

[106] Yang H B, Miao J, Hung S F, et al. Identification of catalytic sites for oxygen reduction and oxygen evolution in N-doped graphene materials: Development of highly efficient metal-free bifunctional electrocatalyst[J]. Science Advances, 2016, 2 (4): e1501122.

[107] Jeon I Y, Zhang S, Zhang L, et al. Edge-selectively sulfurized graphene nanoplatelets as efficient metal-free electrocatalysts for oxygen reduction reaction: The electron spin effect[J]. Advanced Materials, 2013, 25 (42): 6138-6145.

[108] Jiao Y, Zheng Y, Jaroniec M, et al. Design of electrocatalysts for oxygen-and hydrogen-involving energy conversion reactions[J]. Chemical Society Reviews, 2015, 44 (8): 2060-2086.

[109] Jiao Y, Zheng Y, Jaroniec M, et al. Origin of the electrocatalytic oxygen reduction activity of graphene-based catalysts: A roadmap to achieve the best performance[J]. Journal of the American Chemical Society, 2014, 136 (11): 4394-4403.

[110] Bhattacharjee J. Activation of graphenic carbon due to substitutional doping by nitrogen: Mechanistic understanding from first principles[J]. The Journal of Physical Chemistry Letters, 2015, 6 (9): 1653-1660.

[111] Zhao H, Sun C, Jin Z, et al. Carbon for the oxygen reduction reaction: A defect mechanism[J]. Journal of Materials Chemistry A, 2015, 3 (22): 11736-11739.

[112] Zhu Q, Money S L, Russell A E, et al. Determination of the fate of nitrogen functionality in carbonaceous materials during pyrolysis and combustion using X-ray absorption near edge structure spectroscopy[J]. Langmuir, 1997, 13 (7): 2149-2157.

[113] Xiao Q, Gu X, Tan S. Drying process of sodium alginate films studied by two-dimensional correlation ATR-FTIR spectroscopy[J]. Food Chemistry, 2014, 164 (7): 179-184.

[114] Yang J M, Wang N C, Chiu H C. Preparation and characterization of poly (vinyl alcohol)/ sodium alginate blended membrane for alkaline solid polymer electrolytes membrane[J]. Journal of Membrane Science, 2014, 457 (10): 139-148.

[115] Yang X, Zhang F, Zhang L, et al. A high-performance graphene oxide-doped ion gel as gel polymer electrolyte for all-solid-state supercapacitor applications[J]. Advanced Functional Materials, 2013, 23 (26): 3353-3360.

第 4 章　新型能量转换技术电催化剂

4.1　新型能量转换技术及电催化基元反应

作为新型可持续能源系统，电化学能量转换技术，如燃料电池、金属空气电池、电解水、电化学固氮等，可以将地球上丰富的二氧化碳、水、氧气和氮气等转化为碳氢化合物、氢气、氨气等高品质的化学品，有效缓解能源和环境问题，因而受到广泛关注和发展。但是，这些新型能源转换技术的应用和发展却受限于其缓慢的电催化基元反应，如发生在燃料电池和金属空气电池阴极的氧还原反应(ORR)、发生在电解水阳极的析氧反应(OER)和阴极的析氢反应(HER)，以及固氮过程中的氮还原反应(NRR)等。电催化剂能够在能量转换技术中起到关键作用，可以提高化学转化的速率、效率和选择性。为了实现这些新型能源系统的应用与发展，破解能源危机与环境污染等难题，亟需构筑可持续的、高效的、廉价的电催化剂。

4.1.1　氧还原反应

目前，以贵金属铂(Pt)基材料为电催化剂的质子交换膜燃料电池(PEMFC)的研究已经取得很大进展，已建有示范性的 PEMFC 发电站、电动车、手机电池[1-3]。然而，PEMFC 的发展和商业化应用遇到了瓶颈：一方面，Pt 基催化剂的溶解和毒化缩短了 PEMFC 的使用寿命；另一方面，Pt 昂贵的价格和稀缺的储量提高了 PEMFC 的成本[4]。此外，相较于两电子的阳极氢氧化反应(HOR)，发生在 PEMFC 阴极的氧还原反应(ORR)是一个四电子转移过程，具有较缓慢的反应动力学，是限制 PEMFC 发展的主要因素。

ORR 整个反应过程可以简单分为四电子途径和二电子(2e)途径[5]。其中四电子途径又可分为直接四电子(4e)途径和连续四电子(2×2e)途径。直接 4e 途径是指没有中间产物，O_2 直接通过四电子被还原为 OH^-或者 H_2O 的过程。在碱性电解液中，4e 途径反应如式(4.1)所示，O_2 得到四个电子与 H_2O 反应被还原为 OH^-。在酸性电解液中，4e 途径反应如式(4.2)所示，O_2 得到四个电子与 H^+反应生成 H_2O。对于 2×2e 路径来说，反应过程中首先生成 HO_2^-/H_2O_2 等中间产物，然后

再发生 HO_2^-/H_2O_2 的进一步还原。在碱性电解液中，2×2e 途径为 O_2 先得到两个电子还原为 HO_2^-[如式(4.3)所示]，然后 HO_2^- 进一步还原为 OH^-[如式(4.4)所示]。在酸性电解液中，2×2e 途径为 O_2 先被还原成 H_2O_2[如式(4.6)所示]，然后 H_2O_2 进一步被还原为 H_2O[如式(4.7)所示]。2e 途径是指在酸、碱性条件下 O_2 被还原成 H_2O_2 或 HO_2^- 后不再得到电子，在催化剂上解离分解为 H_2O 或 OH^-[如式(4.5)所示]和 O_2[如式(4.8)所示]。虽然中间产物 H_2O_2 或 HO_2^- 的生成有利于降低反应的活化能，但是 H_2O_2 不稳定且会导致反应历程复杂化，同时也会降低燃料电池的能量转换率和输出电压，所以尽量避免中间产物的生成。4e 反应具有更高的能量转化率和输出电压，是燃料电池阴极 ORR 的理想反应途径。O_2 在碱性溶液和酸性溶液中还原的可能步骤及还原电位具体如下所示。

1) 4e 路径

碱性溶液中：$O_2 + 2H_2O + 4e^- \longrightarrow 4OH^-$，$E^0 = 0.401\ V$　(4.1)

酸性溶液中：$O_2 + 4H^+ + 4e^- \longrightarrow 2H_2O$，$E^0 = 1.229\ V$　(4.2)

2) 2×2e 路径

碱性溶液中：$O_2 + H_2O + 2e^- \longrightarrow HO_2^- + OH^-$，$E^0 = 0.065\ V$　(4.3)

$HO_2^- + H_2O + 2e^- \longrightarrow 3OH^-$，$E^0 = 0.867\ V$　(4.4)

$2HO_2^- \longrightarrow 2OH^- + O_2$　(4.5)

酸性溶液中：$O_2 + 2H^+ + 2e^- \longrightarrow H_2O_2$，$E^0 = 0.670\ V$　(4.6)

$H_2O_2 + 2H^+ + 2e^- \longrightarrow 2H_2O$，$E^0 = 1.277\ V$　(4.7)

$2H_2O_2 \longrightarrow 2H_2O + O_2$　(4.8)

所测电势转化为可逆氢电极电势：$E_{RHE} = E_{Ag/AgCl} + 0.059\ pH + 0.197$　(4.9)

除了 PEMFC 之外，ORR 也是金属空气电池等能量转换系统的重要过程[6,7]。为了推进这些能源系统的广泛应用，研究学者致力于开发便宜、储量丰富的非 Pt 基催化剂[7-11]，包括非金属碳材料以及以碳为载体的过渡金属基催化剂(如 Fe、Co)[12]，这些催化剂同时展现出了较好的催化活性、稳定性等。

4.1.2　析氢反应

氢气(H_2)是一种理想的能量载体，其燃烧产物只有水，清洁无污染，具有高达 122 kJ/g 的能量密度，是一种绿色能源。考虑到环境的影响和可持续发展，通过析氢反应(HER)产生氢气的电解水制氢过程是最佳的产氢方式。HER 是最简单的电化学反应之一，然而仍有许多尚未解决的问题。设计合成有效的、稳定的和低成本的 HER 催化剂，对于能源技术的发展至关重要。

HER 过程是发生在电解水阴极表面的涉及两电子转移的多步骤过程。HER 的第一步反应称为 Volmer 反应，在此过程中，电子转移到电极上，在活性位上耦合质子吸附，产生被吸附氢原子[13]。在酸性电解质中，质子源是水合氢离子(H_3O^+)，而在碱性溶液中，则需要首先通过水的电离分解形成氢中间体，提供质子源。随后，H_2 在电极表面生成并脱附，其中 H_2 的生成可能通过 Heyrovsky 或 Tafel 两种不同的反应途径发生。Heyrovsky 反应过程中，吸附的氢原子会与溶液中 H^+ 和转移电子结合形成氢气[14]。Tafel 反应过程中，电极表面吸附的两个氢原子会结合成氢气[15]。HER 在酸性和碱性溶液中的反应步骤如下所示。

酸性溶液中：$2H^+ + 2e^- \longrightarrow H_2$ (4.10)

Volmer 过程：$H_3O^+ + e^- \longrightarrow H_{ad} + H_2O$ (4.11)

Heyrovsky 过程：$H_{ad} + H^+ + e^- \longrightarrow H_2$ (4.12)

Tafel 过程：$H_{ad} + H_{ad} \longrightarrow H_2$ (4.13)

碱性溶液中：$2H_2O + 2e^- \longrightarrow H_2 + 2OH^-$ (4.14)

Volmer 过程：$H_2O + e^- \longrightarrow H_{ad} + OH^-$ (4.15)

Heyrovsky 过程：$H_{ad} + H^+ + e^- \longrightarrow H_2$ (4.16)

Tafel 过程：$H_{ad} + H_{ad} \longrightarrow H_2$ (4.17)

决速步骤对于 HER 电催化剂的设计非常重要。如果 Volmer 反应(氢吸附过程)为决速步骤，则可以增加电极材料的边缘活性位点，增加电子转移速率。如果氢脱附过程是决速步骤，则可以通过提高电极材料的孔隙和增大反应面来减少气泡滞留问题，进而使电子转移更容易[16]。一个高活性的 HER 反应催化剂使得氢原子在其表面的吸附不能太强，太强会使产物很难从催化剂表面脱附；也不能太弱，太弱会使反应物很难吸附在催化剂表面。催化剂表面的氢吸附自由能(ΔG_{H*})接近 0 时，整个反应才会达到最大的反应速率。此外，碱性介质中的 HER 比酸性介质中的 HER 活性低 2～3 个数量级，这主要是因为在碱性溶液中，质子源需要通过水的解离来提供，而此过程是非常缓慢的。

4.1.3　析氧反应

除了阴极 HER 之外，发生在电解水槽阳极的析氧反应(OER)是电解水过程中另一重要的反应。OER 通过氧化水分子产生 O_2，是四电子转移的过程，具有非常缓慢的反应动力学，需要很高的过电位驱动。在 OER 反应中，催化剂引入有助于降低过电位，从而提高能源的转化效率。在不同的电解液中，OER 具有不同的工作原理[16-19]，反应机制如下所示。

酸性条件：$$M + H_2O \longrightarrow M{*}OH + H^+ + e^- \tag{4.18}$$

$$M{*}OH \longrightarrow M{*}O + H^+ + e^- \tag{4.19}$$

$$2M{*}O \longrightarrow 2M + O_2 \tag{4.20}$$

$$M{*}O + H_2O \longrightarrow M{*}OOH + H^+ + e^- \tag{4.21}$$

$$M{*}OOH \longrightarrow M + O_2 + H^+ + e^- \tag{4.22}$$

碱性条件：$$M + HO^- \longrightarrow M{*}OH + e^- \tag{4.23}$$

$$M{*}OH + HO^- \longrightarrow M{*}O + H_2O + e^- \tag{4.24}$$

$$2M{*}O \longrightarrow 2M + O \tag{4.25}$$

$$M{*}O + HO^- \longrightarrow M{*}OOH + e^- \tag{4.26}$$

$$M{*}OOH + HO^- \longrightarrow M + O_2 + H_2O + e^- \tag{4.27}$$

不论是在酸性条件下，还是在碱性条件下，OER 都是一个四电子转移的过程，区别在于酸性介质中，水分子被用作含氧反应物，在碱性介质中则为氢氧根离子。在被活性中心吸附后，水分子或者氢氧根被氧化、去氢成为吸附氧，吸附氧可以彼此结合为氧分子，进而脱附，或者继续发生氧化反应成为含氧中间体*OH 和*OOH，在每一步反应过程中都存在着电子的转移，最后，过氧中间体*OOH 被进一步氧化并转化为氧分子。上述反应式中所涉及的一系列含氧中间体氧化过程的连续电子转移步骤在热力学上是一个能量上升的过程。与 HER 相比，电催化 OER 的机理更为复杂，反应热力学和动力学处于相对更不利的位置，因此，通常具备更高的过电位，这也是造成实际电解槽电压远高于理论水分解电压的主要原因。目前，碱性电解水在技术发展程度上较酸性电解水更加成熟，这主要是因为大多数氧化物或氢氧化物可以稳定地存在于碱性电解液中而不会被分解，具有更好的稳定性，这意味着除了具有良好的耐腐蚀性的贵金属氧化物催化剂外，还有许多成本更低的非贵金属催化剂可以选择[20]。相较于碱性电解水，酸性电解水的反应速率快了 2～3 个数量级，有规模化的质子交换膜，可以获得更高的氢气生产效率，生产过程更安全，且允许生产设备的小型化等。然而，高效稳定的酸性 OER 催化剂是酸性电解水发展需要攻克的瓶颈问题[21]，许多在碱性条件下具有优异催化活性的非贵金属 OER 催化剂（如过渡金属氧化物/氢氧化物等），由于其在酸性溶液中易于溶解，并不能够在酸性介质中长期使用。目前，以贵金属铱(Ir)和钌(Ru)等为基础的材料是最主要的酸性 OER 电催化剂，如何提高提高贵金属材料的利用率，增强酸性 OER 电催化剂的活性和稳定性，是酸性 OER 领域的研究重点。

4.1.4 氮还原反应

氮是生命必不可少的元素，也是氨基酸和核苷酸等多种有机分子的重要组成部分。地球大气中的氮元素是非常丰富的，但只能被转化为氨后才能用于生物合成，而自然界中具有这种固氨能力的仅为很小部分的重氮营养微生物。但是氮气中的氮氮三键具有非常强的键强，难以被活化[21,22]，因此催化还原氮气的难度很大。即使是目前已知的最佳催化剂，也需要大量的能量输入来活化氮气。目前，在高温(300～500℃)和高压(150～300 atm)下使用多相铁或钌催化剂的工业 Haber-Bosch 工艺合成氨占世界能源供应的 1%以上[23]。但与此同时，每年会产生超过 3 亿吨的化石燃料衍生的二氧化碳。且在如此高的温度下，由于平衡的不利因素，氨产率非常低，需要大约 485 kJ/mol 的能量输入，因此急需开发替代 Haber-Bosch 的合成氨过程。电催化固氮，也就是电催化氮还原反应(nitrogen reduction reaction, NRR)，可以利用电能实现氮气和水到氨气的转换[24-26]。与传统的 Haber-Bosch 工艺相比，在温和条件下的电化学还原工艺降低了能量输入、减少排放、简化复杂的反应器和生产设备。另外，电催化固氮利用可再生能源，如太阳能和风能等发电，因此电催化 NRR 是一种清洁、节能、可持续的固氮方法。

一般而言，电催化NRR有两种反应机制[27]：解离机制(dissociative mechanism)和缔合机制(associative mechanism)，如图 4.1 所示。在解离机制中，N≡N 三键在向 N 原子加 H 之前被破坏，在催化剂表面上留下两个吸附的 N-原子，吸附的 N-原子独立地逐步进行加氢，最终转换为 NH_3 分子。在缔合机制中，N_2 分子与催化剂表面结合并进行加氢，两个 N 原子彼此结合，仅在最终的 N—N 键断裂后才产生 NH_3 分子。根据不同的加氢顺序，缔合路径又可以进一步分为远端路径(distal pathway)和交替路径(alternating pathway)。在远端途径中，加氢优先在离催化剂表面最远的 N 原子上发生，导致一个 NH_3 分子的释放，然后继续上述加氢流程以产生另一个NH_3分子。在交替途径中，单个加氢步骤在催化剂表面上的两个N原子之间交替，并且第二个NH_3分子将在第一个NH_3分子释放后得以释放。

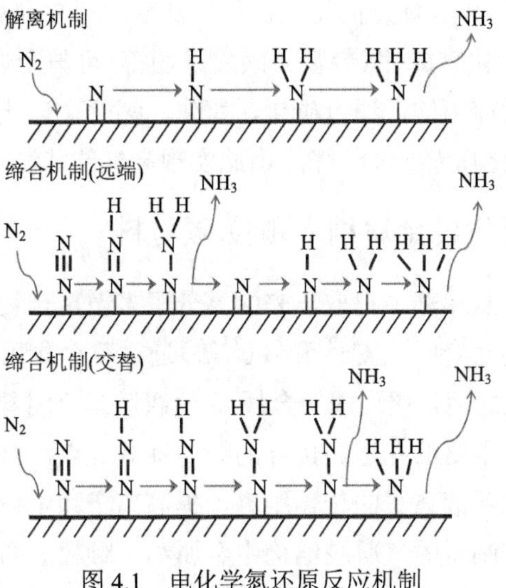

图4.1　电化学氮还原反应机制

NRR通常还涉及以下三个方面：①阳极/电解质界面处质子(H^+)的形成；②H^+通过电解质迁移；③H^+与N_2在阴极的催化位点处得到电子形成NH_3。氮的结合是NRR反应的第一步，理想的电极材料应具有良好的结合氮的能力[28,29]。目前，学者们对一系列金属，包括Re、Ru、Rh、Fe、Mo、Ir、Pt、Cu和Ag等，进行了NRR性能的理论研究[30]。该研究表明，对于Ag和Cu等具有弱氮气结合能力的金属，其NRR性能的限速步骤是第一步N_2吸附为$*N_2H$；对于Re等具有强氮气结合能力的金属，其NRR性能的限速步骤是*NH质子化为$*NH_2$，或者是$*NH_2$以NH_3形式脱附。像Fe、Mo、Ru、Rh、Pt和Ir等金属具有比较合适的氮气结合的能力，相比而言，在形成NH_3的起始电位下，Pt和Ir等金属会倾向于被H-吸附原子覆盖，此时，HER与NRR形成竞争关系。除氮气结合能力和竞争的HER反应外，NRR反应是多电子转移过程，可能涉及多种中间体，如肼(N_2H_2)。因此，NRR的选择性显得非常重要。

4.2　海藻酸盐与卡拉胶衍生的ORR电催化剂

生物质资源是太阳能以化学能形式储存在生物质中，它直接或间接地来源于绿色植物的光合作用。以可再生的生物质资源为前驱体实现对电化学储能材料的可控合成，是建立可再生能源系统的重要途径。地球表面约 71 %的面积是海洋，有丰富的可再生海洋植物(如海藻等)，从海藻中提取的天然高分子材料(如海藻酸钠和卡拉胶)具有生物相容性好的特点，已广泛应用于食品和医药等领域。此外，海藻多糖具有的功能化官能团(羧基、磺酸基团等)可与金属离子络合形成金属-海藻多糖，以此作为前驱体，通过碳化、氮化、氧化、磷化等处理过程，即可以得到金属及氧/氮/磷化物/碳复合材料，由此实现高性能能源转换材料的导向合成。

4.2.1 海藻酸盐衍生的金属纳米颗粒/碳材料

海藻酸钠是一种从褐藻中提取出来的高分子多糖聚合物，其水溶液可以与二价或三价过渡金属离子(Ni^{2+}、Co^{2+}和 Fe^{3+}等)通过螯合作用形成水凝胶，经冷冻干燥，再高温热处理之后，便形成了金属/碳气凝胶复合材料。该类气凝胶碳材料具有大的比表面积、丰富的孔道、优异的导电性等优点，可以增加材料与电解液的接触面积，缩短电解液离子的传输距离，提高离子和电荷的传输效率等[31-33]。此外，通过这种方法制得的气凝胶结构中金属纳米颗粒分布较均匀，而且在金属纳米颗粒的周围包覆一层碳形成“壳-核”结构，可以减小金属活性中心在电解质中腐蚀性，提高催化剂材料的稳定性。

4.2.1.1 Co 基纳米颗粒/氮掺杂碳材料

如图 4.2 所示，将一定量的还原氧化石墨烯(r-GO)加入到搅拌的 1wt%的海藻酸钠(SA)溶液中(还原氧化石墨烯与 SA 的质量比为 10%)，将海藻酸钠/还原氧化石墨烯(SA/r-GO)混合溶液通过注射器滴入到 5wt%的醋酸钴水溶液中，因 Co^{2+}离子与海藻酸分子链上的 4 个 G 嵌段配位形成“蛋盒”结构，生成海藻酸钴/还原氧化石墨烯(Co-A/r-GO)水凝胶。分离并清洗 Co-A/r-GO 水凝胶，放入冷冻干燥机中干燥，得到 Co-A/r-GO 气凝胶。将气凝胶置于刚玉舟中放入管式炉在氨气氛围下 600℃煅烧，即可得到氮掺杂碳气凝胶负载 Co 基纳米颗粒(Co_3O_4@Co/N-r-GO-10)，Co 基纳米颗粒为 Co_3O_4 包覆 Co(Co_3O_4@Co)，其外层还包覆一层氮掺杂碳层[34]。

线性扫描伏安法(LSV)[35,36]是研究 ORR 活性的主要方法，可以得到催化剂的极限电流、起波电位、半波电位等性能参数。在氧饱和的 0.1 mol/L KOH 溶液中，以 10 mV/s 的扫描速率和 1600 r/min 的转速对所得 Co_3O_4@Co/N-r-GO-10 进行了 LSV 测试，同时以商业 Pt/C(Hispec 3000 JM, 20 wt%)作为对比进行了测试。如图 4.3(a)所示，Co_3O_4@Co/N-r-GO-10 起波电位约为 0.94 V *vs*. RHE，半波电位

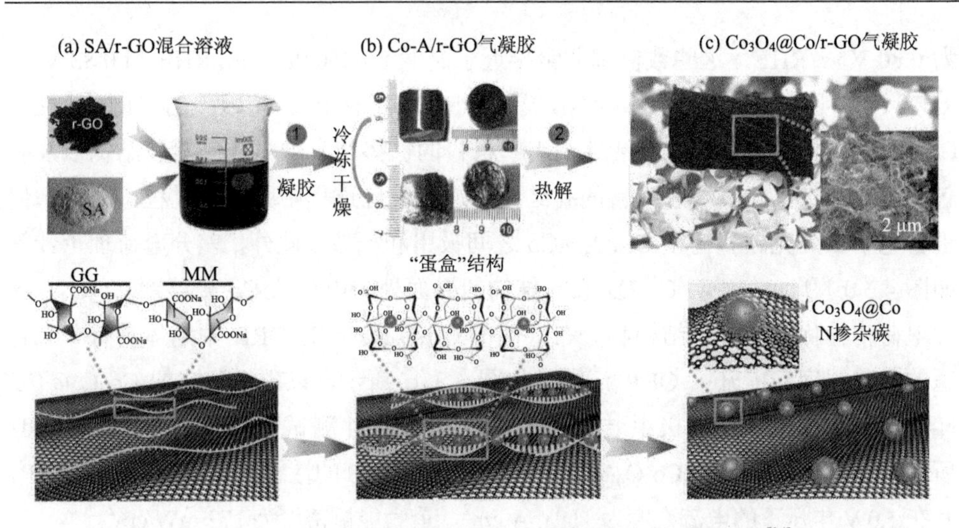

图 4.2　Co 基纳米颗粒/氮掺杂碳气凝胶的制备过程示意图[34]

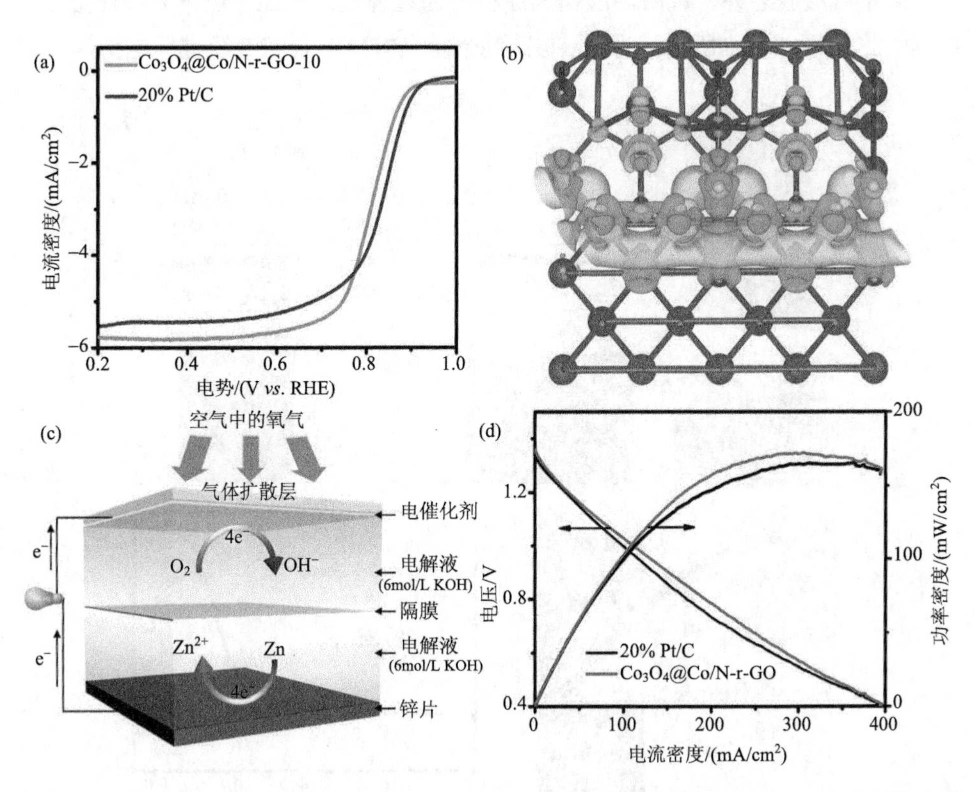

图 4.3　(a) Co_3O_4@Co/N-r-GO-10 在 0.1 mol/L KOH 中的 ORR 活性；(b) Co_3O_4@Co 的差分电荷密度；(c) ZAB 示意图；(d) Co_3O_4@Co/N-r-GO-10 和商业 Pt/C 基 ZAB 的放电极化曲线和能量密度曲线[34]

为 0.80 V *vs*. RHE，这些数值都非常接近于商业 Pt/C（0.98 V *vs*. RHE 和 0.83 V *vs*. RHE），说明 Co_3O_4@Co/N-r-GO-10 具有可以和商业 Pt/C 相媲美的 ORR 活性。Co_3O_4@Co/N-r-GO-10 的高活性归因于材料的氮掺杂三维多孔气凝胶结构以及碳包覆 Co_3O_4@Co。气凝胶丰富的孔结构加速了反应过程中的传质过程，氮掺杂促进了电子在外壳碳和内核 Co_3O_4@Co 之间吸引和释放。此外，差分电荷理论计算如图 4.3（b）所示，表明 Co_3O_4@Co 结构的界面处的电荷从 Co 转移到 Co_3O_4，这种电荷传输优化了电子结构和分布，使得 Co_3O_4@Co 对 ORR 中间体具有非常合适的吸附强度，提升了 ORR 活性。如图 4.3（c）所示，以碳纸负载的 Co_3O_4@Co/N-r-GO-10 作为空气电极组装锌空气电池（ZAB）并测试了其性能。如图 4.3（d）所示，在电压为 1.0 V 时，Co_3O_4@Co/N-r-GO-10 基 ZAB 的性能优于商业 Pt/C 基 ZAB，其在 1.0 V 电压下的电流密度为 111 mA/cm^2，最大能量密度为 172 mW/cm^2。

除了气凝胶之外，以海藻酸钠为原料，通过静电纺丝还可以得到海藻酸纳米纤维[37]。如图 4.4（a）所示，将 SA 与碳纳米管（CNT）混合溶液经过静电纺丝，即

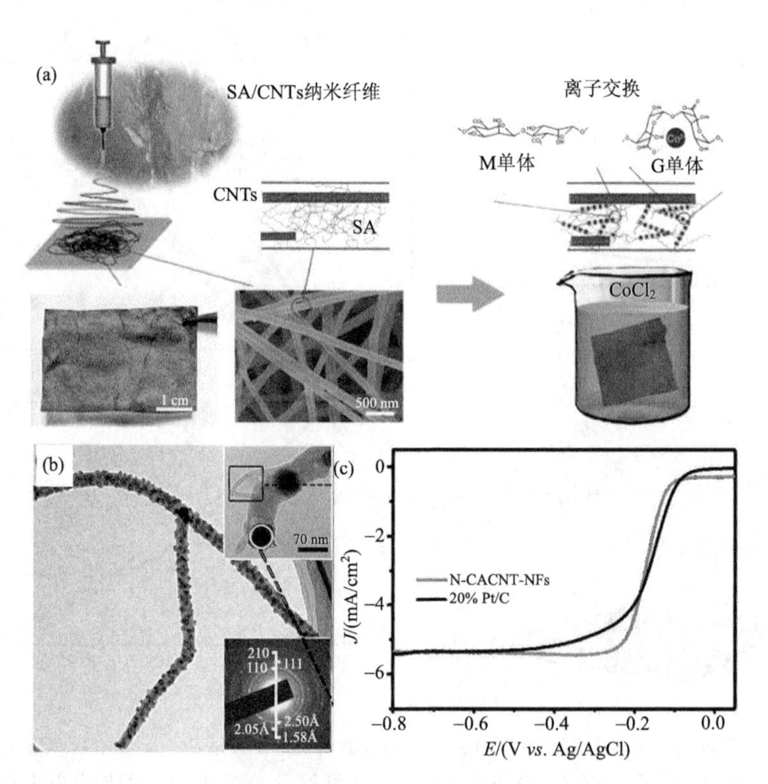

图 4.4　(a)静电纺丝 N-Co-C 纳米纤维示意图；N-CACNT-NFs 的(b)TEM 图和(c)ORR 活性[37]

可得到平滑的 SA/CNT 纳米纤维膜(SACNT-NFs)，将 SACNT-NFs 置于 $CoCl_2$ 溶液中，Co^{2+}会与海藻酸中的 G 单元配位，形成“蛋盒”结构，从而被固定在纳米纤维中。将所得的 Co 基纳米纤维置于氨气条件下煅烧，得到氮掺杂 Co 基海藻纳米纤维膜(N-CACNT-NFs)。如图 4.4(b)所示，所得样品具有一维纳米结构，且负载有均匀分散的 Co 纳米颗粒，Co 纳米颗粒的直径约为 17 nm。在 0.1 mol/L KOH 电解质中对材料进行了 LSV 测试，如图 4.4(c)所示，所得 N-CACNT-NFs 展现了与商业 Pt/C 相当的 ORR 活性，其起波电位大约出现在–0.06 V(*vs.* Ag/AgCl)，半波电位约为–0.168 V(*vs.* Ag/AgCl)。

4.2.1.2 Fe 基纳米颗粒/氮掺杂碳气凝胶

过渡金属 Fe 也被报道具有较为优异的 ORR 催化活性，以海藻酸钠为原料，也可以制备高效的 Fe 基 ORR 催化剂[38]。如图 4.5(a)～(c)所示，首先配制 SA 与石墨烯的混合溶液(石墨烯与 SA 的质量比为 20%)，然后将其通过注射器滴入到 5wt%的氯化铁($FeCl_3$)水溶液中，形成海藻酸铁/石墨烯水凝胶，将水凝胶分离清洗出并放入冷冻干燥机中干燥，得到海藻酸铁/石墨烯气凝胶(Fe-A/GAs)，然后将

图 4.5 (a)～(c) Fe_2N/N-GAs-20 的制备过程；(d) Fe_2N/N-GAs-20 在 0.1 mol/L KOH 中的 ORR 活性[38]

气凝胶在氨气氛围下 700℃煅烧，Fe-A/GAs 转化为 Fe_2N/N-GAs。如图 4.5(c)所示，Fe_2N 纳米颗粒均匀分散在三维氮掺杂气凝胶上，Fe_2N 纳米颗粒外面被一层厚度≤5 nm 的无定形碳包覆，这种壳核结构可以有效地抑制 ORR 过程中 Fe_2N 的溶解，提高催化活性，且气凝胶载体的高比表面积加快了物质的传输，从而提高了电催化过程的动力学性能。在 0.1 mol/L KOH 电解质中对 Fe_2N/N-GAs 进行了 LSV 测试，如图 4.5(d)所示。所得 Fe_2N/N-GAs 具有比商业 Pt/C 更优异的 ORR 活性，半波电位约为 0.93 V(*vs*. RHE)。

4.2.2 海藻酸盐衍生的金属单原子/碳气凝胶

最近，单原子催化剂(SACs)已成为电催化领域的研究热点[39,40]，得益于金属以单个原子的状态分散在载体上，实现了 100%的金属原子利用率。此外，SACs 结合了均相和非均相催化剂的优点，具有非常高的催化活性、选择性及稳定性。然而，由于单个的金属原子具有非常大的表面能，使其非常容易团聚，而成为团簇或者纳米颗粒。因此，如何抑制金属原子的团聚是制备 SACs 的关键。以廉价、丰富的海藻生物多糖-海藻酸钠为原料，利用海藻酸钠可与过渡金属阳离子(如 Zn^{2+}、Co^{2+}、Ni^{2+}、Cu^{2+}等)络合形成“蛋盒”结构的特性[41-44]，可以实现金属离子在框架中的高效分散，从而开发出一种普适的过渡金属 SACs 的制备方法。考虑到海藻酸钠成本低廉以及 SACs 合成工艺简单，该策略可以有效解决 SACs 合成困难的弊端，是一种可实现规模生产的方法。

通过这种方法可成功制备多种还原氧化石墨烯气凝胶负载过渡金属单原子(A-M/r-GOs，M = Co、Ni、Cu)。以 A-Co/r-GOs[45]为例，基于海藻酸钠的过渡金属单原子/碳气凝胶的制备过程，如图 4.6 所示，可以分为三个步骤：①以 SA 为原料，加入三聚氰胺及一定量的还原氧化石墨烯，得到 SA/三聚氰胺/还原氧化石墨烯混合水溶液。同时引入 Zn^{2+}和 Co^{2+}离子与海藻酸分子链上的 4 个 G 嵌段配位，形成“蛋盒”结构，经过冷冻干燥得到 Zn/Co-海藻酸/三聚氰胺/还原氧化石墨烯气凝胶，其中 Zn^{2+}/Co^{2+}比例为 100∶1 到 10∶1。②对气凝胶进行高温碳化处理，在此过程中，低沸点的锌挥发，Co^{2+}还原成金属 Co，锌挥发过程会冲破碳层形成丰富的孔道结构。③将上步制得样品进一步用 HCl 洗，去掉 Co 颗粒，得到 A-Co/r-GOs。过渡 Ni-SACs 和 Cu-SACs 的制备过程中，分别以 Zn^{2+}/Ni^{2+}和 Zn^{2+}/Cu^{2+}的混合水溶液替换第一步中的 Zn^{2+}/Co^{2+}混合水溶液，其余制备流程与上述一致。

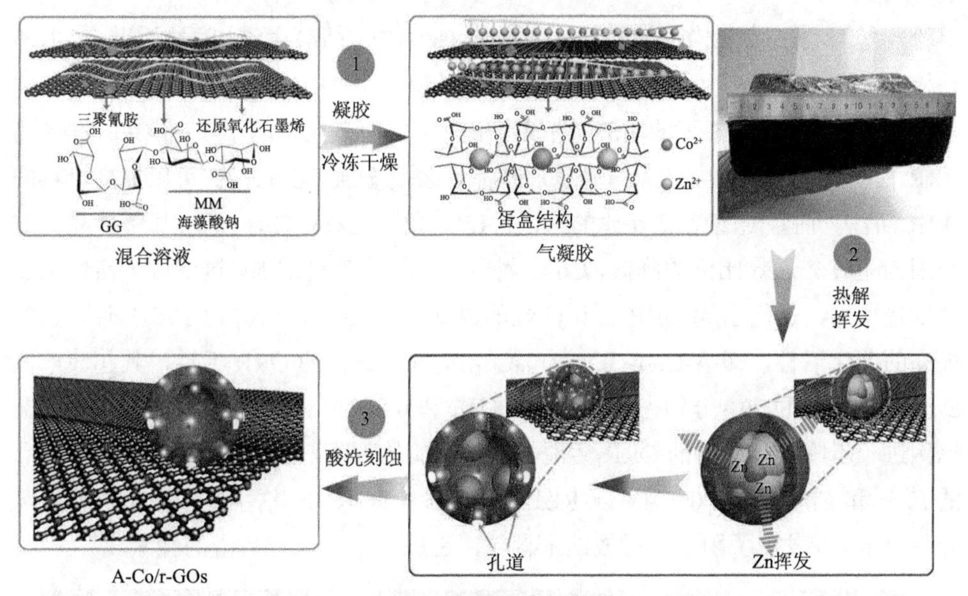

图 4.6　A-Co/r-Gos 的制备过程示意图[45]

酸洗之后 A-Co/r-GOs 的 TEM 图如图 4.7(a) 所示，A-Co/r-GOs($Zn_{10}Co_1$) 样品并未观测到任何 Co-NPs，说明 Co-NPs 已被酸洗掉。相应的选定区域电子衍射图[图 4.7(b)]也没有显示出明显的衍射环和斑点，表明没有可检测的 Co-NPs。进一步的 STEM 图和相应的过滤图如图 4.7(c) 所示，从图中可以看出，在碳载体上负载有很多白色的亮点，这些亮点可以归属于Co单原子。EDS元素映射图[图4.7(d)]表明材料中有 Co 存在，且 Co、C、N 这三种元素均匀地分布在整个材料中。为了揭示 A-Co/r-GOs($Zn_{10}Co_1$) 中 Co 单原子的结构和化学环境，进行了 X 射线吸收精细结构(XANES)和 X 射线近边结构吸收(XAFS)测试，以 Co-NP/r-GOs 和 Co 箔为对比样进行分析。通过傅里叶变换得到的 FT-EXAFS 图，如图 4.7(e) 所示，对于 Co-NP/r-GOs 和 Co 箔，在 2.16 Å 处有个很强的峰，这是由样品中 Co—Co 的配位引起的。然而，A-Co/r-GOs($Zn_{10}Co_1$) 样品中没有这个峰的出现，说明 A-Co/r-GOs($Zn_{10}Co_1$) 中并没有出现传统意义上的 Co—Co 配位。相反，在 1.41 Å 处有个较为弱的峰，这归因于 Co 和原子量较轻的 C/N 的配位引起的，说明 A-Co/r-GOs($Zn_{10}Co_1$) 中的 Co 是和 C/N 配位而稳定的。由于对光源吸收中心周围原子的空间结构的高度敏感性，因此，XANES 也被用来确定 A-Co/r-GOs($Zn_{10}Co_1$) 的空间结构。为了准确地确定 A-Co/r-GOs($Zn_{10}Co_1$) 中 Co 的配位结构，建立了六种模型对XANES数据进行模拟，其模型结构图如图4.7(f)右侧所示(M-1到M-6)。从拟合数据可以看出，M-6 模型的模拟数据可以完美地重现 A-Co/r-GOs($Zn_{10}Co_1$)

实验数据。因此，如 M-6 模型所示，A-Co/r-GOs($Zn_{10}Co_1$)中 Co 的结构为：CoN_3C 结构连接在石墨烯平面内，且轴向末端连接氧分子。图 4.7(g)是不同 Zn/Co 比例的样品在 O_2 饱和状态下的 LSV 曲线。很显然，所有比例的 A-Co/r-GOs 样品的 ORR 性能均优于不添加 Co 的 r-GOs 样品，表明金属 Co 的存在可以提高材料的 ORR 活性。而且随着 Zn/Co 比的降低，LSV 曲线正移，ORR 活性显著提高。这是因为随着 Zn/Co 比例的降低，Co 金属单原子的负载量增加，这造成了活性位点的数量增加，进而引起 ORR 催化活性的提高。当 Zn/Co 比例为 10∶1 时，达到最高的催化活性，即 A-Co/r-GOs($Zn_{10}Co_1$)实现了最佳的 ORR 活性，其起波电位 E_{onset} 和半波电位 $E_{1/2}$ 分别为 0.984V *vs*. RHE 和 0.842 V *vs*. RHE。然而，随着 Zn/Co 比例进一步降低，材料的 ORR 活性出现了明显的下降，当 Zn/Co=3∶1 时，样品的 E_{onset} 和 $E_{1/2}$ 分别为 0.974V *vs*. RHE 和 0.825 V *vs*. RHE。这主要归因于材料中部分单原子 Co 发生了团聚而形成纳米颗粒，造成了活性位点数量的骤减。

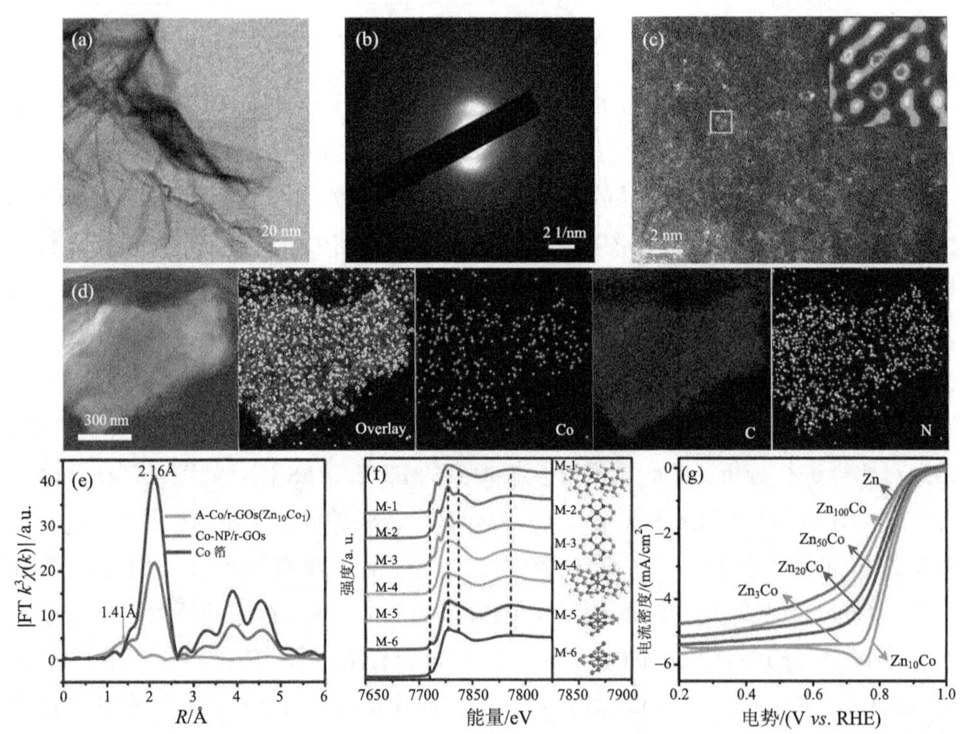

图 4.7　A-Co/r-GOs($Zn_{10}Co_1$)的(a)TEM 图；(b)选区电子衍射图；(c)STEM 图和相应的过滤图和(d)EDS 图。(e)A-Co/r-GOs($Zn_{10}Co_1$)、Co-NP/r-GOs 和金属 Co 箔的 Co K 边 FT-EXAFS；(f)A-Co/r-GO($Zn_{10}Co_1$)的 Co K 边 XANES 实验数据与理论结构数据的比较。(g)不同 Zn/Co 比例的 A-Co/r-GOs 样品的 ORR 活性[45]

4.2.3　卡拉胶衍生的非金属缺陷碳

最近，研究者报道了一种碳缺陷催化机理，即在纳米材料的碳骨架上引入缺陷以提高材料的催化活性[46-49]。姚向东课题组[50]通过高温除去石墨烯中掺入的氮原子，得到具有缺陷结构的石墨烯，改变了石墨烯中碳原子的电子环境，使其 ORR 催化活性得到极大提高。然而，这种缺陷石墨烯在酸性条件下的 ΔG(0.68 eV) 仍然高于其在碱性条件下的(0.47 eV)，使其并不能作为酸性条件下理想的 ORR 催化剂。调节材料中杂原子的种类、位置、含量及材料的缺陷和多孔结构可以提高其催化性能[51,52]。例如，碳骨架中处于边缘位置的硫原子通过“自旋再分配”效应来促进碳材料的催化性能[53,54]；掺杂在碳骨架边缘位置的吡啶 N 和石墨 N 同样可以促进材料的催化性能。此外，由于不同种类的杂原子具有不同的电负性，两种及以上的杂原子在碳骨架上的共掺杂也可以创造独特的电子结构，提高碳材料的 ORR 催化活性[55,56]。

卡拉胶是一种从红藻中提取的海洋生物多糖，一般呈白色或乳白色粉末状，无臭或略微带海腥味，可以溶于热水，形成黏稠的、透明的易流动液体。当溶液温度降低至室温时，无规线团的卡拉胶大分子链变为“双螺旋”结构，形成水凝胶[57]。利用这种特性，以卡拉胶为原料，掺杂 S、N，在杂原子掺杂的多级孔碳气凝胶上制造缺陷，通过调控热处理温度实现了材料中 S/N 杂原子及缺陷结构的控制，提升了材料在酸性电解液中的 ORR 活性，成功制备出优异的取代昂贵 Pt 的非金属 ORR 催化剂[58]。

如图 4.8(a)所示，首先通过加热溶解制得卡拉胶-尿素混合水溶液，此时卡拉胶大分子链之间呈无规线团结构，尿素小分子分布在卡拉胶大分子之间。当混合水溶液温度降低至室温时，无规线团的卡拉胶大分子链变为“双螺旋”结构，水溶液变为卡拉胶-尿素混合水凝胶，其中尿素小分子被“双螺旋”结构限制在水凝胶中。之后将上述混合水凝胶放在–20℃下冷冻干燥得到了卡拉胶-尿素气凝胶。将得到的气凝胶放入管式炉中，在 Ar 氛围下 700℃碳化，把降温后得到的样品放入 1 mol/L 的盐酸水溶液中浸泡 10 h 去除硫化物纳米颗粒，再用蒸馏水清洗、烘干，得到氮/硫共掺杂的多孔碳气凝胶(NSCA-700)。为了除去 NSCA 材料中部分 N、S 和 O 原子，在碳骨架上产生缺陷结构，将 NSCA 再次放入管式炉中，在 Ar 氛围下煅烧(1000℃和 1100℃)，得到具有缺陷结构的 N/S 共掺杂多孔碳气凝胶，分别称作 NSCA-700-1000 和 NSCA-700-1100。最终所得的样品的扫描透射电子显微镜(STEM)如图 4.8(b)所示，无规碳框架在样品中占据主导区域，在图 4.8(c)

所示的相应的过滤图像中，也观察到一些五边形缺陷和六边形碳骨架，这主要是由于N和S元素的去除造成的。此外，为了对比N掺入对ORR性能的影响，以纯卡拉胶为前驱体制备了仅S掺杂的多孔碳气凝胶样品(SCA-700-1000和SCA-700-1100)，制备流程与上述一致。所得样品呈现典型的三维自支撑网状结构，具有大量的相互贯通的孔结构，有效地增加了催化剂与电解液的接触面积，促进了电解液离子到材料活性位点的传输。

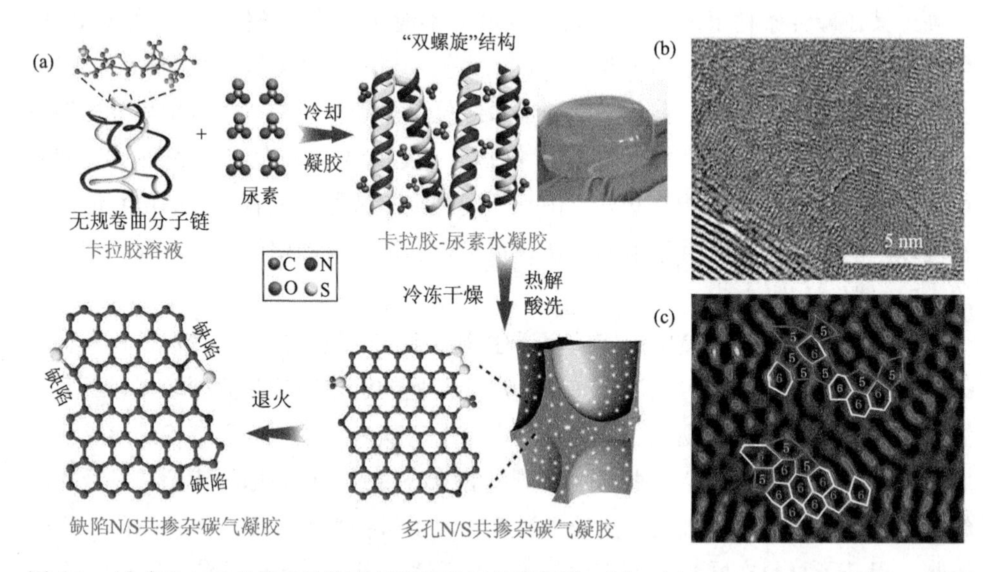

图4.8　(a)多孔N/S共掺杂缺陷碳气凝胶的制备流程图；(b)、(c)NSCA-700-1000的STEM及过滤图[58]

以商业化的Pt/C为对比样品，在0.5 mol/L H_2SO_4和0.1 mol/L $HClO_4$电解液中研究了NSCA及SCA系列样品的ORR催化性能。如图4.9(a)所示，700℃碳化的仅S掺杂的多孔碳气凝胶(SCA-700)具有较差的ORR催化活性，将此样品经过1000℃热处理去除部分S后(SCA-700-1000)，样品的催化活性有了极大的提高。然而，更高温度(1100℃)的热处理(SCA-700-1100)又使得样品在酸性电解液下的活性变弱。这说明通过高温热处理在硫掺杂的碳气凝胶上引入部分缺陷结构，同时保留部分噻吩硫结构，使样品在酸性电解液下具有ORR催化活性。然而，SCA-700-1000的催化活性距离商业化Pt/C的性能还有较大的差距。因此在具有缺陷结构的硫掺杂的碳气凝胶中引入氮原子的掺杂来进一步提高催化活性。如图4.9(b)所示，700℃碳化然后1000℃热处理的N/S掺杂的多孔碳气凝胶(NSCA-700-1000)，在0.5 mol/L H_2SO_4电解液中的LSV曲线图展示了其在酸性电解液下的高 ORR 催化活性。从图中可以看出，NSCA-700-1000 的半波电位高达 0.76 V(*vs.* RHE)，跟商业化 Pt/C 只有 25 mV 的差距。如图 4.9(c)所示，NSCA-700-1000 在 0.1 mol/L $HClO_4$ 中也展示了较高 ORR 催化活性，跟商业化 Pt/C 只有 26 mV 的差距。NSCA-700-1000 在酸性电解质下的 ORR 催化活性要高于目前所报道的绝大部分非金属碳纳米催化剂的性能。此外通过 K-L 点图可以计算出 NSCA-700-1000 在催化过程中的电子转移数接近于四电子，说明催化剂在酸性电解液下的整个催化反应过程为四电子反应路径。同样地，在碱性电解液(0.1 mol/L KOH)下测试了 SCA 和 NSCA 系列催化剂的 ORR 催化活性。如图 4.9(d)所示，SCA 在经过 1000℃和 1100℃热处理后，性能都有了很大的提高，特别是 SCA-700-1100 的电流密度要高于 SCA-700-1000 的，然而性能跟 Pt/C 的性能还有一定的差距。对于 NSCA 系列样品来说，在 SCA-700-1000 和 SCA-700-1100 样品中掺入氮原子之后，NSCA-700-1000 和 NSCA-700-1100 样品的 ORR 催化性能高于 Pt/C 的性能。

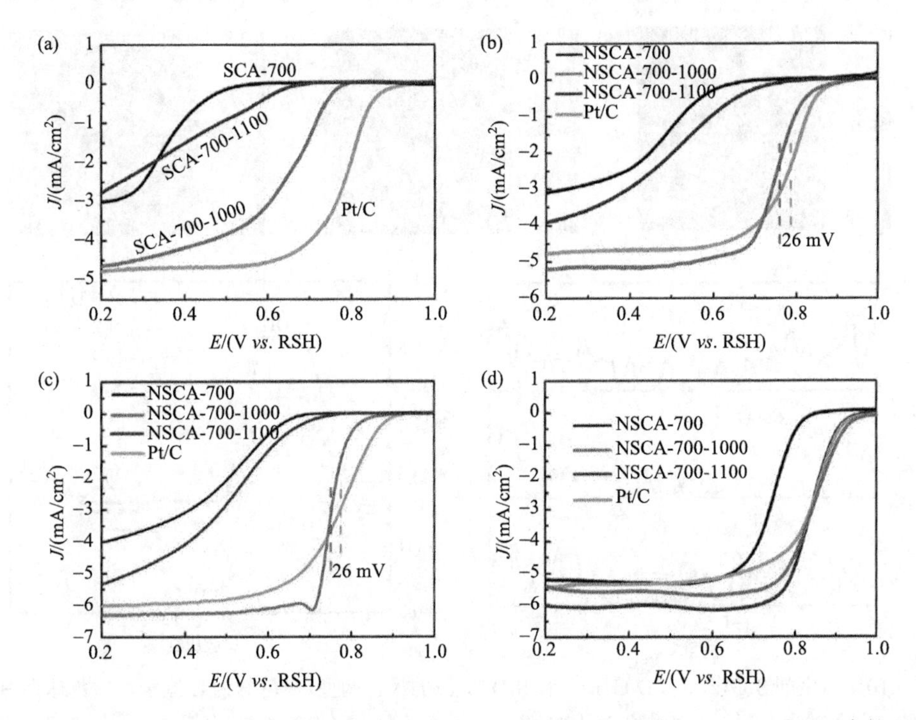

图 4.9　(a) SCA-700、SCA-700-1000、SCA-700-1100 和 20% Pt/C 在 0.5 mol/L H_2SO_4 中的 ORR 活性；NSCA-700、NSCA-700-1000、NSCA-700-1100 和 20% Pt/C 分别在(b) 0.5 mol/L H_2SO_4、(c) 0.1 mol/L $HClO_4$ 和(d) 0.1 mol/L KOH 中的 ORR 活性[58]

为了深入研究样品在酸性电解质中具有优异 ORR 性能的原因，构建了如图4.10(a)～(c) S-G、S-D-G 和 N-S-D-G 模型，并利用 DFT 第一性原理计算了 Bader 电荷[图 4.10(d)～(f)]、态密度[图 4.10(g)]和酸性条件下的自由能图[图 4.10(h)]，以此分析电荷转移、带隙和过电位。首先，在碳结构中引入杂原子或者缺陷可以打破中立性再进行电荷重新分配，有利于促进 ORR 过程。对 S-G 样品而言，S 掺入以后，电荷转移数为 0.04|e|，然而 S-G 的费米能级具有明显的带隙[图 4.10(g)]，并且表现出 0.86 eV 的高过电位[图 4.10(h)]，这对于酸性电解质中的 ORR 是较大

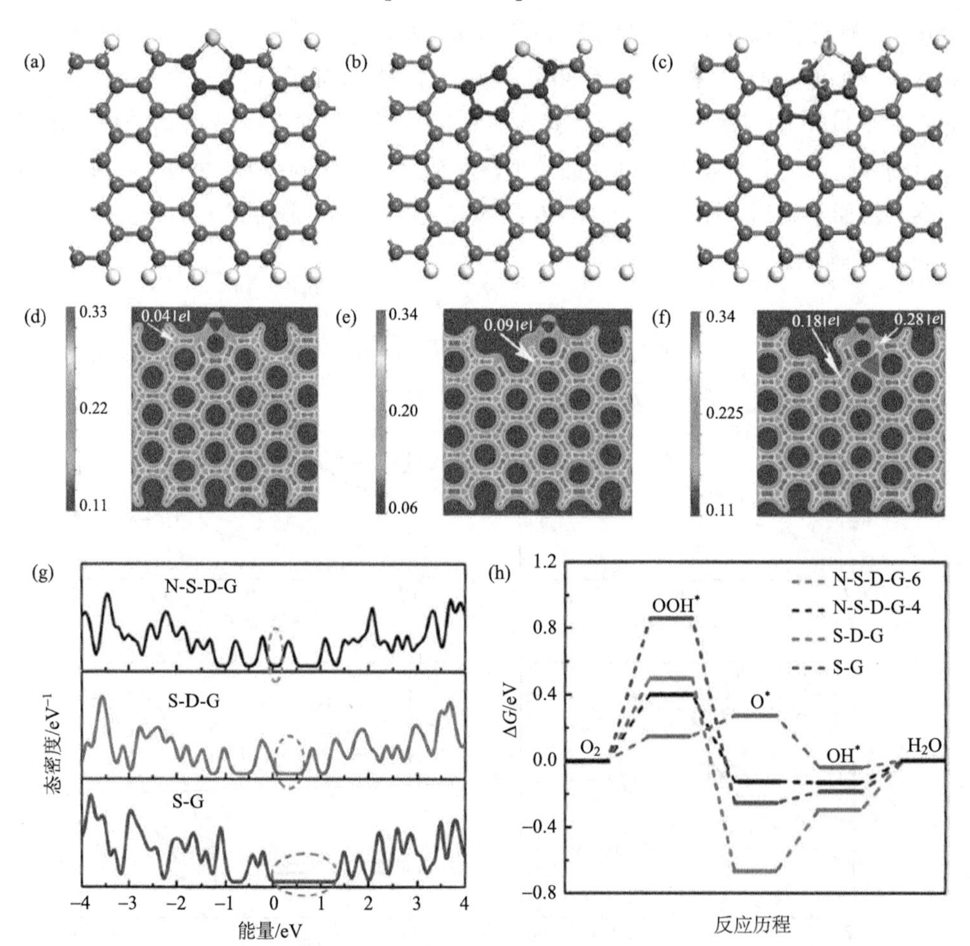

图 4.10　催化剂 S-G(a)、S-D-G(b)、N-S-D-G(c)的最佳构型(灰色球为 C 原子，白色球为 H 原子，黄色球为 S 原子，酒红色球为 N 原子，蓝色球为 S/N 相邻的 C 原子)；(d)～(f)分别对应(a)～(c)的电子密度(蓝色为失电子区，红色为得电子区)；(g)S-G、S-D-G、N-S-D-G 的态密度(费米能级设为 0)；(h)平衡势下的 S-G、S-D-G、N-S-D-G 自由能图[58]

扫描封底二维码可查看本书彩图信息

的，不利于 ORR 过程进行。样品 S-D-G 具有五边形缺陷，电荷转移增加到 0.09|e|，显示出比 S-G 窄的带隙和更小的过电位(0.50 eV)。此外，与 S 和 C 原子相比，N(3.04 eV)原子的高电负性在吸电子中起一定作用，形成高电子密度区。掺杂的 N 原子不仅改变 p-共轭程度，还改变相邻原子的磁化强度。对于 N-S-D-G，引入更多的负 N 原子会引起更多的电荷转移(N-S-D-G-4 为 0.28|e|，N-S-D-G-6 为 0.18|e|)并且带隙最窄，价键移近费米能级。N-S-D-G-4 和 N-S-D-G-6 位点的过电位分别为 0.40 eV 和 0.15 eV，低于其他所有位点和商业 Pt/C(0.45 eV)[59]。总的来说，ORR 活性顺序为：N-S-D-G>S-D-G>S-G，N-S-D-G 在酸性电解质中的高活性主要是由于 N、S 原子掺入协同作用和边缘五边形缺陷，该工作为设计合成酸性电解液中高活性 ORR 催化剂提供了重要的理论指导。

4.3　海藻酸盐衍生的 HER 催化剂

氢气作为清洁的能源被认为是含碳化石燃料最有前途的替代品。由于电催化产氢是无有害副产物产生的绿色过程，因此，电催化水分解产生氢气已受到更多科学家的关注。HER 是电解水产氢的基元反应，但受反应的缓慢动力学和高能垒的限制，需要有效的催化剂来加速反应动力学。传统上，人们普遍认为以贵金属 Pt 为基础的材料被认为是具有最活泼和稳定的 HER 催化剂材料。但是，它们在工业上的应用受到资源稀缺和成本高昂的双重阻碍。因此，开发稳定性好，活性高的非贵金属 HER 催化剂仍然是一个具有很大的挑战和迫切的任务。在近期相关报道中，与 Pt 有较为相似的氢吸附强度且价格比 Pt 要便宜的金属 Ru 基材料、储量丰富的过渡金属磷化物和氮化物[60]被认为是最有可能取代 Pt 基催化剂用于 HER 的材料。以海藻酸盐为原料，可以开发多种具有优异 HER 性能的低成本的 HER 电催化剂。

4.3.1　金属磷化物

4.3.1.1　超薄 CoP 纳米片气凝胶

以 SA 为原料，可以制备超薄 CoP 纳米片，制备过程如图 4.11 所示。首先，将 1wt%的 SA 水溶液通过注射器逐滴加入至 1wt%的醋酸钴水溶液中，在室温下形成交联水凝胶。然后，分离出水凝胶并用液氮冷冻再干燥得到海藻酸钴气凝胶，这一步是制备二维纳米片的关键步骤。海藻酸水凝胶中的水分子在形成冰晶过程中挤压海藻酸钴形成纳米片，然后在除冷冻水过程中形成多孔气凝胶。再次，在空气氛围下，将海藻酸钴气凝胶于在 400℃煅烧，制备了 Co_3O_4 纳米片气凝胶(命名为 Co_3O_4-400)。最后，将 Co_3O_4-400 和 NaH_2PO_2 在 Ar 气氛下加热至 350℃，得到的样品为 CoP 纳米片气凝胶，命名为 CoP-400。除了上述 CoP-400 催化剂材料的制备以外，还在磷化温度不变的情况下，调控不同的氧化温度，进行了以下对比样品的制备及其电化学性能测试。氧化温度分别在 300℃、500℃和 600℃，最终的产物分别命名为 CoP-300、CoP-500 和 CoP-600。此外，为了对比单层纳米片与聚集的纳米片层状固体的 HER 性能，突出纳米片的独特优势，制备了以下对比样品。将海藻酸钴水凝胶直接在烘箱中真空干燥，然后在 400℃下进行氧化，350℃条件下磷化，得到的产物为聚集的 CoP 层状体(命名为 CoP-400-A)[61]。

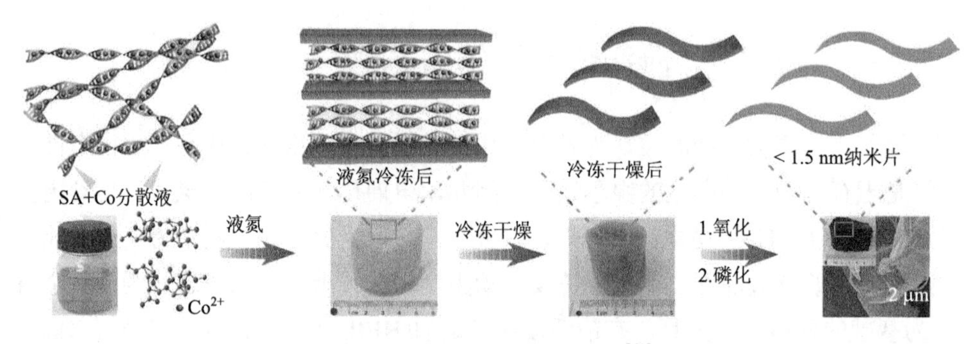

图 4.11　CoP-400 的制备过程[61]

如图 4.12(a)所示，所制备的 CoP-400 具有典型的二维片层结构。高分辨率透射电镜图[HRTEM，图 4.12(b)]显示出 CoP-400 有非常清晰的 CoP 晶格条纹，晶面间距为 0.283 nm 和 0.247 nm 的晶格条纹分别归属于正交 CoP 的(011)和(111)晶面。相应的选区电子衍射(SAED)图像[图 4.12(b)插图]显示了离散点组成的亮环，这些亮环分别代表正交 CoP 的(011)、(111)、(112)、(211)和(301)平面[62]。为了检测纳米片的厚度，使用 AFM 对 CoP-400 进行了测试。如图 4.12(c)、(d)所示，AFM 和相应的高度表明 CoP-400 是非常薄的纳米片，其厚度< 1.5 nm。超薄的纳米片结构很容易暴露更多的活性位点，有利于提高 HER 活性。

为了研究 CoP 纳米片催化剂的 HER 活性，在全 pH 值范围内，使用三电极系统对催化剂进行了测试。首先研究了不同氧化温度对样品 HER 性能的影响。在 0.5 mol/L H_2SO_4 电解液中，CoP-300、CoP-400、CoP-500 和 CoP-600 的 LSV 曲线如图 4.13(a)所示。显然，在所有不同氧化温度制备的催化剂中，CoP-400 表现出最

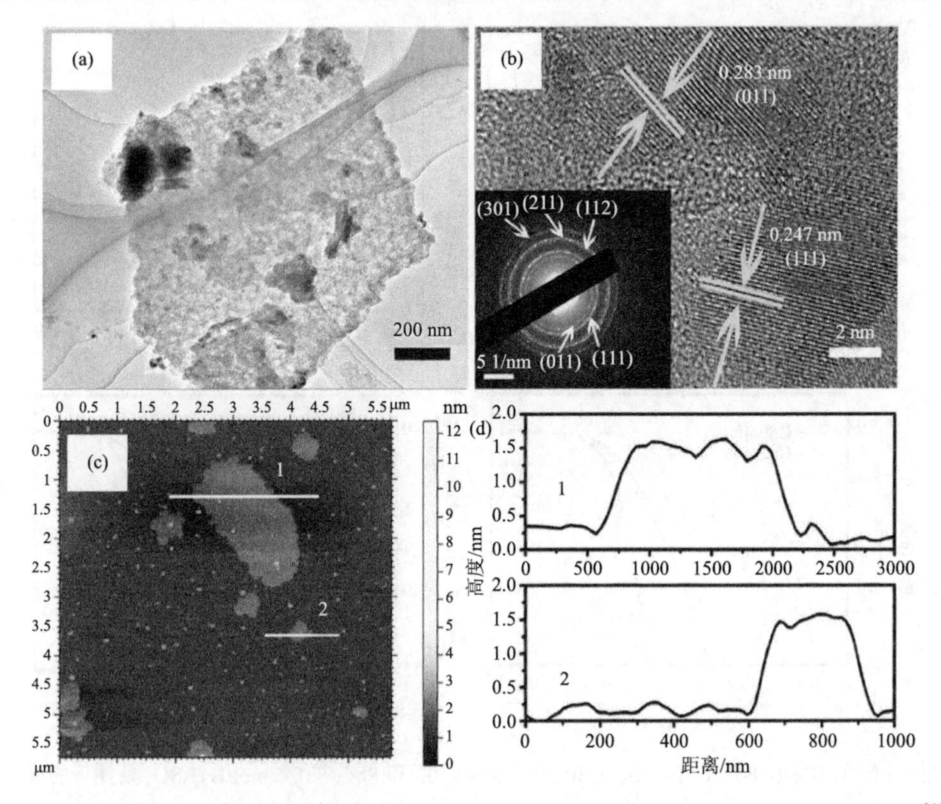

图 4.12　CoP-400 的 TEM 图(a)和 HRTEM 图(b)；CoP-400 的 AFM 图(c)和对应的高度(d)[61]

高的 HER 催化活性。例如，为了获得 10 mA/cm^2 的电流密度，CoP-400 仅需要 113 mV *vs*. RHE 的过电位，而 CoP-300、CoP-500 和 CoP-600 分别需要 308 mV、152 mV 和 213 mV *vs*. RHE 的过电位。为了考察分散超薄纳米片结构在 HER 过程中的作用，还合成了层状纳米片固体材料(CoP-400-A)。测试结果得到无论是在 0.5 mol/L H_2SO_4 中[图 4.13(b)]，还是在 1 mol/L KOH 中[图 4.13(c)]或是在 1 mol/L PBS 中[图 4.13(d)]，CoP-400 的活性都优于 CoP-400-A，这是因为 1.5 nm 超薄 CoP 催化剂可以暴露大量活性位点并缩短电子传输时间，从而有利于 HER 过程，而层状堆积的纳米片固体不利于活性位点的暴露和电子的传输。CoP-400 催化剂在全 pH 值范围内的稳定性测试显示 1000 圈后的极化曲线与最初的极化曲线相比基本没有变化，说明 CoP-400 具有优异的电催化循环稳定性。本研究工作是一种利用海藻酸生物质制备超薄纳米片的有效方法，对实现电催化剂的优化设计有很重要的意义。

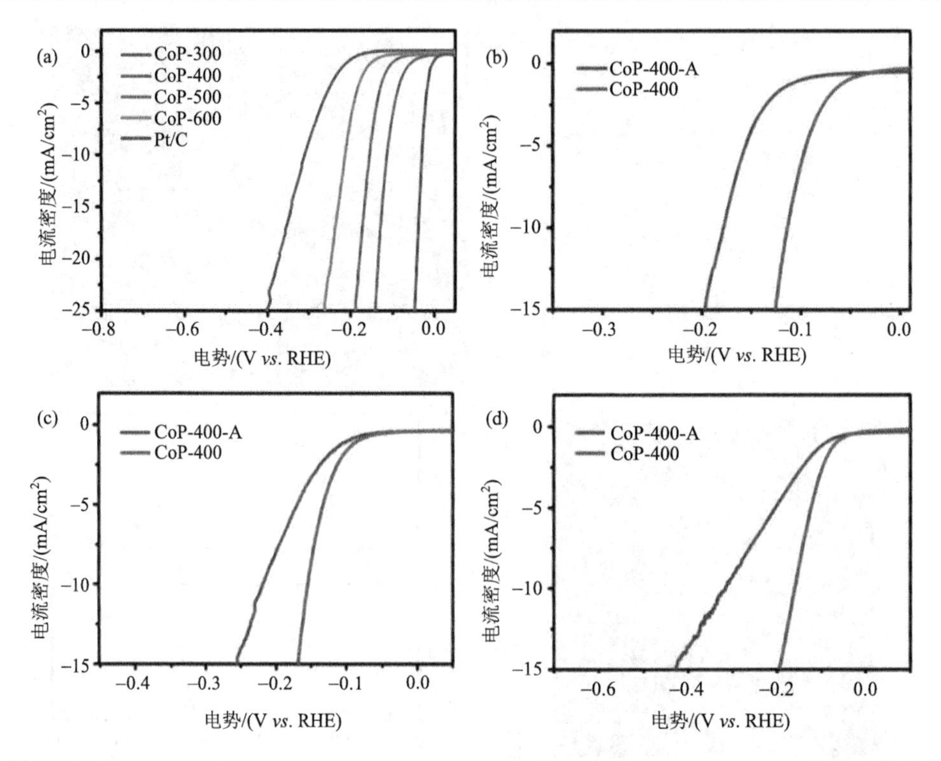

图 4.13　(a) CoP-300、CoP-400、CoP-500、CoP-600 和 Pt/C 在 0.5 mol/L H_2SO_4 条件下的极化曲线；CoP-400 和 CoP-400-A 在 0.5 mol/L H_2SO_4 (b)、1 mol/L KOH (c) 和 1 mol/L PBS (d) 条件下的极化曲线[61]

4.3.1.2　超薄 NixPy 纳米片

超薄磷化镍纳米片的合成过程与上述 CoP-400 一致，只是用醋酸镍替代醋酸钴[63]。作为对比，还在其他条件不变的情况下，将氧化温度分别变成 500℃和 600℃，最终的产物则分别命名为 Ni_2P-500-350 和 Ni_2P-600-350。利用 XRD 对制备的样品进行了成分分析，如图 4.14 (a) 所示，在三个不同温度下进行氧化，得到的均是 NiO，并且所有的衍射峰对应于立方 NiO (JCPDS 卡号 47-1049)。图 4.14 (b) 是在 350℃磷化后得到的样品 XRD。可以看出在 400℃氧化，再磷化后得到的是 Ni_2P (Ni_2P-400-350)，而在 500℃和 600℃下得到的是 Ni_5P_4 (Ni_5P_4-500-350 和 Ni_5P_4-600-350)。样品 Ni_2P-400-350 存在衍射峰和六方 Ni_2P (JCPDS 卡号 03-065-3544) 是一致的。Ni_5P_4-500-350 和 Ni_5P_4-600-350 有同样位置的衍射峰和六方 Ni_5P_4 (JCPDS 卡号 03-065-2075) 是对应的。为了测试 Ni_xP_y 的 HER 性能，还是采用三电极体系，在 1 mol/L KOH 电解液中进行。Ni_2P-400-350、Ni_5P_4-500-350

和 Ni_5P_4-600-350 以及 20% Pt 在 1 mol/L KOH 中的 LSV 曲线如图 4.14(c)所示。显然，在所有 Ni_xP_y 催化剂中，Ni_5P_4-500-350 表现出最高的电催化活性。例如，为了获得 10 mA/cm^2 的电流密度，Ni_5P_4-500-350 需要 147 mV *vs.* RHE 的过电位，而 Ni_2P-400-350 和 Ni_5P_4-600-350 则分别需要 175 mV 和 178 mV *vs.* RHE 的过电位。Ni_5P_4-500-350 性能比 Ni_2P-400-350 好的原因主要可能有两个方面：①Ni_5P_4-500-350 片的厚度比较薄，电子传输速率更快；②Ni_5P_4-500-350 中 P 的含量比在 Ni_2P-400-350 中的含量高，P 的含量相对提高会促进电化学行为的提高[64]。以海藻酸为原料可成功合成不同 P∶Ni 比的磷化镍超薄纳米片，结合前面关于超薄 CoP 纳米片的工作，说明利用海藻酸钠为原料合成超薄纳米片是切实可行的。此外，海藻酸钠是生物质，无污染，环境友好，而且成本低，从另一个方面说明这种实验方法是值得深入研究和探讨的。

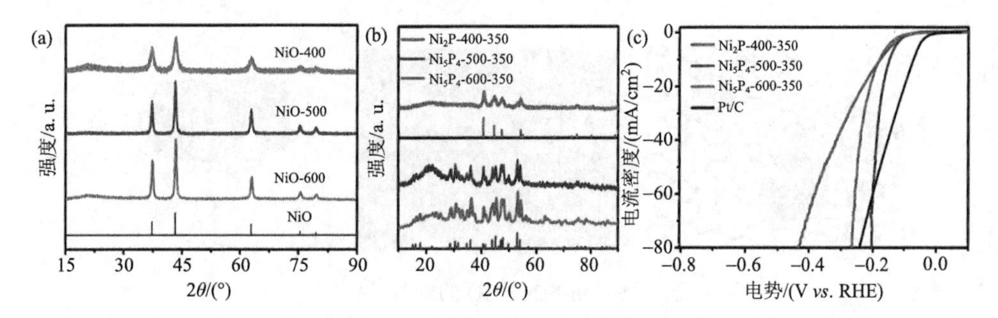

图 4.14　(a) NiO-400、NiO-500 和 NiO-600 的 XRD 图；(b) Ni_2P-400-350、Ni_5P_4-500-350 和 Ni_5P_4-600-350 的 XRD 图；(c) Ni_2P-400-350、Ni_5P_4-500-350、Ni_5P_4-600-350 和 Pt/C 在 1 mol/L KOH 电解液中的极化曲线[63]

4.3.2　金属氮化物/碳气凝胶

金属氮化物由于具有较好的金属导电性及催化活性而受到了广泛关注，尤其是双金属氮化物可以提供更为丰富的活性位点。以海藻酸钠为原料，可以比较容易地实现双金属氮化物的合成，比如氮化镍铁[65]。如图 4.15 所示，搅拌下将不同质量的还原氧化石墨烯(r-GO)加入到 1wt%水溶液中(r-GO 与 SA 的质量百分比分别为 0%、10%、20%、30%)，通过注射器将上述溶液逐滴加入氯化镍和氯化铁水溶液中(氯化铁与氯化镍摩尔比是 1∶10)，形成海藻酸镍/铁和 r-GO 水凝胶，然后将水凝胶从溶液中分离出来进行冷冻干燥，得到海藻酸镍-铁/r-GO 气凝胶。将制备材料在氨气中加热至 700℃，得到产物即为 r-GO 气凝胶负载 Ni_3FeN 纳米颗粒(Ni_3FeN/r-GO)。除了上述不同比例还原氧化石墨烯的 Ni_3FeN/r-GO-As 制备以外，为了更全面地了解材料的催化性能及更深入地研究其催化反应机理，还制备了 Ni_3Fe/r-GO-20、Ni_3N/r-GO-20 和 Fe_2N/r-GO-20 作为对比样品。

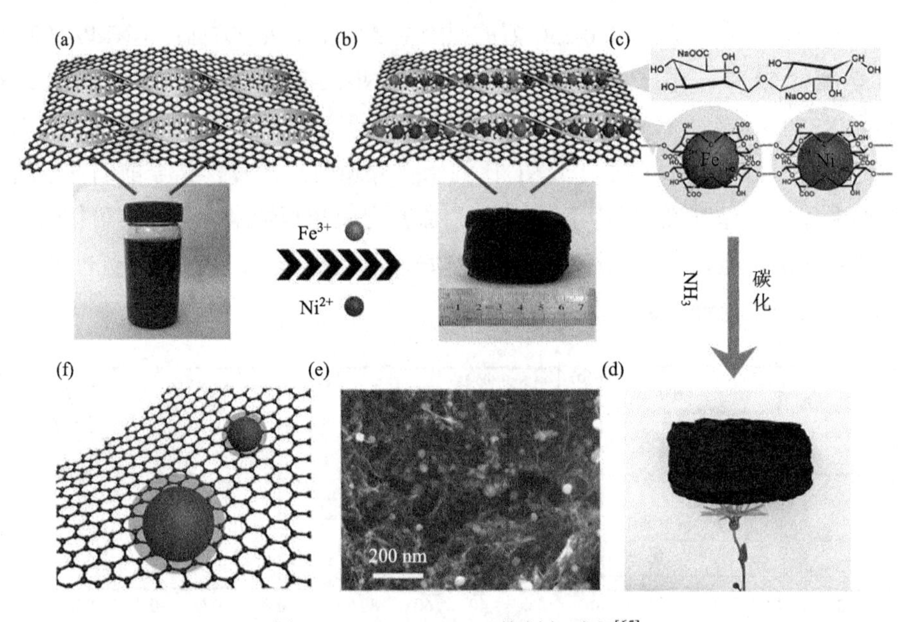

图 4.15　Ni_3FeN/r-GO 的制备过程[65]

相比于其他的多孔碳材料，r-GO 气凝胶具有 3D 相互连通的分层介孔结构，增加了比表面积，提高了物质传输速率和导电性，增强了催化过程的动力学性能。图 4.16(a)为不同比例 r-GO 复合材料的 XRD 图谱，可以看出有 Ni_3FeN 的存在，且随着 r-GO 含量的增加，金属特征峰的强度逐渐减弱。由图 4.16(b)和(c)可看出厚度约为 3～6 nm 石墨碳包裹的 Ni_3FeN 的 NPs 均匀分布在 r-GO 层上，颗粒直径约在 30～40 nm。石墨碳层是由海藻酸在热解过程中形成的，核壳结构有利于增强材料的催化活性并且提高催化稳定性。如图 4.16(d)所示，Ni_3FeN-NPs 的 HRTEM 图清楚地展示了 Ni_3FeN-NPs 的晶格结构，晶格间距为 0.215 nm，与 Ni_3FeN 的(111)晶面相对应。插图证明了(111)晶面的存在。图 4.16(e)的元素分布图证明 Ni、Fe、N、C、O 元素的存在且均匀分布。

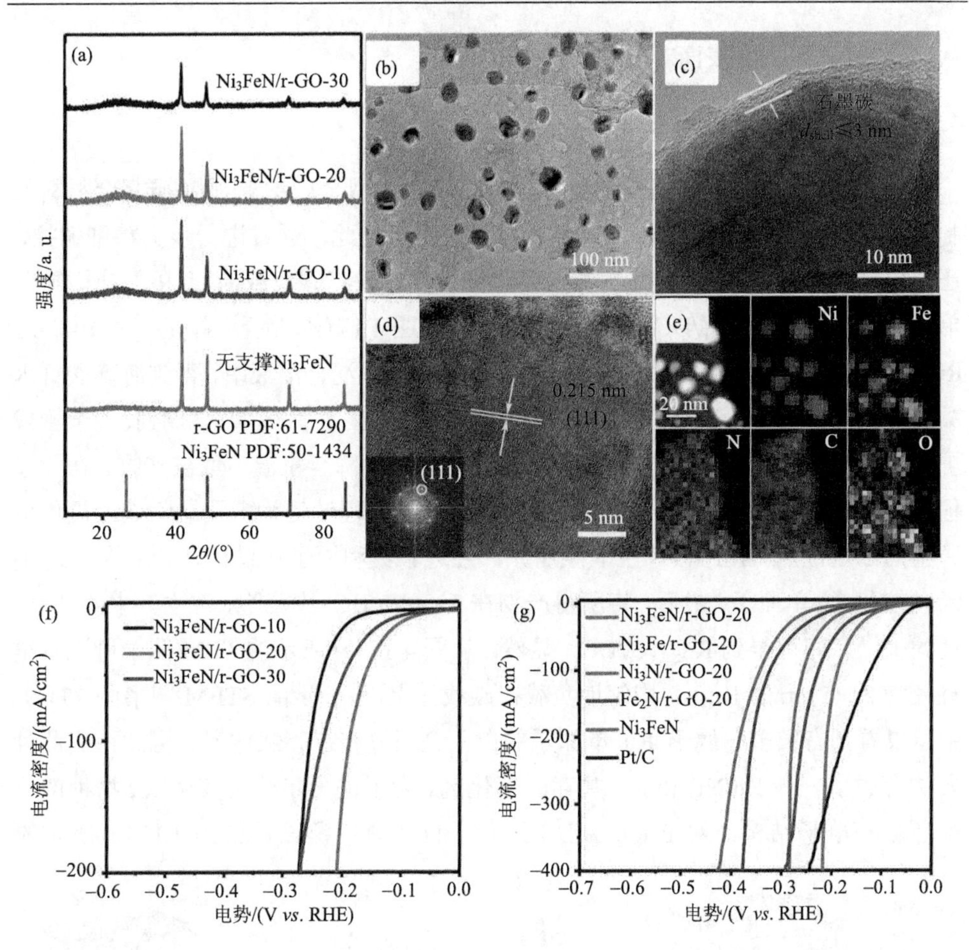

图 4.16　Ni_3FeN/r-GO-20 的 XRD 图(a)、TEM 图(b)～(d)和 EDS 图(e)；(f)不同石墨烯添加量的 Ni_3FeN/r-GO 的 HER 活性；(g) Ni_3FeN/r-GO-20 及对比样的 HER 活性[65]

在 1 mol/L KOH 中测试了材料的 HER 活性，如图 4.16(f)所示，Ni_3FeN/r-GO-20 具有最早的起始电位、最低的过电位、更大的电流密度，说明一定量的 r-GO 能提高催化活性，但过多或过少的石墨烯都不能达到最佳效果。从图 4.16(g)可以看出，Ni_3FeN/r-GO-20 显示出最小的过电位，在电流密度为 10 mA/cm^2 时的过电位为 94 mV，达到了最大的电催活性。商业 20%的 Pt/C 在电流密度为 10 mA/cm^2 时过电位达到预期的 50 mV。然而随着电流密度的增大，Pt/C 和 Ni_3FeN/r-GO-20 的差距在逐渐缩小，预示着在高电位下 Ni_3FeN/r-GO-20 具有优于 Pt/C 的过电位。理论计算表明，Ni 和 Fe 之间的协同作用可以改变双金属氮化物的电荷分布，进而优化材料表面的电子结构，金属团簇的电子转移可以改变 r-GO 的电子性质，从而显著调节 r-GO 表面对中间体的吸附能。

4.3.3　金属纳米-单原子/碳气凝胶

在 4.2 节中提及，以海藻酸钠为原料，可以实现金属纳米颗粒/碳复合材料的制备，也可以制备金属单原子/碳复合材料。不仅如此，通过进一步的精细调控，还可以制备金属纳米颗粒/单原子共存的材料，如缺陷碳负载的钌(Ru)纳米颗粒/单原子催化剂(Ru_{SA+NP}/DC)[66]。其制备过程如图 4.17(a)所示，首先，将 100 mg $RuCl_3 \cdot xH_2O$ 溶于 100 mL 乙醇/水($V_{乙醇}$：$V_{水}$=2：3)混合溶液中，得到海藻酸钌水凝胶，冷冻干燥之后转变为海藻酸钌气凝胶；然后，将海藻酸钌气凝胶置于管式炉中在氩气条件下进行 1000℃热解，并维持 1.5 h，降至室温后取出产物。在此过程中，海藻酸大分子分解，碳骨架经由碳刻蚀等过程转变为多孔缺陷碳，提供单原子的锚定位点。Ru^{3+}被产生的碳还原，经过聚集和原子化过程，转变为 Ru 纳米颗粒和 Ru 单原子。最后，将所得产物在 2 mol/L HCl 中浸泡，洗去其中的杂质，过滤干燥后即可得到Ru_{SA+NP}/DC。显然，从图 4.17(b)所示的 TEM 图中可以看出直径为 2～5 nm 的 Ru NP 均匀地负载在碳载体上，进一步的 STEM 图[图 4.17(c)]中可以看到有很多归属于 Ru 单原子的白色亮点分布在碳载体上。因此，用此种方法合成了一种 Ru NP 和 SA 共存的催化剂。为了进一步分析其中 Ru 物种的化学环境和电子结构，对Ru_{SA+NP}/DC 进行了同步辐射测试。如图 4.17(d)所示的

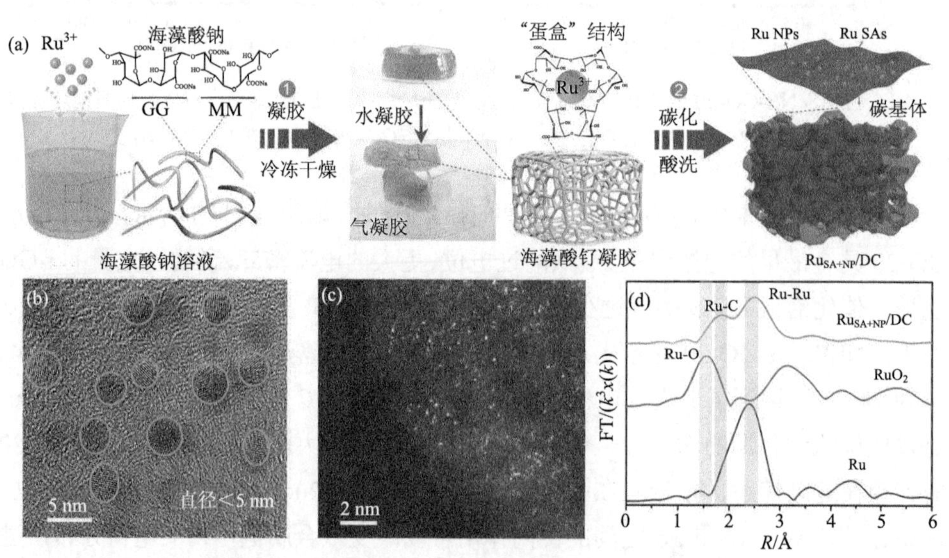

图 4.17　(a)Ru_{SA+NP}/DC 的制备过程；Ru_{SA+NP}/DC 的 TEM 图(b)和 STEM 图(c)；(d)Ru_{SA+NP}/DC、RuO_2 和金属 Ru 的 FT-EXAFS 图谱[66]

FT-EXAFS 图谱，Ru_{SA+NP}/DC 在 2.4～2.6 Å 有一个主峰存在，归属于 Ru NP 中 Ru—Ru 的相互作用。此外，在 1.8～1.9 Å 附近还有一个小峰，归属于 Ru SA 与 C、O 等轻元素之间的背向散射。由 RuO_2 的 FT-EXAFS 图谱中可知，Ru—O 路径峰位于 1.55 Å 附近，因此，Ru_{SA+NP}/DC 中在 1.8～1.9 Å 附近的小峰是由 Ru 和向邻近的 C 之间的背向散射造成的。经过配位拟合可知，Ru 和 C 的配位数为 3～4。

在 0.5 mol/L H_2SO_4 和 1 mol/L KOH 中对样品进行了 HER 活性测试。纯缺陷碳具有非常差的 HER 活性，负载 Ru SA 之后，HER 活性提升，且随着 Ru SA 含量的增加而提高。然而，由于单原子易于聚集，进一步增大 Ru SA 含量会造成 Ru 原子的团聚产生 Ru 团簇。如图 4.18(a) 所示，在 0.5 mol/L H_2SO_4 中，Ru_{SA+NP}/DC 在 10 mA/cm^2 时的过电位为 16.6 mV，远超过 Ru_{SA}/DC(35.5 mV)，且非常接近于商业 Pt/C(16.5 mV)。如图 4.18(b) 所示，在 1 mol/L KOH 中，Ru_{SA+NP}/DC 在 10 mA/cm^2 时的过电位为 18.8 mV，远超过商业 Pt/C(32.2 mV)。因此，Ru_{SA+NP}/DC 是一种在酸性和碱性介质中都具有高活性的 HER 电催化剂。为了研究 Ru NP 和 SA 分别在酸性和碱性 HER 中的贡献，结合实验结果构建了缺陷碳负载的 Ru NP 和 Ru SA 理论模型(Ru_{NP}@DC、Ru_{SA}@DC)并进行了 HER 酸性和碱性中的活性计算。如图 4.18(c) 所示，Ru_{NP}@DC 具有很强的 H 吸附强度(ΔE_{H*})，这会阻碍 H_2 的脱附、抑制 HER 反应的进行。相较而言，Ru_{SA}@DC 具有更为合适的 ΔE_{H*}，使其理论过电位(η_{HER})更加接近于火山顶，具有更佳的 HER 活性。因此，Ru SA 较 Ru NP 在酸性中的 HER 活性贡献更大。酸性介质中的 H 来源于电解质，但对于碱性 HER 而言，H 是由水的分解提供的。如图 4.18(d) 所示，Ru_{SA}@DC 的水分解能垒高达 1.09 eV，水分解能力不足，而 Ru_{NP}@DC 水分解能垒低至 0.56 eV，能够有效地分解水，提供 HER 所需的质子 H。因此，相较于 Ru SA，Ru NP 对于碱性 HER 的贡献更大。

目前，对海藻多糖基 HER 催化剂的研究已取得一定的进展，且通过工艺的调试以及原料的改变对析氢催化剂的研究又上了一个台阶。同时选用生物质海藻多糖基本身就具有绿色、环保、无污染的特点，通过结合不同的非贵金属或者掺杂杂原子，降低了催化剂的成本，提高了催化剂的析氢性能并使催化剂具有了更多的选择性且提高了相应的性能。同时，也为相关催化剂的研究提供了方向与可能性。通过不同条件下的性能测试，得到成本最低、运行最稳定的催化剂并为广泛投入使用提供可能。

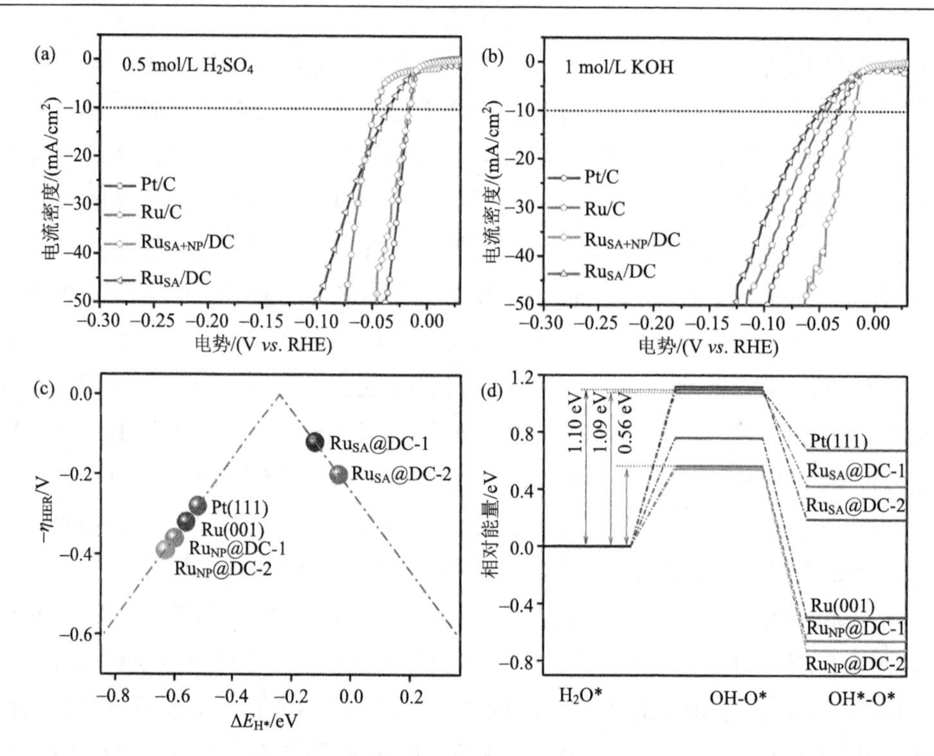

图 4.18　(a)、(b) Ru_{SA+NP}/DC 及对比样品分别在 0.5 mol/L H_2SO_4 和 1 mol/L KOH 中的 HER 活性；(c) 理论过电位 (η_{HER}) 和氢吸附强度 (ΔE_{H*}) 构成的火山图；(d) 不同模型的水分解动力学能垒[66]

4.4　海藻酸盐衍生的 OER 催化剂

可充电金属-空气电池，比如锌-空气电池 (ZABs)，具有很高的理论能量密度，可以满足未来电动汽车和其他高耗能设备的能源需求[67,68]。而利用可再生能源驱动的电解水是最具前途的可持续制氢方式。析氧反应 (OER) 是发生在可充电金属-空气电池和全解水等新型能源存储与转换系统的重要基元反应，是控制金属-空气电池充电速率和效率、降低全解水电位的关键因素。OER 通过氧化水分子产生 O_2，是四电子转移的过程，具有非常缓慢的反应动力学，需要很高的过电位驱动。以钌 (Ru) 和铱 (Ir) 为基础的材料是最好的 OER 催化剂，但这些贵金属储量比较稀缺、成本高且催化活性不足[69]。因此，研究者一直致力于发展能同时高效催化 OER 且成本低、稳定性好的催化剂，包括过渡金属氧化物、金属氮化物等低成本且可以同时催化 OER 和 ORR 的材料[70-72]。例如，在碱性电解质中 $NiCo_2O_4$ 可以同时催化 OER 和 ORR，表现出高的活性和优良的抗腐蚀性[73]。

4.4.1　金属氮化物

如 4.3.2 节所述，以海藻酸钠为原料，可以制备双金属氮化物 Ni_3FeN/r-GO。除了 HER 活性之外，Ni_3FeN/r-GO 也展现了较好的 OER 活性[65]。如图 4.19(a)所示，相较于单金属氮化物以及 Ni_3Fe 合金，Ni_3FeN/r-GO-20 具有最佳的 OER 活性，其起波电位约在 1.48 V *vs.* RHE，达到 10 mA/cm^2 和 50 mA/cm^2 电流密度时的过电位分别为 270 mV 和 298 mV，超过大多数报道的 OER 催化剂[43,60,61]。如图 4.19(b)～(d)，以 Ni_3FeN/r-GO-20 同时作为阴极和阳极催化剂组装的两电极电解水槽可以在 1.60 V 电压下达到 10 mA/cm^2 的电流密度，非常接近于 Ni_3FeN/r-GO-20 在 10 mA/cm^2 时 HER 和 OER 的电压差 1.59 V，此时在电解槽的阴极和阳极都有大量的气泡产生，说明 Ni_3FeN/r-GO-20 是一种非常具有应用潜力的碱性电解水非贵金属基催化剂。

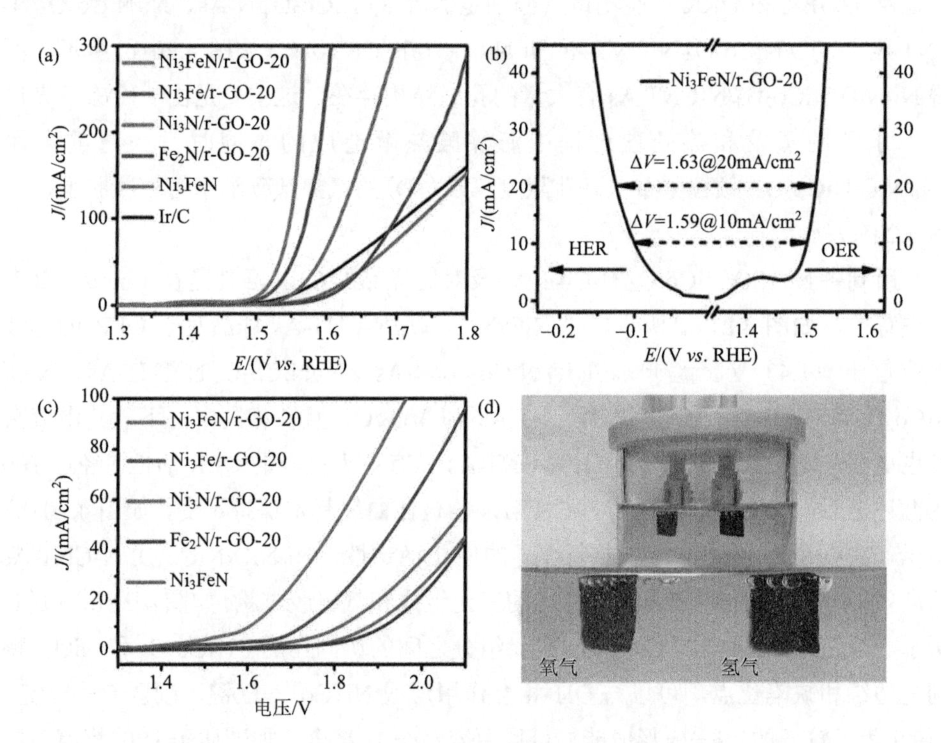

图 4.19　(a) Ni_3FeN/r-GO-20 及对比样品的 OER 活性；(b) Ni_3FeN/r-GO-20 的 OER 及 HER 极化曲线；(c) Ni_3FeN/r-GO-20 及对比样品的全解水极化曲线；(d) 1.60 V 电压下 Ni_3FeN/r-GO-20 基两电极全解水照片[65]

4.4.2 金属氧化物

4.4.2.1 镍钴基氧化物

镍钴基氧化物/碳复合材料的制备过程如 4.20(a)所示。首先，将一定量的 CNTs(碳纳米管与海藻酸钠的质量比分别为 4%、10%、20%、30%、40% 和 50%)加入到搅拌的 1wt%的 SA 水溶液中；然后，将上述溶液通过注射器逐滴加入 5wt%的氯化镍和氯化钴水溶液中(氯化镍与氯化钴摩尔比是 1∶1)，形成水凝胶；接着，将水凝胶分离出冷冻干燥得到海藻酸镍钴/CNTs 气凝胶；将气凝胶放入管式炉中，在氨气氛围中 700℃煅烧，得到氮掺杂纳米镍钴碳纳米管气凝胶复合材料($NiCo_2O_4$/N-CNT-As)；最后，取一定量上述样品在空气中以 400℃维持 1 h，制备得到了镍/氧化镍/钴酸镍/氮掺杂碳纳米管气凝胶(Ni/NiO/$NiCo_2O_4$/N-CNT-As)[74]。为了更全面地探究 Ni/NiO/$NiCo_2O_4$/N-CNT-As 的反应机理，还进行了以下样品的制备及其 OER 和 ORR 性能测试，分别是 Ni/NiO/$NiCo_2O_4$/N-As、Ni/$NiCo_2O_4$/N-CNT-As、NiO/$NiCo_2O_4$/N-CNT-As 和 $NiCo_2O_4$/N-CNT-As。如图 4.20(b)所示，所得 Ni/NiO/$NiCo_2O_4$/N-CNT-As 有大量的孔道结构存在，这主要是由于冷冻干燥过程中水分的蒸发和热处理过程中海藻酸热解造成的。同时，大量的金属(Ni/NiO/$NiCo_2O_4$)颗粒分布在高孔隙度三维(3D)的氮掺杂碳纳米管气凝胶上，如图 4.20(c)所示。

所制备 Ni/NiO/$NiCo_2O_4$/N-CNT-As 及对比样品的 OER 活性是在 1 mol/L KOH 中进行的，如图 4.21(a)所示。Ni/NiO/$NiCo_2O_4$/N-CNT-As 样品对于 OER 的起波电位位于～1.43 V，优于 Ni/NiO/$NiCo_2O_4$/N-As、Ni/$NiCo_2O_4$/N-CNT-As、NiO/$NiCo_2O_4$/N-CNT-As、$NiCo_2O_4$/N-CNT-As 和 IrO_2/C，且在相同电位下，其电流密度也更高，说明 Ni/NiO/$NiCo_2O_4$/N-CNT-As 具有更为优异的 OER 活性。经过 100 圈循环之后，Ni/NiO/$NiCo_2O_4$/N-CNT-As 的极化曲线基本保持不变，如图 4.20(b)所示，说明所合成材料具有十分优异的催化稳定性。Ni/NiO/$NiCo_2O_4$/N-CNT-As 的高效 OER 活性主要归因于其独特的三元组成和气凝胶结构，如图 4.21(c)和(d)所示。首先是 $NiCo_2O_4$、Ni、NiO 三元组分之间的协同作用。$NiCo_2O_4$ 和 NiO，特别是边缘和缺陷位点，可以与 OH^- 相互作用形成 Ni(Co)—O 键，削弱 O—H 键，而 Ni 优于较低的 Ni—H 形成能，可以更容易与 H 结合，加速质子 H 的解离，二者协同促进 O—H 键的断裂，从而有效地驱动 OER 过程。其次，氮掺杂碳纳米管气凝胶相互连接的多孔载体结构提供了高的比表面积(比表面积为 193 m^2/g)，也

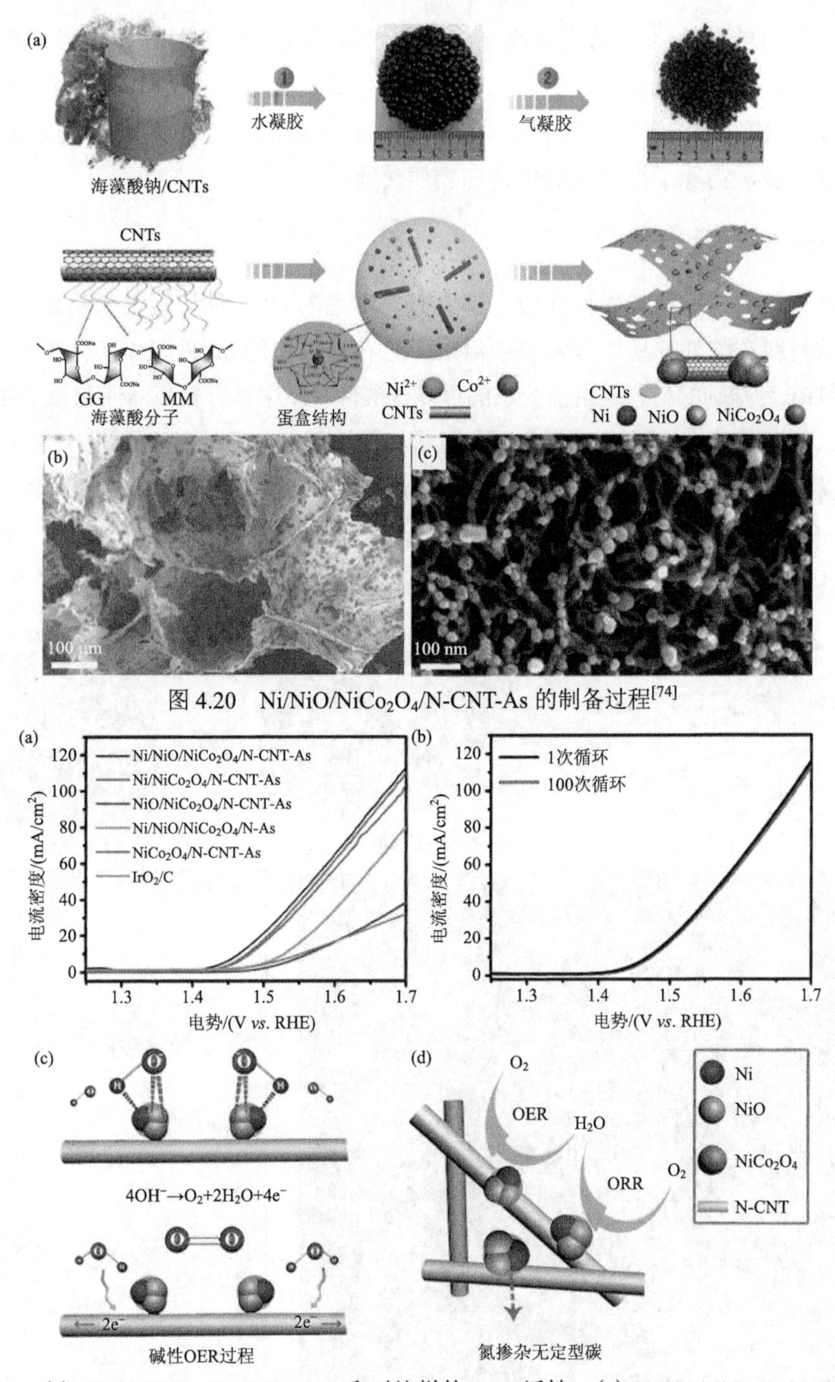

图 4.20　Ni/NiO/$NiCo_2O_4$/N-CNT-As 的制备过程[74]

图 4.21　(a) Ni/NiO/$NiCo_2O_4$/N-CNT-As 和对比样的 OER 活性；(b) Ni/NiO/$NiCo_2O_4$/N-CNT-As 的 ORR 活性；(c)、(d) Ni/NiO/$NiCo_2O_4$/N-CNT-As 的三元组分以及三维多级孔气凝胶结构促进 OER 活性机理示意图[74]

加快了物质的传输[75]，从而提高了电催化过程的动力学性能。碳纳米管有助于 $Ni/NiO/NiCo_2O_4$ 颗粒分散，防止粒子团聚，增加了活性位点的数量；高导电性的1D纳米结构的碳纳米管可以有效地提高电活性材料的导电性，缩短了电子和离子的扩散路径，实现了更高效的电荷和物质传输[76]。

4.4.2.2 钌氧化物

有非常多的材料在碱性介质中都具有非常高的OER催化活性和稳定性，然而大多数材料在酸性介质中非常易于溶解，且在高氧化的OER工作条件下会分解，以Ir和Ru为基础的材料是目前公认的可以在酸性介质中具有较高活性和稳定性的材料。二者相较，Ru基材料的活性更高且价格更为便宜，是更有前景的OER电催化剂。以海藻酸钠为原料，利用其与 Ru^{3+} 络合的性质，可制备出一种高活性且稳定的在全pH值范围内普适的OER催化剂——无定形/晶体 RuO_2 (a/c-RuO_2)[77]，制备过程如4.22(a)所示。首先，按照4.3.3节所述的方法制备海藻酸钌气凝胶；然后，

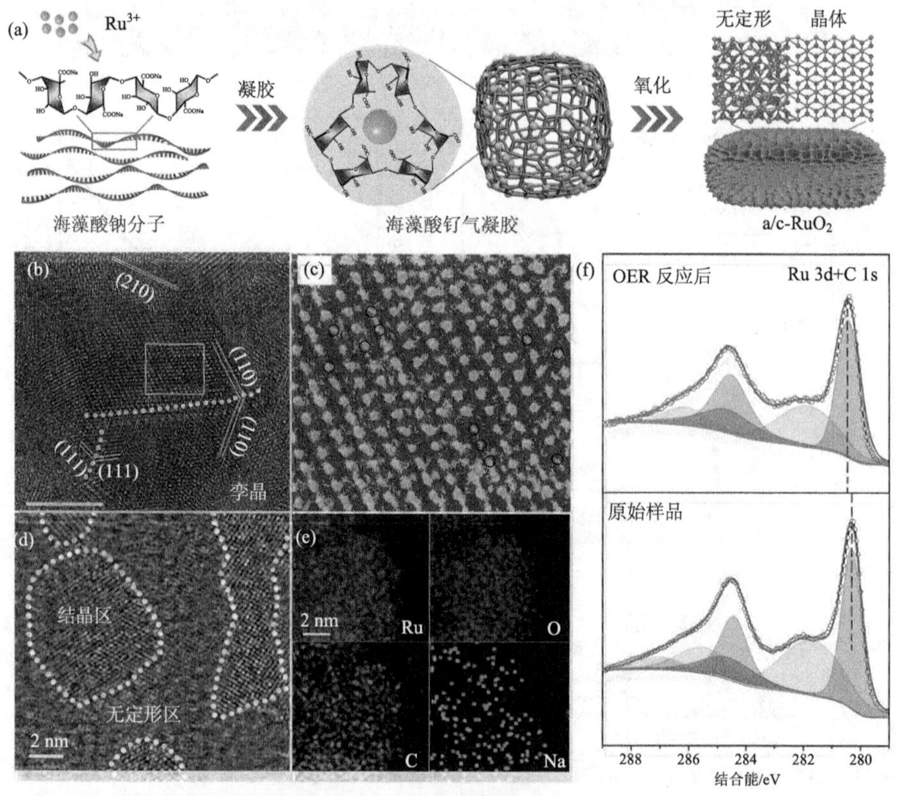

图 4.22 (a) a/c-RuO_2 的制备流程示意图；a/c-RuO_2 的HRTEM图(b)、过滤图像(c)、STEM图(d)和EDS图(e)；(f) a/c-RuO_2 反应前后Ru 3d和C 1s的高分辨XPS图谱[77]

将所得气凝胶在空气中 450℃热解，并维持 3 h，降至室温后取出产物。最后，经过酸洗去掉其中的杂质之后，即可得到 a/c-RuO_2。使用 HRTEM 和 STEM 对 a/c-RuO_2 进行了结构表征。如图 4.22(b)和(c)所示，a/c-RuO_2 有很多的晶界，包括孪晶结构，过滤后的图像显示材料中有很多空位缺陷的存在，电子顺磁共振(EPR)测试得到材料中有大量的氧空位。从图 4.22(d)的 STEM 图中可以看到，除了有清晰晶格条纹的结晶区域之外，还有一些原子排列无规松散的无定形区域的存在。从图 4.22(e)所示的元素映射图中看到 Ru、C、O 和 Na 元素均匀地分布在材料中，然而并未检测到任何 Na 的化合物，因此，Na 是掺杂在了 RuO_2 的晶格中。综上，a/c-RuO_2 是一种 Na 掺杂且有丰富氧空位缺陷的无定形/晶体 RuO_2 异质相结构。为了检测材料的稳定性，对 OER 反应前后的样品进行表征。如图 4.22(f)所示，OER 反应前后，Ru 3d 的 XPS 图谱变化不大，说明 a/c-RuO_2 材料结构较为稳定。相较于反应前，反应后的 Ru 3d 结合能向高能方向有非常轻微的移动，说明在 OER 反应中，Ru 有轻微的氧化。

首先在 0.1 mol/L $HClO_4$ 中对 a/c-RuO_2 进行了 OER 活性测试，商业 RuO_2 也作为对比样品在相同条件下做了测试。如图 4.23(a)所示，a/c-RuO_2 在 10 mA/cm^2 时的过电位为 205 mV，远低于商业 RuO_2(279 mV)。因此，由于非晶态和缺陷结构的存在，赋予了 a/c-RuO_2 极具竞争性的 OER 活性。为了监测材料在酸性中的结构稳定性及在 OER 过程中 Ru 的溶解率，对电解液中的 Ru^{3+}浓度进行了检测，结果见图 4.23(b)。将 a/c-RuO_2 工作电极在 0.1 mol/L $HClO_4$ 浸泡 0.5 h 后，Ru 溶解度不足 1%，说明 a/c-RuO_2 有较高的抗酸腐蚀性。OER 催化 3 h 后，Ru 的溶解率提高到 2.3%，随着反应时间的增加，Ru 的溶解率进一步提高。9 h 后，Ru 的溶解率达到 3.0%，然后趋于平稳。即使在 24 h 后，溶出率仍然很低，只有 3.1%。这些结果表明，a/c-RuO_2 独特的结构可以有效地抑制高氧化 OER 过程中可溶性 $Ru^{x>4+}$的形成，因此催化剂表现出良好的催化稳定性。为了验证 a/c-RuO_2 在全 pH 值范围内的 OER 活性，在不同 pH 值的电解质中对其进行了测试，包括 pH=0 (0.5 mol/L H_2SO_4)、pH=7(1 mol/L PBS)和 pH=14(1 mol/L KOH)。如图 4.23(c)所示，a/c-RuO_2 在 pH=0、pH=7 和 pH=14 电解质中，10 mA/cm^2 时的过电位分别为 220 mV、287 mV 和 235 mV，远低于商业 Pt/C(322 mV、> 470 mV 和 312 mV)。此外，a/c-RuO_2 还具有非常高的 OER 催化稳定性，如图 4.23(d)所示，a/c-RuO_2 可以持续催化 OER 超过 60 h，过电位没有明显增加，而商业 RuO_2 仅能催化不到 3.5 h。因此，a/c-RuO_2 是一种高效稳定的全 pH 值普适的 OER 电催化剂。理论计算[图 4.23(e)]表明，单独的 Na 掺杂和氧空位(V_O)均能降低 OER 能垒，提高 OER

活性，而 Na 掺杂和 Vo 的同时引入可以进一步降低材料的 OER 能垒至 1.74 eV，提高 RuO_2 的 OER 活性。

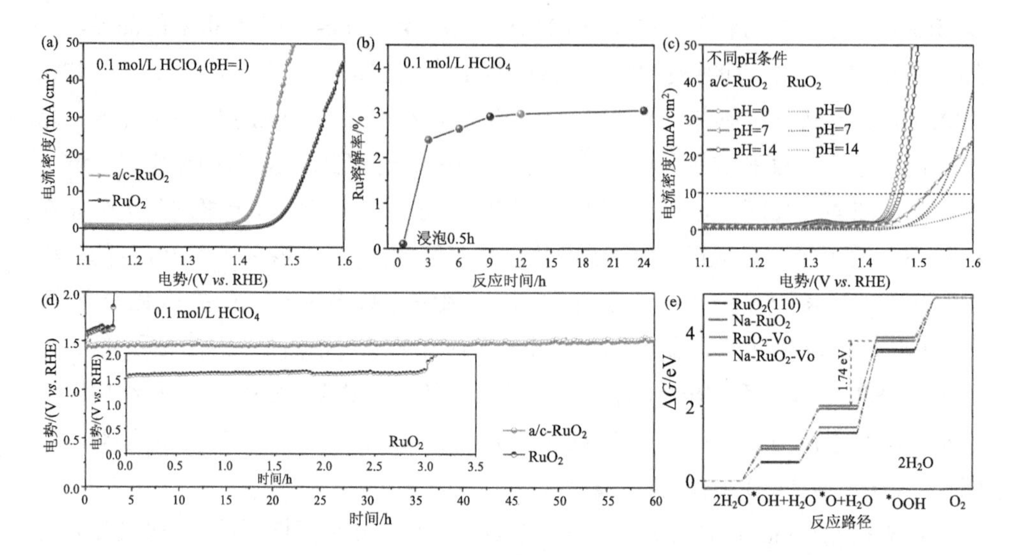

图 4.23　(a) a/c-RuO_2 和商业 RuO_2 在 0.1 mol/L $HClO_4$ 中的 OER 活性；(b) a/c-RuO_2 在 OER 反应过程中的 Ru 溶解率；(c) a/c-RuO_2 和商业 RuO_2 在不同 pH 条件下的 OER 活性；(d) a/c-RuO_2 和商业 RuO_2 的 OER 稳定性；(e) RuO_2、Na-RuO_2、RuO_2-V_O 和 Na-RuO_2-V_O 的 OER 自由能图[77]

4.5　海藻酸盐衍生的 NRR 电催化剂

以 SA 为分散剂和稳定剂，采用水浴加热原位还原氯铂酸，然后利用“蛋盒”结构引入 Zr^{4+} 可以制备 Pt/海藻酸锆气凝胶；而后经高温碳化和酸洗，制备 Pt 单原子/ZrO_2 碳气凝胶(A-Pt/ZrO_2)。如图 4.24(a)和(b)所示，大小不一的颗粒分布在由海藻酸大分子链碳化所形成的碳基体上，通过 HRTEM 对颗粒的晶格进行了分析，晶格条纹显示出晶格间距为 2.8 Å，与 ZrO_2 的(220)晶面相对应。HER 是 NRR 的竞争反应，材料本身的 HER 性能会直接影响其 NRR 催化活性，如果材料的 HER 活性较高，会降低 NRR 反应效率和 NH_3 的产率[78]。如图 4.24(c)所示，A-Pt、A-Pt/ZrO_2 和 20% Pt/C 在 0.5 mol/L H_2SO_4 中的 HER 性能测试结果表明，A-Pt 的 HER 在起波电位和电流密度上都较 20% Pt/C 差，在 A-Pt 的基础上进一步引入 ZrO_2(A-Pt/ZrO_2)，其 HER 性能会进一步降低，说明 ZrO_2 的加入可以有效地抑制 A-Pt 的 HER 反应，这可以极大地提高材料的 NRR 性能。

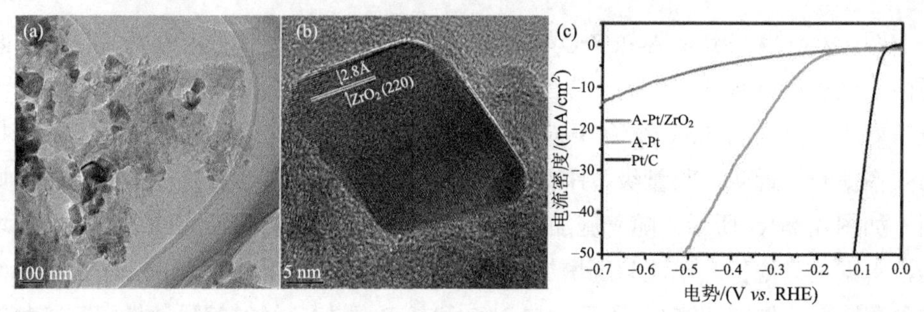

图 4.24　A-Pt/ZrO$_2$ 的 TEM(a)和 HRTEM 图片(b)；(c)A-Pt、A-Pt/ZrO$_2$ 和 20% Pt/C 的 HER 性能对比

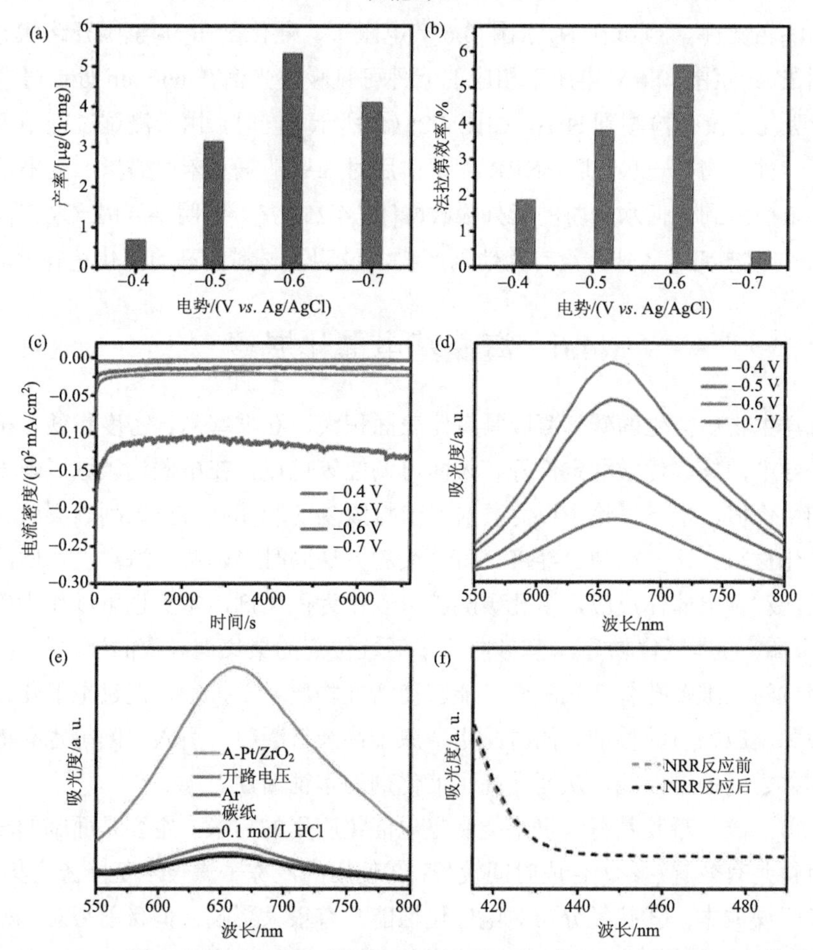

图 4.25　A-Pt/ZrO$_2$ 的 NRR 催化活性：(a)不同电压下的 NH_3 产率；(b)不同电压下的 NH_3 的法拉第效率；(c)相应电压下的 *i-t* 曲线；(d)不同电压下 NRR 测试 2 h 后，用靛酚指示剂染色的电解液的紫外可见吸收光谱图；(e)不同电化学条件下−0.6 V *vs.* Ag/AgCl 电压下 2 h 测试后，用靛酚指示剂染色的电解液的紫外可见吸收光谱对比；(f)NRR 测试前后对二甲基氨基苯甲醛指示剂染色的电解液的紫外可见吸收光谱对比

图 4.25(a)和(b)是 A-Pt/ZrO_2 的 NH_3 产率和法拉第效率，NRR 测试的 NH_3 是经由电化学还原氮气产生的，其在–0.6 V *vs.* Ag/AgCl 电压下达到最大氨产率和法拉第效率，分别为 5.33 μg/(h·mg)和 5.65%，相较于商业 Pt/C，A-Pt/ZrO_2 的法拉第效率提升了近两个数量级。HER 反应被有效抑制是其 NRR 性能提升的主要原因。如图 4.25(c)所示，随着施加电压的进一步增加，材料表面 HER 反应逐渐增强，占据主导地位，电流急剧增加，因而造成氨产率的下降和 NRR 法拉第效率的显著降低。如图 4.25(d)所示，与 Pt/C 和 A-Pt 类似，经过靛酚蓝指示剂染色的测试，电解液的紫外可见吸收光谱在 660 nm 处有较强的吸收峰，表明反应过程中有 NH_3 的产生。碳纸在 N_2 氛围–0.6 V 电压下、催化剂在 N_2 氛围开路状态下、催化剂在 Ar 氛围–0.6 V 电压下相应的紫外可见吸收光谱在 660 nm 处信号非常微弱，表明几乎没有检测到 NH_3，如图 4.25(e)所示。同时，由于测试过程中可能产生另外一种产物——水合肼，NRR 测试前后对二甲基氨基苯甲醛指示剂染色的电解液并未检测到任何水合肼的紫外吸收峰[图 4.25(f)]，说明 A-Pt/ZrO_2 在催化过程中除了产物 NH_3 之外，没有其他副产物，说明了材料的高的催化选择性。

4.6　海藻基电催化展望

海洋生物质衍生的碳气凝胶具有比表面积大、孔隙率高、密度超低、机械强度好、导电性好、化学稳定性好、表面可调控等优点，在电催化领域展现出了独特的利用价值。本章讨论了以海藻酸及卡拉胶为前驱体制备一系列碳凝胶材料用作电催化材料。这一简便、经济、可持续的方法同时也解决了海洋生物质固废处理问题。对于电催化反应，多孔碳凝胶可以作为催化剂，本身也可以作为催化剂载体(金属、金属氧化物等)，有效防止了活性位点的聚集而导致的催化性能下降。由碳组成的三维多孔骨架气凝胶，能够使活性物质易于扩散，促进电催化过程中电解质和反应物质的移动。同时，用杂原子掺杂气凝胶、引入缺陷等也有效降低了中间体之间的结合能，从而提高了催化剂的本征活性。

目前，碳气凝胶基材料仍不能满足电催化应用的需求，主要是面临的一些问题没有得到有效解决：①合成时间较长；②使用的冷冻干燥技术是能源密集型的，增加了干燥成本；③孔径分布对电催化性能具有很大影响，但目前很难准确控制碳气凝胶的孔隙结构、尺寸，很难确保没有结构收缩和塌陷。因而需要我们更加细致的、长期研究和发展海洋生物质衍生的碳气凝胶基电催化材料。随着研究的进行，可预料到，碳气凝胶材料的电化学性能不仅会大幅提高，同时其应用领域也将逐步延伸。

参 考 文 献

[1] Wei X, Luo X, Wang H, et al. Highly-defective Fe-N-C catalysts towards pH-universal oxygen reduction reaction[J]. Applied Catalysis B: Environmental, 2020, 263: 118347.

[2] Bai L, Duan Z, Wen X, et al. Atomically dispersed manganese-based catalysts for efficient catalysis of oxygen reduction reaction[J]. Applied Catalysis B: Environmental, 2019, 257: 117930.

[3] Meng Z, Cai S, Wang R, et al. Bimetallic-organic framework-derived hierarchically porous Co-Zn-N-C as efficient catalyst for acidic oxygen reduction reaction[J]. Applied Catalysis B: Environmental, 2019, 244: 120-127.

[4] Duan X, Ren S, Pan N, et al. MOF-derived Fe,Co@N-C bifunctional oxygen electrocatalysts for Zn-air batteries[J]. Journal of Materials Chemistry A, 2020, 8: 9355-9363.

[5] Kim H W, Bukas V J, Park H, et al. Mechanisms of two-electron and four-electron electrochemical oxygen reduction reactions at nitrogen-doped reduced graphene oxide[J]. ACS Catalysis, 2020, 10: 852-863.

[6] Tian X L, Lu X F, Xia B Y, et al. Advanced electrocatalysts for the oxygen reduction reaction in energy conversion technologies[J]. Joule, 2020, 4: 45-68.

[7] Wu K, Zhang L, Yuan Y, et al. An iron-decorated carbon aerogel for rechargeable flow and flexible Zn-air batteries[J]. Advanced Materials, 2020, 32: 2002292.

[8] Wu Z S, Yang S, Sun Y, et al. 3D nitrogen-doped graphene aerogel-supported Fe_3O_4 nanoparticles as efficient electrocatalysts for the oxygen reduction reaction[J]. Journal of American Chemical Society, 2012, 134: 9082-9085.

[9] Chen L L, Zhang Y L, Dong L L, et al. Synergistic effect between atomically dispersed Fe and Co metal sites for enhanced oxygen reduction reaction[J]. Journal of Materials Chemistry A, 2020, 8: 4369-4375.

[10] Shi Z S, Yang W Q, Gu Y T, et al. Metal-nitrogen-doped carbon materials as highly efficient catalysts: Progress and rational design[J]. Advanced Science, 2020, 7: 2001069.

[11] Huang X X, Shen T, Zhang T, et al. Efficient oxygen reduction catalysts of porous carbon nanostructures decorated with transition metal species[J]. Advanced Energy Materials, 2020, 10: 1900375.

[12] Wen G L, Niu H J, Feng J J, et al. Well-dispersed Co_3Fe_7 alloy nanoparticles wrapped in N-doped defect-rich carbon nanosheets as a highly efficient and methanol-resistant catalyst for oxygen-reduction reaction[J]. Journal of Colloid and Interface Science, 2020, 569: 277-285.

[13] Liu M, Li J. Cobalt phosphide hollow polyhedron as efficient bifunctional electrocatalysts for the evolution reaction of hydrogen and oxygen[J]. ACS Applied Materials & Interface, 2016, 8: 2158-2165.

[14] Goerlin M, Chernev P, Ferreirad A J, et al. Oxygen evolution reaction dynamics, faradaic charge

efficiency, and the active metal redox states of Ni-Fe oxide water splitting electrocatalysts[J]. Journal of American Chemical Society, 2016, 138: 5603-5614.

[15] Li Y, Wang H, Xie L, et al. MoS_2 nanoparticles grown on graphene: An advanced catalyst for the hydrogen evolution reaction[J]. Journal of American Chemical Society, 2011, 133: 7296-7299.

[16] Zhu D D, Qiao M, Liu J L, et al. Engineering pristine 2D metal-organic framework nanosheets for electrocatalysis[J]. Journal of Materials Chemistry A, 2020, 8: 8143-8170.

[17] Wang J, Ciucci F. Boosting bifunctional oxygen electrolysis for N-doped carbon via bimetal addition[J]. Small, 2017, 13: 1604103.

[18] Liu Z, Tang B, Gu X C, et al. Selective structure transformation for NiFe/$NiFe_2O_4$ embedded porous nitrogen-doped carbon nanosphere with improved oxygen evolution reaction activity[J]. Chemical Engineering Journal, 2020, 395: 125170.

[19] Yu J, Zhong Y, Zhou W, et al. Facile synthesis of nitrogen-doped carbon nanotubes encapsulating nickel cobalt alloys 3D networks for oxygen evolution reaction in an alkaline solution[J]. Journal of Power Sources, 2017, 338: 26-33.

[20] Cui X, Ren P, Ma C, et al. Robust interface Ru centers for high-performance acidic oxygen evolution[J]. Advanced Materials, 2020, 32: 1908126-1908132.

[21] Wu Z P, Lu X F, Zang S Q, et al. Non-noble-metal-based electrocatalysts toward the oxygen evolution reaction[J]. Advanced Functional Materials, 2020, 30: 1910274.

[22] Han J, Liu Z, Ma Y, et al. Ambient N_2 fixation to NH_3 at ambient conditions: Using Nb_2O_5 nanofiber as a high-performance electrocatalyst[J]. Nano Energy, 2018, 52: 264-270.

[23] Ham C J M, Koper M T M, Hetterscheid D G H. Challenges in reduction of dinitrogen by proton and electron transfer[J]. Chemical Society Review, 2014, 43: 5183-5191.

[24] Singh A R, Rohr B A, Schwalbe J A, et al. Electrochemical ammonia synthesis: The selectivity challenge[J]. ACS Catalysis, 2016, 7: 706-709.

[25] Lu Y, Li J, Tada T, et al. Water durable electride Y_5Si_3: Electronic structure and catalytic activity for ammonia synthesis[J]. Journal of American Chemical Society, 2016, 138: 3970-3973.

[26] Lee H K, Koh C S L, Lee Y H, et al. Favoring the unfavored: Selective electrochemical nitrogen fixation using a reticular chemistry approach[J]. Science Advance, 2018, 4: 3208-3216.

[27] Guo C, Ran J, Vasileff A, et al. Rational design of electrocatalysts and photo (electro) catalysts for nitrogen reduction to ammonia (NH_3) under ambient conditions[J]. Energy Environmental Science, 2018, 11: 45-56.

[28] Hou J B, Yang M, Zhang J L. Recent advances in catalysts, electrolytes and electrode engineering for the nitrogen reduction reaction under ambient conditions[J]. Nanoscale, 2020, 12: 6900-6920.

[29] Zhu X J, Mou S Y, Peng Q L. Aqueous electrocatalytic N_2 reduction for ambient NH_3 synthesis: recent advances in catalyst development and performance improvement[J]. Journal of Materials Chemistry A, 2020, 8: 1545-1556.

[30] Montoya J H, Tsai C, Vojvodic A, et al. The challenge of electrochemical ammonia synthesis: A

new perspective on the role of nitrogen scaling relations[J]. ChemSusChem, 2015, 8: 2180-2186.

[31] Huang Y P, Liu K, Kan S T, et al. Highly dispersed Fe-N_x active sites on graphitic-N dominated porous carbon for synergetic catalysis of oxygen reduction reaction[J]. Carbon, 2021, 171: 1-9.

[32] Dutta S, Bhaumik A, Wu K C W. Hierarchically porous carbon derived from polymers and biomass: Effect of interconnected pores on energy applications[J]. Energy Environmental Science, 2014, 7: 3574-3592.

[33] Su C, Liu Y, Luo Z X, et al. Defects-rich porous carbon microspheres as green electrocatalysts for efficient and stable oxygen-reduction reaction over a wide range of pH values[J]. Chemical Engineering Journal, 2021, 406: 126883.

[34] Zhang L, Yang X, Cai R, et al. Air cathode of zinc-air batteries: A highly efficient and durable aerogel catalyst for oxygen reduction[J]. Nanoscale, 2019, 11: 826-832.

[35] Wang H F, Chen L Y, Pang H, et al. MOF-derived electrocatalysts for oxygen reduction, oxygen evolution and hydrogen evolution reactions[J]. Chemical Society Review, 2020, 49: 1414-1448.

[36] 邵元华, 朱果逸, 董现堆. 电化学方法原理和应用[M]. 北京: 化学工业出版社, 2008: 74-80.

[37] Zhao W, Yuan P, She X, et al. Sustainable seaweed-based one-dimensional (1D) nanofibers as high-performance electrocatalysts for fuel cells[J]. Journal of Materials Chemistry A, 2015, 3: 14188.

[38] Liu L, Yang X, Ma N, et al. Scalable and cost-effective synthesis of highly efficient Fe_2N-based oxygen reduction catalyst derived from seaweed biomass[J]. Small, 2016, 12: 1295-1301.

[39] Han J X, Bao H L, Wang J Q, et al. 3D N-doped ordered mesoporous carbon supported single-atom Fe-N-C catalysts with superior performance for oxygen reduction reaction and zinc air battery[J]. Applied Catalysis B: Environmental, 2021, 280: 119411.

[40] Wang Y X, Su H Y, He Y H, et al. Advanced electrocatalysts with single-metal-atom active sites[J]. Chemical Review, 2020, 120: 12217-12314.

[41] Chang Y, Hong F, He C, et al. Nitrogen and sulfur dual-doped non-noble catalyst using fluidic acrylonitrile telomer as precursor for efficient oxygen reduction[J]. Advanced Materials, 2013, 25: 4794-4799.

[42] Ida S, Kim N, et al. Photocatalytic reaction centers in two-dimensional titanium oxide crystals[J]. Journal of the American Chemical Society, 2015, 137: 239-244.

[43] Liu W, Zhang L, Yan W, et al. Single-atom dispersed Co-N-C catalyst: Structure identification and performance for hydrogenative coupling of nitroarenes[J]. Chemical Science, 2016, 7: 5758-5764.

[44] Li L B, Fang Y P, Appelqvist I, et al. Reexamining the egg-box model in calcium-alginate gels with X-ray diffraction[J]. Biomacromolecules, 2007, 8: 464-468.

[45] Zhang L J, Liu T C, Chen N, et al. Scalable and controllable synthesis of atomic metal electrocatalysts assisted by an egg-box in alginate[J]. Journal of Materials Chemistry A, 2018, 6:

18417-18425.
[46] Zhao H, Sun C, Jin Z, et al. Carbon for the oxygen reduction reaction: A defect mechanism[J]. Journal of Materials Chemistry A, 2015, 3: 11736-11739.
[47] Zhao X, Zou X, Yan X, et al. Defect-driven oxygen reduction reaction (ORR) of carbon without any element doping[J]. Inorganic Chemistry Frontiers, 2016, 3: 417-421.
[48] Tao L, Wang Q, Dou S, et al. Edge-rich and dopant-free graphene as a highly efficient metal-free electrocatalyst for the oxygen reduction reaction[J]. Chemical Communications, 2016, 52: 2764-2767.
[49] Tang C, Zhang Q. Nanocarbon for oxygen reduction electrocatalysis: Dopants, edges, and defects[J]. Advanced Materials, 2017, 29: 164520.
[50] Jia Y, Zhang L, Du A, et al. Defect graphene as a trifunctional catalyst for electrochemical reactions[J]. Advanced Materials, 2016, 28: 9532-9538.
[51] Li D, Li C, Zhang L, et al. Metal-free thiophene-sulfur covalent organic frameworks: Precise and controllable synthesis of catalytic active sites for oxygen reduction[J]. Journal of the American Chemical Society, 2020, 142: 8104-8108.
[52] Wang Y, Xu N, He R, et al. Large-scale defect-engineering tailored tri-doped graphene as a metal-free bifunctional catalyst for superior electrocatalytic oxygen reaction in rechargeable Zn-air battery[J]. Applied Catalysis B: Environmental, 2021, 285: 119811.
[53] Jeon I Y, Zhang S, Zhang L, et al. Edge-selectively sulfurized graphene nanoplatelets as efficient metal-free electrocatalysts for oxygen reduction reaction: The electron spin effect[J]. Advcanced Materials, 2013, 25: 6138-6145.
[54] Zhang L, Niu J, Li M, et al. Catalytic mechanisms of sulfur-doped graphene as efficient oxygen reduction reaction catalysts for fuel cells[J]. The Journal of Physical Chemistry C, 2014, 118: 3545-3553.
[55] Yuan S, Cui L L, Dou Z, et al. Nonprecious bimetallic sites coordinated on N-doped carbons with efficient and durable catalytic activity for oxygen reduction[J]. Small, 2020, 16: 2000742.
[56] Zheng Y, Song H, Chen S, et al. Metal-free multi-heteroatom-doped carbon bifunctional electrocatalysts derived from a covalent triazine polymer[J]. Small, 2020, 16: 2004342.
[57] Morris V J, Chilvers G R. Rheological studies of specific cation forms of kappa-carrageenan gels[J]. Carbohydrate Polymers, 1983, 3: 129-141.
[58] Li D H, Jia Y, Chang G J, et al. A defect-driven metal-free electrocatalyst for oxygen reduction in acidic electrolyte[J]. Chem, 2018, 4: 2345-2356.
[59] Liu S, Wang Z, Zhou S, et al. Metal-organic-framework-derived hybrid carbon nanocages as a bifunctional electrocatalyst for oxygen reduction and evolution[J]. Advanced Materials, 2017, 29: 1632400.
[60] Zhu J, Hu L S, Zhao P X, et al. Recent advances in electrocatalytic hydrogen evolution using nanoparticles[J]. Chemical Review, 2020, 120: 851-918.
[61] Li H, Zhao X, Liu H, et al. Sub-1.5 nm ultrathin CoP nanosheet aerogel: Efficient electrocatalyst

for hydrogen evolution reaction at all pH values[J]. Small, 2018, 14: 1802824.

[62] Li Y, Malik M A, O'Brien P. Synthesis of single-crystalline CoP nanowires by a one-pot metal-organic route[J]. Journal of Amercian Chemical Society, 2005, 127: 16020-16021.

[63] Lai S J, Lv C X, Chen S, et al. Ultrathin nickel phosphide nanosheet aerogel electrocatalysts derived from Ni-alginate for hydrogen evolution reaction[J]. Journal of Alloys and Compounds, 2020, 817: 152757.

[64] Shi Y, Zhang B. Recent advances in transition metal phosphide nanomaterials: Synthesis and applications in hydrogen evolution reaction[J]. Chemical Society Reviews, 2016, 45: 1529-1541.

[65] Gu Y, Chen S, Ren J, et al. Electronic structure tuning in Ni_3FeN/r-GO aerogel toward bifunctional electrocatalyst for overall water splitting[J]. ACS Nano, 2018, 12: 245-253.

[66] Zhang L, Jang H, Wang Y, et al. Exploring the dominant role of atomic- and nano-ruthenium as active sites for hydrogen evolution reaction in both acidic and alkaline media[J]. Advanced Science, 2021, 8: 2004516.

[67] Yu X, Lai S, Xin S, et al. Coupling of iron phthalocyanine at carbon defect site via π-π stacking for enhanced oxygen reduction reaction[J]. Applied Catalysis B: Environmental, 2021, 280: 119437.

[68] Yang D, Zhang L, Yan X, et al. Recent progress in oxygen electrocatalyst for zinc-air batteries[J]. Small Methods, 2017, 1: 1700209.

[69] Zhang L, Jang H, Li Z, et al. $SrIrO_3$ modified with laminar Sr_2IrO_4 as a robust bifunctional electrocatalyst for overall water splitting in acidic media[J]. Chemical Engineering Journal, 2021, 419: 129604.

[70] Wu Z X, Zhao Y, Wu H, et al. Corrosion engineering on iron foam toward efficiently electrocatalytic overall water splitting powered by sustainable energy[J]. Advanced Functional Materials, 2021, 31: 2010437.

[71] Li Z, Jang H, Qin D, et al. Alloy-strain-output induced lattice dislocation in Ni_3FeN/Ni_3Fe ultrathin nanosheets for highly efficient overall water splitting[J]. Journal of Materials Chemistry A, 2021, 9: 4036.

[72] Zhao Y, Gao Y, Chen Z, et al. Trifle Pt coupled with NiFe hydroxide synthesized via corrosion engineering to boost the cleavage of water molecule for alkaline water-splitting[J]. Applied catalysis B: Environmental, 2021, 297: 120395.

[73] Zhang L, Li Y, Peng J, et al. Bifunctional $NiCo_2O_4$ porous nanotubes electrocatalyst for overall water splitting[J]. Electrochimica Acta, 2019, 317: 762-769.

[74] Ma N, Jia Y A, Yang X, et al. Seaweed biomass derived (Ni, Co)/CNT nanoaerogels: Efficient bifunctional electrocatalysts for oxygen evolution and reduction reactions[J]. Journal of Materials Chemistry A, 2016, 4: 6376-6384.

[75] Greeley J, Jaramillo T F, Bonde J, et al. Computational high-throughput screening of electrocatalytic materials for hydrogen evolution[J]. Nature Materials, 2006, 5: 909-913.

[76] Prabu M, Ketpang K, Shanmugam S. Hierarchical nanostructured $NiCo_2O_4$ as an efficient bifunctional non-precious metal catalyst for rechargeable zinc-air batteries[J]. Nanoscale, 2014, 6: 3173-3181.

[77] Zhang L, Jang H, Liu H, et al. Sodium-decorated amorphous/crystalline RuO_2 with rich oxygen vacancies: A robust pH-universal oxygen evolution electrocatalyst[J]. Angewandte Chemie International Edition, 2021, 60: 18821-18829.

[78] Hoffman B M, Lukoyanov D, Yang Z Y, et al. Mechanism of nitrogen fixation by nitrogenase: The next stage[J]. Chemical Review, 2014, 114: 4041-4062.

第 5 章　海藻基环境功能材料

5.1　海藻基吸附剂

吸附是相转移过程，涉及两个基本成分，即吸附剂和被吸附物，其原理主要是通过物理或化学作用将水中的污染物吸附到固体表面。从原子水平上看，固体表面是不均匀的，同时固体表面的原子也不同于其内部原子，受力是不对称的。这两种原因导致固体表面具有剩余的表面自由能。当某些分子碰撞固体表面时，受到这些不平衡力的吸引而停留或被吸附到固体表面上。根据吸附剂表面与吸附质分子间作用力的性质不同，吸附可以分为物理吸附和化学吸附。物理吸附主要是通过范德瓦耳斯力的作用将污染物吸附到吸附剂的表面，是一种可逆吸附。它是由分子间的弥散作用及静电作用等引起的，吸附作用较弱，选择性差。化学吸附法是由于吸附剂与污染物之间发生反应形成化学键，因此选择性较强。因吸附力本质不同，物理吸附与化学吸附在吸附热、吸附速度、吸附选择性、吸附层数、发生吸附的温度和解吸状态等方面有明显差异(见表 5.1)。与其他方法相比，吸附法的操作较为简单，尤其是对水体中微量痕量污染物，可以达到深度处理的目的，因此该方法得到了较为广泛的应用。常用的吸附剂有活性炭、天然矿物(如活性白土、漂白土、硅藻土等)、硅胶、活性氧化铝、沸石分子筛、吸附树脂等。同时，吸附法也存在一些问题，如缺乏绿色高效低成本的吸附剂，对低浓度重金属离子去除效率不高，并且吸附剂选择性差等。

表 5.1　物理吸附和化学吸附的比较

理化指标	物理吸附	化学吸附
作用力	范德瓦耳斯力	化学键力
吸附热	接近于液化热	接近于化学反应热
选择性	无选择性，非表面专一性	有选择性，表面专一性
可逆性	可逆	不可逆
吸附层	多层吸附	单分子层吸附
吸附速度	快、活化能小	慢、活化能大
吸附温度	低于吸附质临界温度	远高于吸附质沸点
用途	测比表面积和孔径分布	进行催化反应

吸附是溶剂、溶质和吸附剂三者之间的作用，因此吸附剂、吸附质和溶液的性质都对吸附过程产生影响。

1) 溶质(吸附质)的性质

溶质和溶剂之间的作用力：溶质在水中的溶解度愈大，对水的亲和力愈强，就不易转向吸附剂界面而被吸附，反之亦然。有机物在水中的溶解度一般与分子结构和大小有关，并随着链长的增加而降低，如活性炭自水中吸附脂肪族有机酸的量，按甲酸、乙酸、丙酸、丁酸的顺序增加。芳香族化合物较脂肪族化合物容易吸附，苯甲醛在活性炭上的吸附量是丁醛的 2 倍，安息酸是乙酸的 5 倍。

溶质分子的大小：Tranbe 定律认为，大尺寸疏水分子的斥力增加了水-水间的键合，因此随着吸附质分子量的增加，吸附量增加。但吸附速率受颗粒内扩散速率控制时，吸附速率随着分子量的增加而降低，低分子量的有机物反而容易被去除。

电离和极性：简单化合物，非解离的分子较离子化合物的吸附量大，但随着化合物结构的复杂化，电离对吸附的影响减小。有机物的极性是分子内部电荷分布的函数，几乎不对称的化合物都或多或少带有极性。衡量溶质极性对吸附的影响，服从极性相容的原则，即极性吸附剂能强烈地从非极性溶剂中将极性溶质吸附，但是非极性吸附剂却很难将极性溶剂中的极性溶质吸附。水是很强的极性物质，极性溶质在水中的吸附量随着溶质极性的增强，吸附作用减小。羟基、羧基、硝基、腈基、磺基、胺基等都能增加分子的极性，对吸附是不利的。

2) 吸附剂的性质

吸附量的多少随着吸附剂表面积的增大而增加，吸附剂的孔径、颗粒度等都影响比表面积的大小，从而影响吸附性能。不同的吸附剂，用不同的方法制造的吸附剂，其吸附性能也不相同，吸附剂的极性对不同吸附质的吸附性能也不一样。

3) 溶液的性质

pH：pH 对吸附质在溶液中存在的形态(电离、络合)和溶解度均有影响，因而对吸附性能也产生影响。水中的有机物一般在低 pH 时，电离度较小，吸附去除率高。活性炭吸附剂在低 pH 时，表面上的负电荷将随着溶液中氢离子浓度的增加而中和，使活性炭具有更多的活化表面，吸附性能变得更好。

温度：吸附反应通常是放热的，因此温度越低对吸附越有利，但是在水处理中一般温度变化不大，因而温度的影响往往很小，常常可以不加考虑。

共存物质：其影响较复杂，有的可以相互诱发吸附，有的能独立地被吸附，有的则相互干扰其作用。水溶液中有相当于天然水含量的无机离子共存时，对有机物的吸附几乎没有什么影响。当有汞、铬、铁等金属离子在固体吸附剂表面氧化还原发生沉积时，会使吸附剂的孔径变窄，阻碍有机物的扩散。悬浮物会堵塞吸附剂的空隙，油类物质会在吸附剂表面形成油膜，均对吸附有大的影响。

5.1.1　海藻酸基吸附剂的制备及表征

海藻酸钠结构中由于含有大量的—COOH 和—OH 基团，与多种污染物有着良好的结合能力。海藻酸钠应用于水处理时通常是作为基质材料的，通过海藻酸钠与多价金属离子交联形成一定形状(丝状、颗粒状、膜状)的凝胶，然后通过其他含有官能团的物质对海藻酸钠进行改性，形成复合材料；或者是在海藻酸钠形成凝胶前将海藻酸钠溶胶与其他材料混合均匀，然后和多价金属离子交联，形成整体式的海藻酸钠复合材料；又或者是以海藻酸盐为前驱体，制备活性炭或碳气凝胶吸附材料等。

一般来说，从海藻酸盐到海藻酸基碳气凝胶的制备一般有以下几步，如图 5.1 所示。

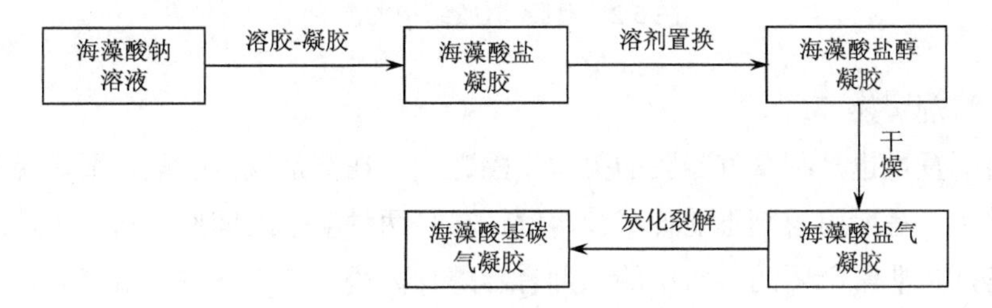

图 5.1　海藻酸基碳气凝胶的制备过程

与大多数气凝胶的制备相似，海藻酸钠基气凝胶的制备主要分为三步[1]：首先在物理或化学条件下，将海藻酸钠作为前驱体形成水凝胶；第二步通过乙醇、丙酮等溶剂进行溶剂置换形成醇凝胶；最后通过超临界 CO_2 干燥或冷冻干燥脱除内部孔结构中的溶剂，得到海藻酸基气凝胶材料；还可继续对气凝胶材料进行炭化处理，得到海藻酸基碳气凝胶材料。

1) 溶胶-凝胶过程

在前驱体水凝胶的形成过程中，交联速度和交联方式对三维网络结构的形成有具有重要影响[2]。根据交联的速度，可分为快速交联和慢速交联。快速交联由于凝胶速度非常快，容易使水凝胶的结构不均匀。例如，将海藻酸钠溶液倒入氯化钙溶液中的过程就是一个快速交联的过程，可以观察到形成的凝胶形状不规则且内部不均匀；而慢速交联更容易形成结构均匀的水凝胶。例如，通过加入 pH 缓冲液控制碳酸钙中钙离子的释放速度，从而达到慢速交联的效果，形成更加稳定的结构。交联的方式有物理交联和化学交联：物理交联通常是形成氢键或者离子键，多为可逆的。某些无机盐的加入可为交联提供离子键，例如氯化钙、氯化钠、氯化钾等。化学交联则是通过添加交联剂或者偶联剂使之发生交联，形成的结构更加稳定，不容易受到破坏。常用的交联剂有戊二醇、戊二醛等。溶胶-凝胶结构演变如图 5.2 所示。

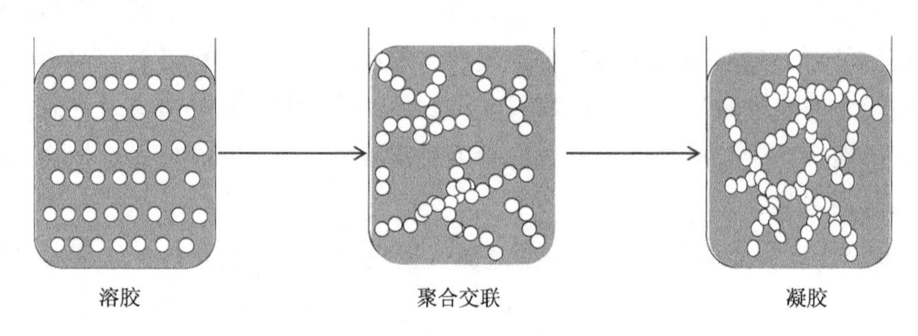

图 5.2　溶胶-凝胶结构的演变

2) 溶剂置换

溶剂置换也是制备气凝胶的关键步骤之一。在溶剂置换阶段，要满足两个基本条件：一是所用溶剂不能使凝胶溶解，二是两种溶剂之间要互溶。因此选取适当的溶剂是非常必要的。常用的溶剂有乙醇、丙酮、叔丁醇等。置换时，可以将水凝胶直接浸泡在较高浓度的溶剂中，也可以设置浓度梯度由低到高，逐渐完成置换，此法能够保证凝胶结构均匀和置换完全。相关报道提到，在–20℃时用丙酮进行置换，所得的气凝胶收缩率比较小。

3) 干燥方式

干燥方式也是制备天然多糖基气凝胶的关键步骤。目的是除去醇凝胶内部的溶剂，同时保持凝胶内部的三维网络结构不发生塌陷和大幅度收缩。传统的干燥方式如自然晾干、烘箱干燥等是无法实现的。因为上述方法在气液之间存在弯曲界面，会产生毛细管作用力，导致大面积的孔洞结构塌陷和收缩，只能得到干凝胶。超临界二氧化碳干燥，在过程中不经过气液相转变，不存在表面张力且为双向传质，超临界二氧化碳和溶剂分别进出孔洞结构，实现交换。因此不存在塌陷的情况，能够很好地维持气凝胶的原貌。冷冻干燥也是一种常用的干燥方法，不需要经过溶剂置换这一步骤。溶剂在干燥时由固态直接升华为气态，不存在毛细管力的作用，也不会导致内部结构塌陷。大量实验表明采用快速冷冻(液氮冷冻)、缓慢解冻的方法更容易保持良好的凝胶结构。通过冷冻干燥得到的气凝胶也常被称为冻凝胶。

4)气凝胶炭化处理

气凝胶在惰性气氛下炭化得到碳气凝胶。在炭化阶段，形成气体的聚合物消失，在碳前驱体中留下空隙，得到的碳气凝胶具有较大的比表面积和交联疏松的结构。碳气凝胶继承了气凝胶的基本网络结构，因此控制气凝胶的结构因素同样控制着碳气凝胶的网络结构。

炭化过程中改变炭化气氛可以调整气凝胶结构，适度地控制氧化剂(空气、二氧化碳等)可以对碳气凝胶进行适度活化，增加孔隙率，调整孔径分布；调整炭化温度可以调整碳气凝胶的导电性等性质。根据具体的应用需求，可以结合气凝胶结构调控和炭化过程中参数的调整，得到所需的海藻酸碳气凝胶产品。碳气凝胶仍保持了完整的气凝胶骨架，质极轻，为密度极小的多孔结构。海藻酸盐凝胶、海藻酸盐与其他材料制得的复合凝胶和海藻酸基碳气凝胶的具体制备方法如下所述。

5.1.1.1　海藻酸盐凝胶吸附剂的制备和表征

海藻酸钠水溶液可与金属离子直接胶凝，得到海藻酸盐凝胶吸附剂。该离子交联法工艺简单，易于操作。海藻酸盐纳米粒的直径随着交联剂的浓度和海藻酸钠溶液的浓度的增大而增大，当达到一定浓度时，纳米粒子聚合而形成凝胶。研究较多的是海藻酸钠与钙离子交联，形成凝胶吸附剂[3]。闫永柱[4]将 2.0 g 海藻酸钠加入到 100 mL 去离子水中，搅拌至海藻酸钠完全溶解。之后将海藻酸钠溶胶溶液逐滴滴加到 $CaCl_2$ 水溶液中，得到粒径 3.5 mm 左右的水凝胶球；待所有溶液滴加结束后继续搅拌使海藻酸钠分子与钙离子充分交联。得到的海藻酸钙水凝胶球放入去离子水中搅拌洗涤三次，以去除多余的 Cl^-和 Ca^{2+}，即可得到海藻酸钙凝胶小球。另外，还可以使用其他金属离子进行交联得到海藻酸盐凝胶吸附剂。例如罗钰等[5]以硫酸锰为交联剂，制得凝胶吸附材料。首先准确称取一定量的海藻酸钠溶解在蒸馏水溶液中形成 2.5%(w/V)的海藻酸钠溶液，恒温磁力搅拌 0.5 h 待用。称取一定量的硫酸锰，加入到上述的海藻酸钠溶液中，得到硫酸锰/海藻酸钠混合溶液(混合体系中硫酸锰的浓度为 0.05 mol/L)，恒温磁力搅 1 h，静置 10 h。反应后的溶液经过离心机分离，把固体沉淀物用蒸馏水和乙醇反复冲洗，冲洗后的沉淀物烘干，制得 Mn@海藻酸微球吸附剂。

海藻酸钠溶于水，不溶于醇，因此向海藻酸钠的水溶液中加入醇溶液时，会析出海藻酸钠产生白色沉淀状物质，将此物质冷冻干燥，液体从物质中除去而体积保持不变，这时便会成为一种轻质气凝胶。张立杰[6]以海藻酸钠为原料，通过改变制备过程中的添加剂对碳气凝胶性质的影响进行了探索。称取一定量的海藻酸钠溶解于烧杯中，用去离子水配制成 3wt%的海藻酸钠水溶液，并将其倒入搅拌的乙醇溶液中，会有白色的析出物从溶液中析出。30 min 后，分离出白色析出物，此时的样品为二次去离子水、海藻酸钠及乙醇的混合物，将以上混合物经冷冻干燥处理，即得到经乙醇处理过后的海藻酸气凝胶，如图 5.3(a)所示。然后取一定量的样品放置于管式炉中间，在氮气气氛中升温加热到 500℃保持 1 h，随后升温至 800℃保持 1 h，让海藻酸钠充分热解，结束后冷却至室温，即为经乙醇处理的海藻酸碳气凝胶，如图 5.3(b)所示，密度约为 15～18 mg/cm^3。将气凝胶碳化后得到超轻质碳气凝胶，其密度约为 5～8 mg/cm^3 且比表面积高达 1226 m^2/g。

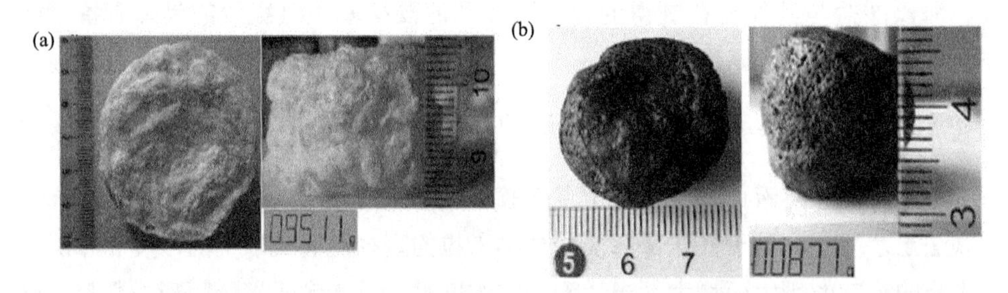

图 5.3　(a)海藻酸气凝胶与(b)海藻酸碳气凝胶[2]

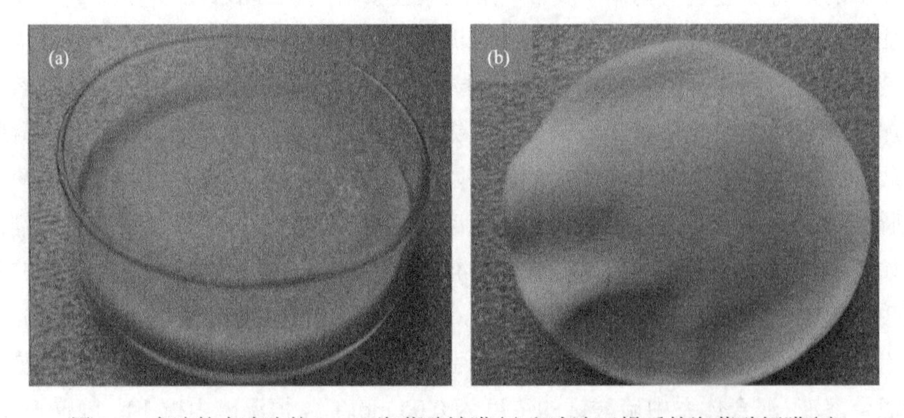

图 5.4　在冰箱中冷冻的 2 wt%海藻酸钠膜(a)和冷冻干燥后的海藻酸钙膜(b)

另外，还可以海藻酸钠为原料制备过滤吸附膜，实现对污染物的去除。Li 等[7]采用真空冷冻干燥法制备出具有多孔结构的海藻酸钠膜，首先将海藻酸钠放入去离子水中，用磁力搅拌器搅拌至完全溶解。海藻酸钠与去离子水的质量比为1%～5%。溶液放置 12 h 以去除气泡。冷冻 12 h 后，在冷冻干燥机中干燥。然后在 0.5 mol/L 氯化钙水溶液中浸泡 12 h，制备海藻酸钙膜。用去离子水多次清洗膜以去除残留的氯化钙，并在自然条件下干燥。为了考察氯化钙浓度对膜过滤性能的影响，采用不同浓度的氯化钙(0.1～0.9 mol/L)溶液与固定质量比(2wt%)的海藻酸钠进行交联，其照片如图 5.4 所示。

5.1.1.2 海藻酸盐复合材料的制备及表征

海藻酸盐复合材料的制备通常包括乳化法、静电络合法和自组装法。

乳化法是把一种极微小液滴的液体均匀地分散在另一种互不相溶的液体里，在表面活性剂的作用下形成水包油或油包水的乳液。实际中通常以水作为连续相，把一种单体分子均匀地分散在含有乳化剂的水相胶团内，经过成核、聚结、团聚和热处理后得到纳米粒子。例如，Machaodo 等[8]研究了将四乙二醇十二烷基醚与癸烷、海藻酸钠溶液混合，生成油包水乳液，之后加入氯化钙溶液，成功制备了直径约 200 nm 纳米粒子。该方法制备的纳米粒子分布均匀，但乳化时间、表面活性剂的选择等因素对纳米粒子直径的大小有较大影响。

为了使自由能降至最低，两聚合物分子间或分子内发生相互交联而形成胶团或自聚，即为自组装反应。目前，功能性海藻酸钠纳米粒的制备和应用成为许多研究内容的主题，海藻酸钠分子中含有活性强的羧基和羟基，易和其他活性官能团形成一些具有特殊性质的纳米粒。例如醇类、羧酸类和酯类聚合物，通常成为和海藻酸钠发生自聚反应的聚合物。自组装反应操作简单，反应迅速，生成的纳米粒性能优良。例如，Cai 等[9]以海藻酸钠为基体，利用甲基丙烯酸-2-氨基乙酯通过搅拌制得纳米胶束。海藻酸钠具有活性较强的羟基和羧基，其衍生出的海藻酸钠复合材料具有多种优势特点，如具有抗菌、高磁、多微孔、高热稳定性以及拉伸强度等特性，也能提高材料的结合强度，改善材料气密性。

通过将海藻酸与其他无机粒子进行复合，得到的海藻酸复合材料凝胶可提高对污染物的去除能力。例如，Ge 等[10]通过将一定浓度的海藻酸钠与地质聚合物复合，其中地质聚合物泥浆通过将氢氧化钠、硅酸钠、偏高岭土在蒸馏水中掺入 SiO_2∶Na_2O∶Al_2O_3∶H_2O = 1.6∶1∶1∶16(摩尔比)制备，海藻酸钠溶于 2.0wt%蒸馏水中。然后将浆料与海藻酸钠溶液搅拌 1 h，再将混合浆料滴加到 5wt% $CaCl_2$

溶液中，固化后形成混合球，并在 $CaCl_2$ 溶液中老化 24 h。最后经过滤、洗涤、冷冻干燥得到直径为 2～4 mm 的海藻酸钠/地质聚合物混合凝胶。制备过程及气凝胶球如图 5.5 所示。

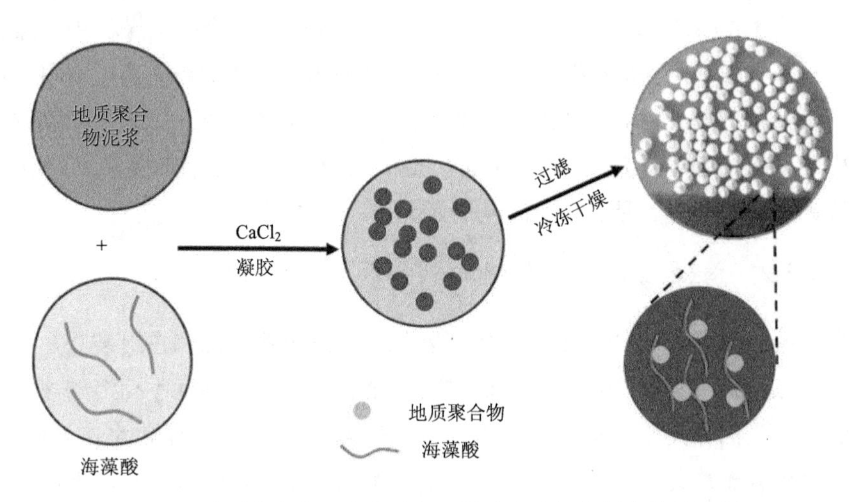

图 5.5　地质聚合物和海藻酸盐一锅法合成复合凝胶的原理图

另外，还可对得到的海藻钠与钙离子交联后的水凝胶小球进行有机接枝改性处理得到复合材料。闫永柱[4]在得到海藻酸钙凝胶小球之后，继续对其进行接枝改性，制备过程及反应机理如图 5.6 所示。将合成海藻酸钙水凝胶球加入到 100 mL 聚乙烯亚胺水溶液中(1.5%, *w/V*)，室温下将混合物连续搅拌 24 h 保证其充分分散。之后将混合物转移至戊二醛溶液中进行交联反应，戊二醛作为交联剂，与海藻酸钠以碳氧键连接、与聚乙烯亚胺以碳氮双键连接。混合溶液在 50℃的条件下连续磁力搅拌反应 1 h，此时，水凝胶球呈现暗红色。随后使用滤网将制备得到的水凝胶球过滤出来，放入去离子水中洗涤，再换用无水乙醇洗涤，最后在冰箱中冷冻，然后用真空冷冻干燥仪冷冻干燥。可通过改变加入不同量的聚乙烯亚胺以改变聚乙烯亚胺的含量。制备得到核-壳/珠状的卡拉胶/聚乙烯亚胺复合材料。

采用冰模板法制备三聚氰胺-甲醛-海藻酸钠(MF-A)气凝胶，机理如图 5.7 所示[11]。首先制备三聚氰胺-甲醛(MF)树脂前驱体：将 1 mol 三聚氰胺和 3 mol 甲醛与 180 mL(10 mol)的去离子水混合，用 0.1 mol/L NaOH 溶液将混合物的 pH 调至 8～9，然后在 80℃下搅拌 8 h，得到前驱体溶液。制备 MF-A 气凝胶时，用对

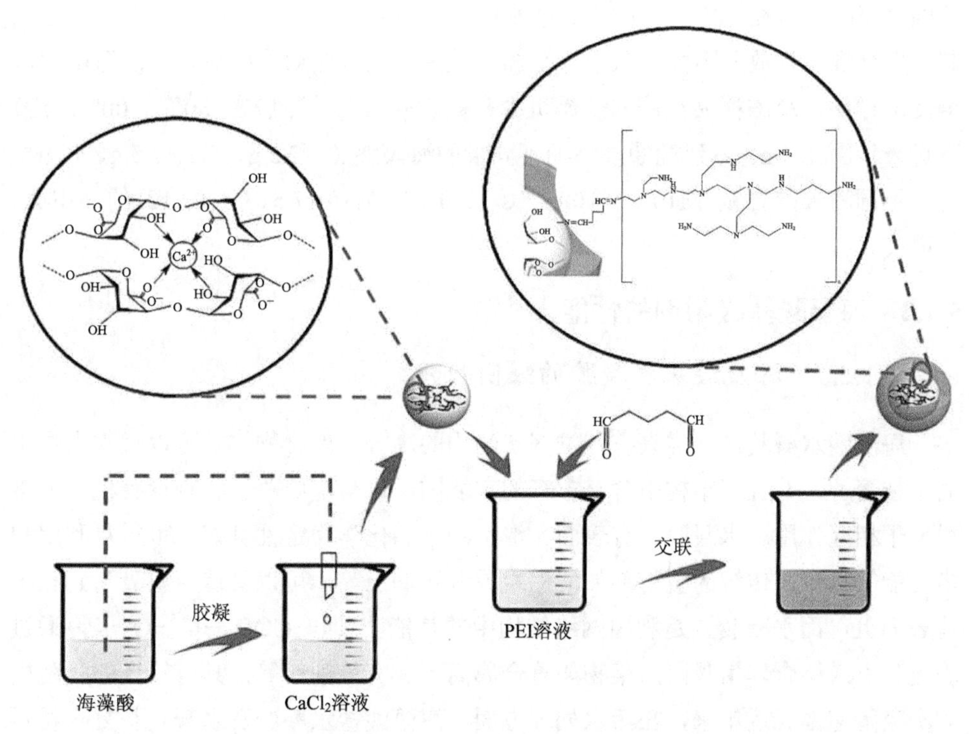

图 5.6　核-壳/珠状的 alginate@PEI 复合材料的制备及反应机理

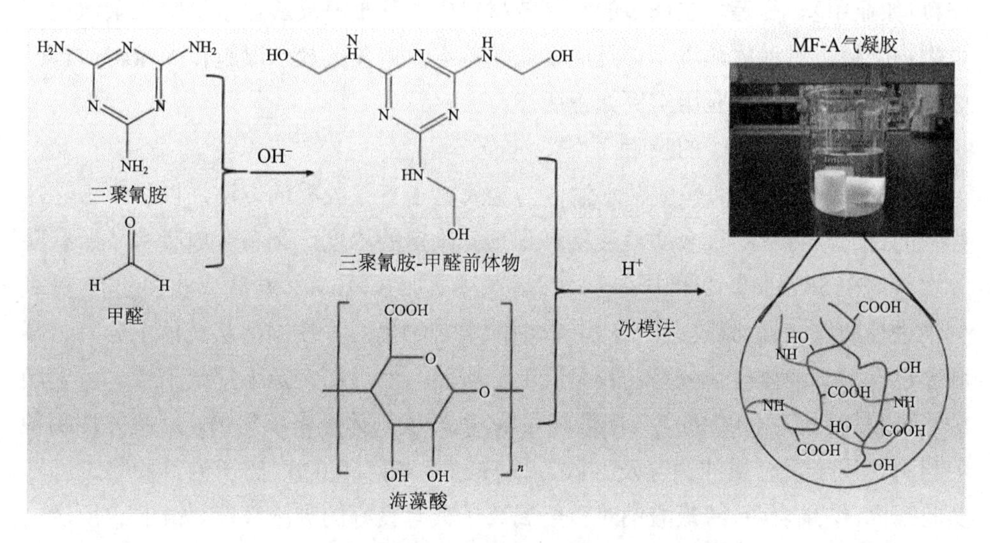

图 5.7　海藻酸基复合气凝胶(MF-An)制备机理

甲苯磺酸将定量的 MF 前驱液(含 10 g MF)的 pH 在搅拌下调整至约 6.0，将给定量的海藻酸溶解在 100 mL 的去离子水中，然后将上述两种前驱液立即混合在一起。所得混合物放入聚丙烯瓶中，在 30℃交联 4 h。然后将样品置于液氮浴中获得冷冻样品，冷冻样品在冷冻干燥机中干燥。获得的气凝胶在 80℃(100%湿度)下进一步固化 4 h。本研究通过添加不同量的海藻酸(0、2.5 g、5 g、7.5 g、10 g)，得到不同海藻酸含量(M10、M10A2.5、M10A5、M10A7.5、M10A10)的 MF-A*n* 气凝胶。

5.1.2 海藻酸基吸附剂的性能

5.1.2.1 海藻酸基水凝胶的吸附应用

海藻酸水凝胶是一类具有三维网状结构的高分子聚合物，它可以吸收大量水而不被溶解，并且其结构中含有丰富的官能团，可与金属离子、有毒有机物或染料分子相互作用。水凝胶具有表面光滑、物理和化学稳定性良好、可重复利用和多功能等特点。传统的吸附剂如活性炭或者膨润土等，可以将重金属吸附到孔中或表面上，而水凝胶则是利用网络结构中的官能团(即—COO—和—O—等)通过静电吸引或络合作用吸附污染物如重金属离子、有机染料等，具有较高的吸附能力和吸附速率。近年来，在污水处理方面，海藻酸盐水凝胶及水凝胶基复合材料用于去除水体中的重金属离子(如 Pb^{2+}、Cu^{2+}、Cd^{2+}等)和工业上排放的各种有机染料(如亚甲基蓝)等。在众多的水凝胶材料中，基于海藻酸盐水凝胶的亲水性、可生物降解、对水体环境无毒且成本低等特点，海藻酸盐水凝胶作为吸附材料已被国内外广泛使用。应用实例如下所述。

1) 对重金属阳离子的吸附

Wang 等[12]使用海藻酸钠水溶液与金属离子直接胶凝的方法，以达到去除污染物的目的。将水中重金属溶液稀释到预先确定的浓度，制备合成废水。所有凝胶实验均在 50 mL 离心管中进行，然后通过添加 0.1 mol/L 盐酸或 0.1 mol/L 氢氧化钠进行调整 pH，凝胶后，将 PP 管中的混合物离心，使固体从液体中分离，凝胶通过重力与液体自然分离，收集底部的凝胶，然后在室温下空气干燥。将干燥的气凝胶材料在 700℃的空气中煅烧 1 h，以产生固体金属氧化物，用此方法制备的材料可用于重金属的去除及回收。以 Pb^{2+}、Cu^{2+}和 Cd^{2+}离子为目标物进行了实验研究。结果表明，海藻酸钠对重金属离子具有良好的吸附性能(如图 5.8 所示)，采用伪二阶动力学模型可以很好地描述其吸附过程。通过将吸附后的生成物进行煅烧，得到的金属氧化物粉末可进行回收再利用。

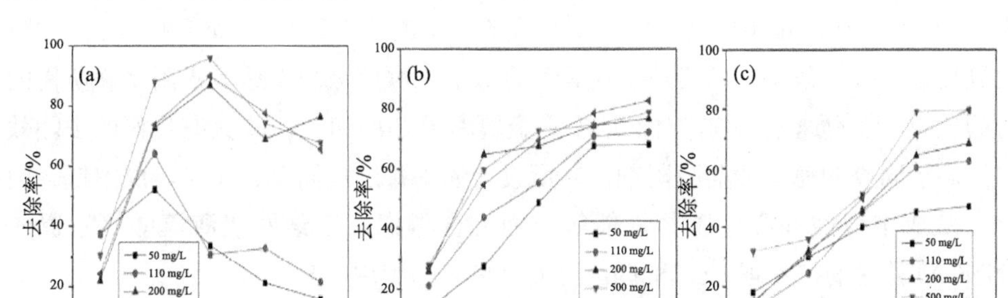

图 5.8　不同初始浓度下海藻酸钠对不同重金属离子的去除率[7]

由于海藻酸钠结构较为致密、扩散系数低，以至于在吸附过程中污染物在材料内部的传输较慢，因此越来越多的研究者致力于构筑三维网状结构，以提高吸附过程中重金属离子的传质性能。

Li 等[7]首先采用真空冷冻干燥法制备出具有多孔结构的海藻酸钠膜，接着通过与钙离子交联得到具有三维网络结构的多孔海藻酸钙膜(参见图 5.4)。结果表明，多孔海藻酸钙膜对染料的吸附符合 Langmuir 等温吸附模型和准二阶动力学模型，且去除率最高为 96%。Ge 等[10]通过一锅法，以绿色地质聚合物和海藻酸钠为原料合成了一种新的地质聚合物/海藻酸钠混合球(GAS)(参见图 5.5)，研究了地质聚合物与海藻酸钠的质量比对所得吸附剂性能的影响。结果表明，GAS-4(Geo/SA=1∶0.16)具有良好的内部蜂窝状结构。将 GAS-4 用作吸附剂，用于去除水中的 Cu^{2+}，当用量为 0.15 g/100 mL、初始重金属离子浓度为 50 mg/L 时，去除率可达 99%。GAS-4 不仅环保、可以多次循环使用，而且具有较高的成本效益。

成芳芳[13]研究了以海藻酸纤维为生物吸附剂来吸附水中 Pb^{2+}、Fe^{3+}、Cu^{2+}，并对 Pb^{2+}、Fe^{3+}的静态吸附和 Pb^{2+}、Cu^{2+}的动态吸附进行了表征。实验结果显示，海藻酸纤维对 Pb^{2+}、Fe^{3+}的吸附时间较短，吸附量随着金属离子的增大而增大。而吸附剂对 Pb^{2+}、Cu^{2+}进行的动态吸附效果也极好，对海藻酸纤维吸附铜和铅离子的动态柱吸附模型进行了探讨。结果表明，改性滤料吸附柱对 Pb^{2+}和 Cu^{2+}的吸附均具有良好的吸附柱动力学特性，吸附效果很好，且吸附柱可重复循环使用，在重金属废水处理领域具有良好的发展前景。

关于海藻酸盐作为吸附剂去除污水中的 Cd^{2+}和 Cu^{2+}，目前已有许多的文献报道。对不同形式的海藻酸盐吸附剂对 Cd^{2+}和 Cu^{2+}的去除效果做了对比，结果如表 5.2 所示，在已报道的文献中，所合成的海藻酸盐吸附剂对 Cd^{2+}和 Cu^{2+}可同时达到良好的吸附效果，尤其是 Tao 等[14]合成的水凝胶吸附剂达到吸附平衡所需的时间较短，吸附速率较快，对低浓度重金属离子 Cd^{2+}和 Cu^{2+}均具有良好的去除效率，高于同类的海藻酸盐吸附剂，且所设计的制备过程简单、无毒、成本低。因此，从成本效益和吸附整体性能等方面综合考虑，三维网状海藻酸钙水凝胶(NNCA)吸附剂在处理 Cd^{2+}和 Cu^{2+}方面有良好的应用前景。

表 5.2　有关海藻酸盐对 Cd^{2+}、Cu^{2+}去除率的比较

吸附剂	剂量/mg	Co/(mg/L)	V/mL	t/min	金属	R_c/%
海藻酸	300	1000	100	500	Cd^{2+}	95.1
	300	1000	100	500	Cu^{2+}	65.7
海藻酸	500	1000	50	100	Cd^{2+}	80.0
	500	1000	50	100	Cu^{2+}	80.0
海藻酸	2000	10	50	2880	Cd^{2+}	30.0
	2000	10	50	2880	Cu^{2+}	98.0
海藻酸	250	100	50	120	Cu^{2+}	80.0
海藻酸	20	100	40	1440	Cu^{2+}	60.0
SA	20	10	10	60	Cd^{2+}	48.6
	20	10	10	60	Cu^{2+}	38.2
NNCA	20	10	10	60	Cd^{2+}	78.6
	20	10	10	60	Cu^{2+}	82.0

2) 对金属含氧酸根的吸附

除阳离子污染物外，对海藻酸改性后的复合材料还可以用于金属含氧酸根污染物的去除。例如韩东等[15]研究了海藻酸钠微胶囊负载纳米铁吸附水中的砷(V)。实验利用海藻酸钠微胶囊负载零价的铁材料来吸附水中不同浓度的砷(V)。结果表明，2 g/L 的复合材料在 pH 值为 6.5 左右、常温常压下对 5 mg/L 砷(V)的去除率为 90.35%，吸附速率快，半小时即达到平衡状态。砷的去除率随着复合材料的增加而增大，吸附最佳的 pH 值在 6～7 之间，说明该复合材料是一种用于原位修复重金属污染水体的潜在理想材料。

聚乙烯亚胺(PEI)由于每个分子中存在大量胺基，可以与许多金属螯合，因此许多研究人员将 PEI 引入吸附剂中来提升吸附剂的吸附能力，从而具有核壳珠状的 alginate@PEI 复合材料在 pH 值为 1~8 范围内对 Cr(Ⅳ)有较好的吸附性能(图 5.9)。通常，pH 值不仅影响铬形态的转化，而且还影响吸附剂表面的电荷密度。Cr(Ⅵ)在水溶液中以不同的形式存在，包括 $Cr_2O_7^{2-}$、$HCr_2O_7^-$、CrO_4^{2-}、$HCrO_4^-$ 和 H_2CrO_4。当溶液的 pH 值在 2.0～6.0 范围内时，$HCrO_4^-$和 $Cr_2O_7^{2-}$是主要的存在形式，而当溶液的 pH 值大于 6 时，Cr(Ⅵ)的主要存在形式是 CrO_4^{2-}，而当溶液 pH<1.0 时，H_2CrO_4 是 Cr(Ⅵ)的主要存在形式。吸附实验在室温(25℃)下进行，吸附 24 h，初始 Cr(Ⅵ)浓度为 100 mg/L。吸附剂对 Cr(Ⅵ)的吸附容量随着 pH 值从 1.0 增加到 2.0 而增加，然后当 pH 值从 2.0 增加到 8.0 时，吸附容量不断降低；在 pH 值为 2.0 时吸附量达到最大值。造成吸附量不断变化的主要原因是 alginate@PEI 水凝胶球上大量的氨基基团在酸性条件下质子化，导致正负电荷相互吸引，从而促进水溶液中六价铬的去除。随着 pH 值从 1.0 增加到 2.0，吸附容量的增加可能归因于 Cr(Ⅵ)的形态转化，其中中性 H_2CrO_4 在 pH<2.0 时形成。因此，pH 值为 2.0 时，是该材料吸附重金属铬的最佳 pH 值。

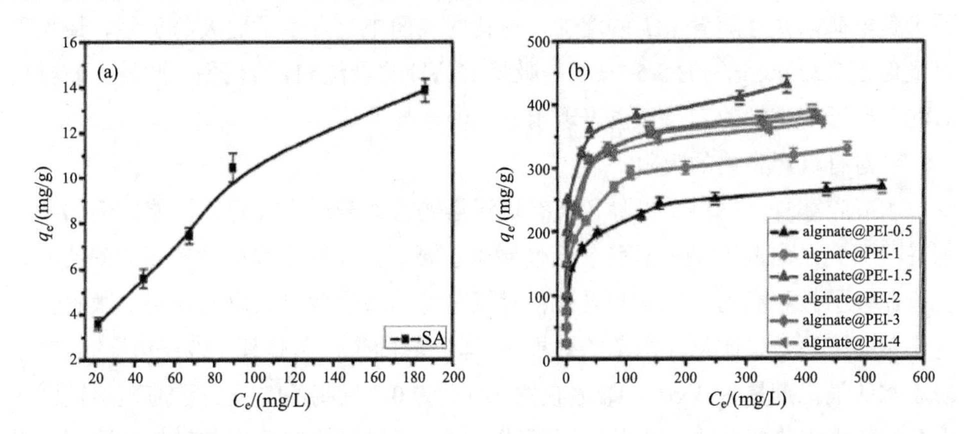

图 5.9　纯海藻酸(a)；alginate@PEI-0.5、alginate@PEI-1、alginate@PEI-1.5、alginate@PEI-2、alginate@PEI-3 和 alginate@PEI-4(b)吸附 Cr(Ⅵ)的吸附等温线

3)对放射性金属离子的吸附

通过冰模板法成功制备了三聚氰胺-甲醛-海藻酸盐(MF-A)气凝胶，并探索了其在去除水溶液中 U(Ⅵ)方面的应用[11]。这种 MF-A 气凝胶具有块状结构，内部有三维多孔网络，具有良好的机械稳定性。这些性质使得核素吸附后的物质很容易从水溶液中分离出来。首先考察了海藻酸钠与三聚氰胺甲醛的配比对吸附性能的影响。从理论上讲，由于它们对 U(Ⅵ)的亲和力不同，不同组分的比例会导致不同的吸附性能。我们的研究发现，在没有海藻酸盐的情况下，MF 气凝胶中 U(Ⅵ)

的去除效率(RE，%)仅为2.5%，并且随着海藻酸盐比例的增加而迅速增加，当海藻酸盐与三聚氰胺-甲醛的比例为1∶1，其RE达到69%。结果表明，随着海藻酸盐比例的增加，对U(Ⅵ)的去除效率明显提高，表明海藻酸盐对U(Ⅵ)的吸附起着重要作用。然后又研究了接触时间对MF-A气凝胶吸附U(Ⅵ)的影响，开始时吸附较快，这可以归因于可用于吸附U(Ⅵ)的丰富的反应位点。24 h后，吸附量达到平衡吸附量的80%，平衡时间约为36 h，虽然该吸附剂对U(Ⅵ)的吸附过程比以往报道的要慢，但其较大的规模大大简化了使用后吸附剂的分离。紧接着又探究了pH的影响，测定了MF-A气凝胶在pH值2.0～10.0范围内对U(Ⅵ)的去除效率，溶液的pH显著影响MF-A气凝胶对U(Ⅵ)的吸附：RE(%)从pH 2.0急剧上升到5.5，从5.5下降到6.5，然后在pH高于6.5时急剧下降。在最佳pH值下，MF-A气凝胶的平衡吸附容量为183.31 mg/g。这一结果可以归因于不同的U(Ⅵ)物种和不同pH下吸附剂表面性质的变化的共同作用，在MF-A气凝胶中，海藻酸盐是吸附U(Ⅵ)的主要原因，其结构中的羧基和羟基使MF-A气凝胶的表面带负电荷，并且随着pH的增加，材料的表面电位发生了更大的负移。最大吸附量为211.22 mg/g，pH 5.5～6.5是吸附U(Ⅵ)的最佳pH值范围。此外，该材料对混合离子溶液中的U(Ⅵ)也表现出一定的选择性。

4)对有机污染物的吸附

水凝胶基复合材料在去除各类有机污染物方面表现出优异的性能。例如马小剑等[16]研究了海藻酸钠-壳聚糖-活性炭微胶囊固定化微生物处理对氯苯酚废水，实验比较了微胶囊固定化菌和悬浮菌对氯苯酚的降解效果。研究表明，微胶囊固定化菌的降解效果比悬浮态菌的效果好，微胶囊固定化菌处理120 mg/L的对氯苯酚废水的最优剂量为3 g/L，最适宜的 pH为7.0。周鸣等[17]研究了海藻酸钠固化香蕉皮粉吸附染料废水，实验以甲基紫为例，考察了吸附反应的时长、温度、吸附剂和吸附质用量比对吸附的影响。实验结果表明，海藻酸钠固化香蕉皮粉能有效吸附溶液中的甲基紫，吸附在2 h左右达到平衡，吸附速率随着温度的升高而下降，甲基紫/吸附剂用量的最佳比例为1∶5，吸附的最佳pH为 7.0，吸附去除率最高达92.64%，吸附量为185.3 mg/g。并且吸附反应复合 Freundlich 吸附等温线，和伪二级动力学方程有较好的相关性，吸附剂能较好地重复利用。

罗钰等[5]用硫酸锰/海藻酸钠混合溶液制得 Mn@海藻酸微球复合吸附剂，然后对海藻酸球复合材料进行了对抗生素的吸附实验测试。图5.10为0.1 g Mn@海藻酸微球处理50 mL初始浓度分别为5 mg/L、8 mg/L、11 mg/L、14 mg/L、17 mg/L盐酸四环素废水的吸附曲线。其所展示的是在不同初始浓度的盐酸四环素下吸附量随时间的变化关系。从图中可以看出，系统在 2.5 h 之后达到平衡状态，吸附剂对盐酸四环素的吸附量随着盐酸四环素浓度的增加(从 5 mg/L 增加到 17 mg/L)而增大(从 3.575 mg/g 增加到 10.404 mg/g)。这是因为当盐酸四环素浓度增加时，溶液与吸附剂之间的作用力逐渐增强，盐酸四环素小分子与吸附剂表面的有效碰撞次数增多。吸附过程分为 2 个吸附阶段，即前期的快速吸附阶段和后期的缓慢吸附阶段。在吸附开始的 50 min 内，Mn@海藻酸微球对盐酸四环素分子的吸附速率较快，吸附量增大显著。50 min 后，随着时间的延长，吸附剂和盐酸四环素分子之间的相互排斥且位阻效应逐渐增强，吸附剂表面剩余的空位点很难被占据，使得吸附趋势变缓，最终 2.5 h 后逐渐达到吸附平衡状态。

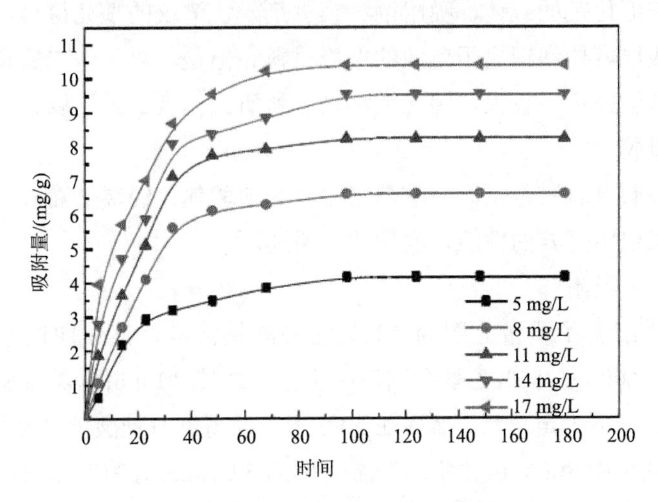

图 5.10　初始浓度和时间对 Mn@海藻酸微球吸附盐酸四环素效果的影响[5]

这种海藻酸复合微球的吸附量与环境中 pH 值的影响息息相关，它的平衡吸附量和去除率均随着 pH 值的增大而增大。当酸性较强时不利于吸附反应的进行；随着 pH 值的增大，吸附剂对盐酸四环素的吸附量从 0.938 mg/g(pH=2)增加到 6.178 mg/g(pH=6)，去除率从 9.38%(pH=2)增大至 61.78%(pH=6)，吸附量发生明显变化的主要原因是盐酸四环素以阳离子的形式存在，Mn@海藻酸微球吸附剂上的氧基官能团也带正电荷，因此，吸附剂和盐酸四环素之间主要以静电斥力为主，使得吸附反应较弱。然而，随着酸性的减弱，盐酸四环素以两性离子形式存在于溶液中，吸附剂与盐酸四环素分子之间的静电斥力逐渐减弱，吸附作用逐渐增强。故此，这种海藻基复合材料不利于在酸性环境中进行吸附。

5.1.2.2　海藻酸基碳气凝胶的吸附应用

碳气凝胶是由球状纳米粒子相互联结而成的一种纳米级多孔气凝胶。它是典型的多孔材料，属于炭材料，比表面积约 200～1100 m^2/g。1989 年美国劳伦斯 •利弗莫尔(Lawrence Livermore)国家实验室的 R. W. Pekala 采用间苯二酚和甲醛在 Na_2CO_3 催化作用下成功制备了有机气凝胶，并将这种有机气凝胶在惰性气氛中炭化得到碳气凝胶。碳气凝胶是唯一具有导电性的气凝胶，其除了具有一般气凝胶的特性如形状、密度、比表面积和网络结构连续可调外，还具有高导电率、高水热稳定性、生物相容性、高比强、抗辐射等优良特性。作为碳材料中的一员，它不仅可以用作催化剂的载体、吸附剂、模板剂，色谱仪的填充材料、热绝缘体，还是制备超级电容器和锂离子电池的电极材料。但是，以间苯二酚和甲醛为原料对环境和人体健康危害较大，因此近年来，科研工作者致力于以天然生物质为原料制备碳气凝胶。

海藻酸基碳气凝胶是以海藻酸基气凝胶为前驱体，经炭化而成。在多种污染物去除方面表现出优异的性能，实例如下所述。

1) 对染料的吸附

朱海山[18]配制了质量分数为 3%的海藻酸钠溶液，然后通过湿法纺丝法将 50 mL 溶液在 600 mL 95%乙醇凝固浴中析出，静置 30 min 使其凝固完全后转移到 50 mL 离心管中固定形状，然后在 50℃下干燥得到海藻酸钠气凝胶，最后，在 N_2 氛围的管式炉中 800℃碳化 1 h(升温速率为 5℃/min)，将其用去离子水洗涤至中性，烘干后得到海藻酸钠基碳气凝胶，在对染料去除方面选择了亚甲基蓝(MB)、甲基橙(MO)和油红 O(ORO)分别作为阳离子染料、阴离子染料、溶剂染料的代表，考察了接触时间、染料浓度、温度、pH 对吸附的影响。在投加量为 0.5 g/L 时，考察了吸附剂对三种染料接触时间、温度和染料初始浓度的影响(图 5.11)。

由图 5.11 可以看到，温度由 25℃升到 45℃，吸附量随着温度的升高而增加。此外随着染料浓度的增加，吸附量也随之增加，这是由染料浓度提供的驱动力随浓度梯度的增加而增加的结果，然后又探究了时间对吸附的效果，在吸附的初始阶段，吸附量迅速上升，10 min 左右吸附速度减缓，1 h 后达到吸附平衡状态。海藻酸钠基碳气凝胶(W-SACA)对 MO、MB、ORO 的平衡吸附量分别为 198.9 mg/g、196.5 mg/g、194.3 mg/g。

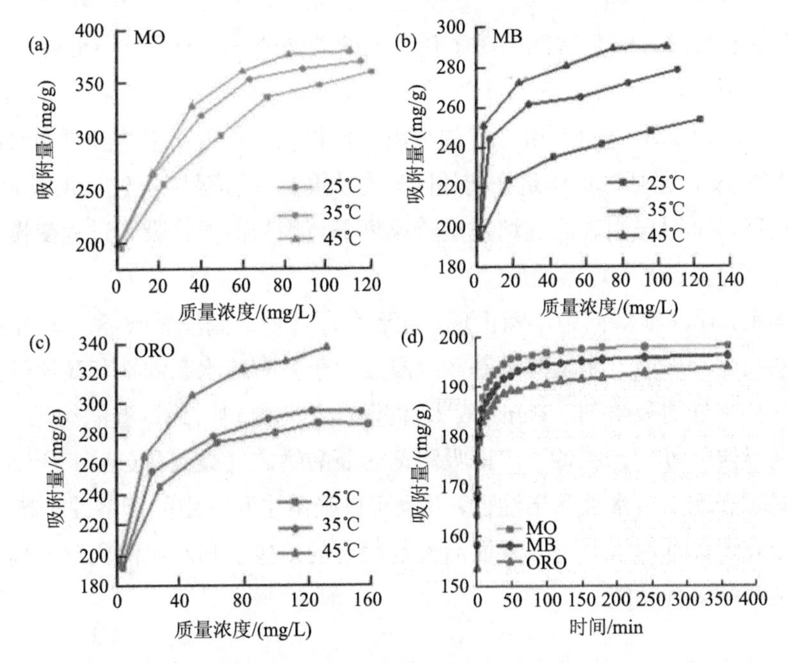

图 5.11　温度、浓度、接触时间对 W-SACA 的影响[16]

2) 对重金属的吸附

Huang 等[19]采用冷冻干燥法制备了乙二胺改性海藻酸钙气凝胶(ECAA)，制备方法主要是在含有乙二胺的海藻酸钠水溶液中用 8000～10000 分子量截断透析管透析净化三天，然后透析产物用冻干机冷冻干燥，得到乙二胺改性海藻酸钠(EA)。将乙二胺改性海藻酸钠溶液(1% *w*/*V*，10 mL)和海藻酸钠溶液(1% *w*/*V*，10 mL)混合搅拌 2 h，制成均匀混合物用注射针将混合物滴入 50 mL 的 0.2 mol/L $CaCl_2$ 溶液中。反应 30 min 后，过滤出微珠，用去离子水彻底洗涤，冻干机冷冻干燥，得到乙二胺改性海藻酸钙气凝胶微珠，高温炭化后得到碳气凝胶复合材料 ECAA，并将其用于去除水溶液中的 Pb^{2+}和 Cu^{2+}。用此复合材料对 Pb^{2+}和 Cu^{2+}进行了系列吸附实验。对金属离子的浓度用量进行了测试，结果表明，在溶液体积和吸附剂用量不变的情况下，随着 Pb^{2+}和 Cu^{2+}初始浓度从 0.1 mmol/L 增加到 10 mmol/L，金属吸附量增加。在超过 2 mmol/L 后趋于平稳可能是由于吸附剂饱和时缺乏足够的活性中心来容纳更多的金属离子所致。ECAA 对 Pb^{2+}和 Cu^{2+}的最大吸附容量分别为 219.3 mg/g 和 87.8 mg/g，然后研究了 pH(1.0～7.0)对吸附的影响，结果表明，ECAA 对 Cu^{2+}的吸附容量随溶液 pH 的升高而增大，最佳吸附 pH 在 3～7 之间。这可以通过吸附剂上氨基和羧基离子状态的变化来解释，即当溶液

pH 较低(pH<3)时，吸附官能团质子化，但随着溶液 pH 的升高(3≤pH≤7)，氨基和羧基去质子化。最后，又对接触时间对其吸附的影响进行了测试，结果表明，在前 60 min，ECAA 对 Pb^{2+}和 Cu^{2+}的吸附速率很快，吸附速率达到平衡吸附量的 75.3%和 73.9%。这可以看作是在初始阶段有大量的表面吸附空位可供吸附，随着时间的推移，可用自由表面逐渐被重金属离子填满从而导致吸附过程变慢。

3)油水分离

近年来，原油泄漏问题不断出现，导致海洋环境遭到严重破坏，严重威胁到海洋生物的生存环境。海藻酸钠基碳气凝胶由于具有疏水亲油性和高比表面积使其成为一种良好的吸附剂。Tian 等[20]以海藻酸钠为原料，通过湿法纺丝、交联、干燥和高温炭化等工艺制备了广谱吸附剂海藻酸钙碳气凝胶(CCA)。所制备的碳气凝胶同时表现出亲水性和亲油性，并且可以吸附水和油中的可溶性染料。此外，该碳气凝胶还具有油水分离、表面活性剂稳定的油包水和水包油乳液分离以及同时去除染料等多种功能。

5.2　海藻基异相类芬顿催化剂

高级氧化法是一种高效的降解有机废水的方法，以其广泛适用性、高反应速率、强氧化性等特点备受关注。具体是指在高温、高压、超声、电压等条件下，释放出羟基自由基(•OH)，通过其强氧化性降解污染物的一种氧化技术。在高级氧化技术中，芬顿(Fenton)技术具有工艺简单、处理效率较高、成本相对低等特点，被广泛应用于污水处理领域来降解污染物。芬顿试剂的反应物为 Fe^{2+}和 H_2O_2，最早由法国科学家 Fenton 于 1894 年发现，并以此命名。H_2O_2 的产物一般为水和氧气，是一种理想的绿色氧化剂。芬顿反应的机理最早于 1934 年由 Harber 等提出，确认了 H_2O_2 被 Fe^{2+}活化，产生•OH。随后 Barb 和 Walling 等又研究了 Fe^{2+}、Fe^{3+}和 H_2O_2 的反应过程，以及反应中自由基之间的反应，目前公认的芬顿反应机理如公式(5.1)～公式(5.5)所示。•OH 是一种强氧化性自由基，其氧化电势为 2.8 V，远远高于 H_2O_2 的氧化电势(1.76 V)，在自然界中仅次于单质氟(3.06 V)，是芬顿降解污染物的主要驱动力。目前，芬顿反应被广泛地应用于各种有机物的降解，相关的降解机理不断完善。

$$Fe^{2+} + H_2O_2 \longrightarrow Fe^{3+} + \bullet OH + OH^- \qquad k = 63 \sim 76\ L/(mol \cdot s) \tag{5.1}$$

$$Fe^{3+} + H_2O_2 \longrightarrow Fe^{2+} + \bullet O_2H + H^+ \qquad k = (0.1 \sim 1.0) \times 10^{-2}\ L/(mol \cdot s) \tag{5.2}$$

$$Fe^{2+} + 2OH^{-} \longrightarrow Fe(OH)_2 \tag{5.3}$$

$$4Fe(OH)_2 + O_2 + 2H_2O \longrightarrow 4Fe(OH)_3 \tag{5.4}$$

$$Fe^{3+} + 3OH^{-} \longrightarrow Fe(OH)_3 \tag{5.5}$$

但传统的均相 Fenton 技术存在适用 pH 值范围窄、H_2O_2利用率较低、Fe^{2+}难以重复利用以及反应后产生大量铁泥而造成二次污染等问题。针对这些问题，研究具有高催化活性、稳定性、可回收利用，且可适用较宽 pH 范围的非均相类芬顿技术备受关注。类芬顿技术指的能替代催化剂Fe^{2+}或者替代氧化剂H_2O_2产生活性物种降解污染物的一类技术的总称。也就是说其中的催化剂和氧化剂都可以被替代。有学者研究发现，利用其他过渡金属离子如 Co(Ⅱ)、Cr(Ⅲ)、Cu(Ⅱ)等替代 Fe(Ⅱ)也能催化H_2O_2产生活性物质·OH；其他氧化剂如过一硫酸盐(PMS)、亚硫酸盐等也可以替代H_2O_2，在催化剂的作用下产生活性物种，相应的反应被称为类芬顿反应。此外还衍生出光芬顿、电芬顿和微波芬顿等。类芬顿反应克服了传统芬顿反应的部分缺点，具有适宜 pH 范围广、微量高效、反应条件温和等特点。与均相芬顿反应相比，类芬顿的原料来源更广，可以通过选择合适的活化源而实现各种 pH 条件下的降解反应，并改良催化剂的活性和稳定性等，具有十分广阔的应用前景。类芬顿技术包括均相和异相类芬顿技术，但大部分的变价金属主要作为异相芬顿催化剂发挥作用。与均相芬顿相对应，异相芬顿反应发生在液相和固相之间，反应过程包括双氧水扩散吸附到催化剂表面，羟基自由基在催化剂表面生成，羟基自由基扩散到液相或直接在催化剂表面降解有机物，有机物的扩散及降解产物的分解等，如图 5.12 所示[21]。因此，异相芬顿技术的反应机理更加复杂、影响因素更多，其可供改良调节的地方也更多。其中，催化剂在异相芬顿中扮演着重要的作用。

海藻(如浒苔)及其提取物(如海藻酸纤维、浒苔纤维、海藻酸水凝胶和卡拉胶水凝胶等)来源广泛，具有稳定性、溶解性、黏性、凝胶性和安全性等特征。其中海藻酸钠极易与其他二价或三价金属发生离子交换而生成交联化合物，这些化合物拓展了海藻酸钠的应用领域，其中就包括了催化降解领域[22]。因此，利用海藻酸钠和金属离子的溶胶凝胶特性制作以海藻酸钠为负载的催化剂可实现可再生海藻酸多糖在催化领域的高值利用。

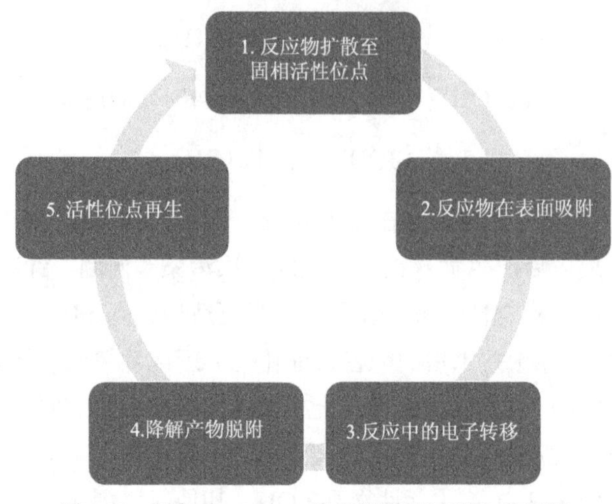

图 5.12　异相类 Fenton 催化剂降解过程中的步骤

5.2.1　海藻基类芬顿催化剂的制备

5.2.1.1　海藻酸盐凝胶类芬顿催化剂的制备

史丰炜等[22]制备了海藻基类芬顿催化剂并研究了它们的苯酚羟基化活性。其采用离子交换法，用海藻酸钠作为基本单元制备了海藻酸铜干珠和粉末催化剂，并通过苯酚羟基化反应来评价催化剂的性能。称取一定量的 $CuCl_2 \cdot 2H_2O$ 溶于 100 mL 去离子水中，制备成浓度分别为 0.1 mol/L、0.2 mol/L、0.3 mol/L 和 0.4 mol/L 的氯化铜水溶液，然后称取 4 g 海藻酸钠溶于 100 mL 去离子水中制备成浓度为 4%(*w*/*V*) 的溶液。$CuCl_2$ 溶液加入到三口瓶中水浴 50℃搅拌，海藻酸钠用去针头的注射器慢慢滴入溶液中，调节转速(1200 r/min) 以使颗粒能被打碎，滴完后计时，反应 6 h 后抽滤、用去离子水洗涤至滤液无色，在 40℃干燥 3 天后得到海藻酸铜粉末。其他操作条件相同，再往 $CuCl_2$ 溶液中滴加海藻酸钠时将转速(200 r/min) 调慢，以使颗粒保持完好，得到的是蓝色海藻酸铜胶珠，干燥后得到海藻酸铜干珠。同时还将盐溶液改为按一定的摩尔比配成的 $CuCl_2$ 和 $PdCl_2$ 混合溶液，制备了海藻酸铜钯二元催化剂。

类似的，刘颖[23]制备了海藻基类芬顿催化剂，用于降解废水中的苯胺、诺氟沙星等有机污染物。利用海藻酸钠可以形成凝胶和薄膜的这种特性制备了非均相类芬顿催化剂，并研究了该催化剂类芬顿反应降解环丙沙星的性能。首先将一定质量的海藻酸钠溶于去离子水中，置于 60℃的水浴锅中加热搅拌至完全溶解，用碱式滴定管滴加海藻酸钠于交联剂中，滴加过程尽可能保持匀速，确保制备的海藻酸钠凝胶小球大小相同，形状近似球体。将制备好的凝胶小球浸渍在交联剂中若干小时固化，然后用去离子水清洗若干次，沥干水保存在封闭的样品瓶中待用。其采用两种交联剂交联凝胶小球，一种是单一的氯化铁溶液，另一种是氯化铁和氯化锰双金属混合溶液。

海藻酸盐还可以制备成薄膜状催化剂。利用海藻酸钠分子中分布的众多官能团，可以在不使用有机溶剂或螯合剂的情况下稳定铁离子，得到的海藻酸-Fe^{2+} (Alg-Fe^{2+}) 和海藻酸-Fe^{3+} (Alg-Fe^{3+}) 膜可以减少铁离子的损失，无二次污染，实现对偶氮染料甲基橙的快速高效脱色[24]。Alg-Fe^{2+}和 Alg-Fe^{3+}薄膜的合成分两步进行。第一种方法是用溶剂浇铸法制备海藻酸盐/甘油膜。其中甘油被用作增塑剂。将海藻酸钠(750 mg)在蒸馏水(50 mL)中完全溶解，在 60℃下磁搅拌 2 h。然后在海藻酸溶液中加入 200 μL 甘油。在室温下搅拌 30 min，然后轻轻放入有盖培养皿(聚苯乙烯，85 mm×10 mm 圆形板)中。用真空烘箱在 60℃下蒸发溶剂 12 h。第二步，用Fe^{2+}或Fe^{3+}进一步交联海藻酸膜。薄膜样品(正方形 20 mm×20 mm，60 mg)放入Fe^{2+}或Fe^{3+}溶液中(pH 3，0.1 mol/L，50 mL)，并在室温 48 h 内不断进行轻微的搅拌(100 r/min)。将得到的薄膜放在蒸馏水洗涤(室温，24 h, 100 r/min)，然后风干至恒重备用。Fe^{2+}交联的薄膜被标记为 Alg-Fe^{2+}，Fe^{3+}交联的薄膜被标记为 Alg-Fe^{3+}。Alg-Fe^{2+} 和 Alg-Fe^{3+} 薄膜的最终干厚分别为(0.22±0.01) mm 和(0.20±0.01) mm。其合成机理如图 5.13 所示。

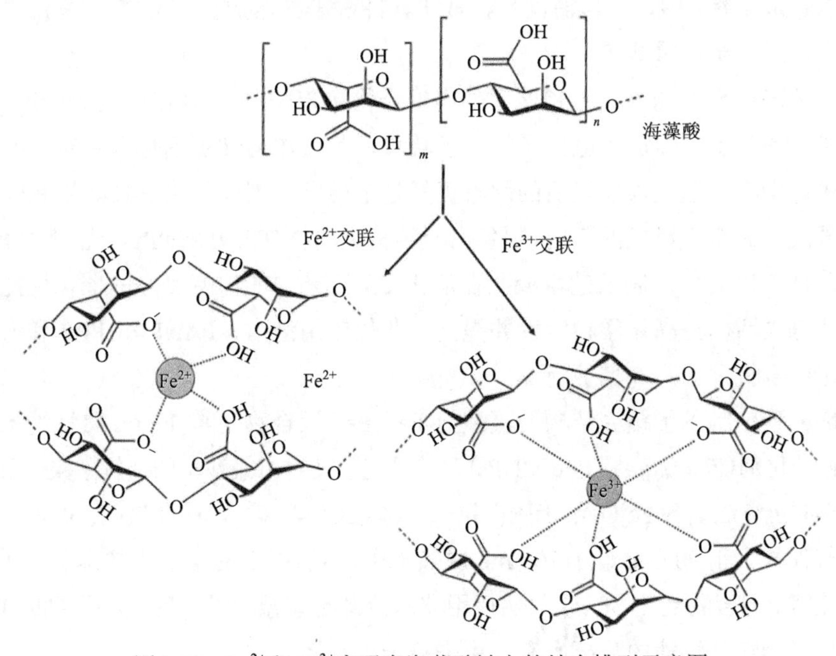

图 5.13　Fe^{2+}和 Fe^{3+}离子在海藻酸链上的结合排列示意图

5.2.1.2　海藻酸盐基复合凝胶类芬顿催化剂的制备

在此基础上，通过将与铜离子交联的海藻酸盐中加入氧化石墨烯和聚丙烯酰胺制备了高强度海藻酸铜双网络气凝胶复合催化剂，同时增强了生物质气凝胶催化剂的机械性能和催化活性[25]。将制备好的定量的干燥氧化石墨烯放入 30 mL 的蒸馏水中，超声分散 30 min。然后，将设定质量比的聚丙烯酰胺/海藻酸钠加入到氧化石墨烯的溶液中，在水浴锅 25℃下继续搅拌 24 h 得到均匀的混合溶液。将交联剂 *N*, *N*-甲基双氧酰胺加入到混合溶液中，在水浴中 0℃条件下搅拌 3 h。将以上均匀溶液注入到一定浓度氯化铜溶液的圆柱形模具中。溶液在 50℃水浴中加热 24 h，可获得高强度的水凝胶。将得到的水凝胶用蒸馏水洗涤，放入冰箱中冷冻 12 h，冷冻好的水凝胶在冻干后可获得气凝胶催化剂。

基于海藻酸钠和金属离子的溶胶凝胶特性，可将无机纳米离子固定其中，王晓倩[26]制备了海藻酸盐负载的 $CoFe_2O_4$ 催化剂，并探究其降解苯胺的效果。首先取一定量的活性炭负载的 $CoFe_2O_4$ 催化剂粉末加入到 100 mL 的去离子水中，搅拌均匀，然后加入一定量的海藻酸钠在 60℃水浴中加热溶解。配制一定浓度的 $CaCl_2$ 溶液，将该海藻酸钠溶液逐滴滴加到 $CaCl_2$ 溶液中，即可得到凝胶球状的以海藻酸钠负载的 $CoFe_2O_4$ 催化剂。用去离子水清洗干净后，浸泡在一定浓度的致孔剂 Na_2SiO_3 溶液中，一段时间后，取出，冲洗干净，放置在 60℃的恒温鼓风干燥箱中，干燥至恒重即可。

与缺陷位点上的氮原子相比，导电聚合物聚苯胺(PANI)和聚吡啶(PPy)可以提供必要的基于共轭链上氮原子的电子转移，其可作为 PS 活化催化剂，有效降解有机污染物。但是其催化后的回收仍然是个问题，因此可将 PANI 和 PPy 固定在海藻酸钙聚合物形成的膜内，制备出一种稳定的核(PANI 或 PPy)-壳(海藻酸钙)水凝胶珠催化剂[27]。制备的水凝胶在活化 PS 工艺中能保持良好的催化性能，缓解催化剂失活，提高化学稳定性并提高工业化应用潜力。PANI 和 PPy 和海藻酸钙静电结合机理如图 5.14 所示。

Niu 等[28]制备了核壳结构的藻酸盐-Fe^{2+}/Fe^{3+}聚合物包覆 Fe_3O_4 磁性纳米离子类芬顿催化剂(Fe_3O_4@ALG/Fe MNPs)，并研究了其对诺氟沙星的降解效果。首先采用化学共沉淀法制备 Fe_3O_4 纳米磁性粒子，将 $FeCl_2 \cdot 4H_2O$(2 g)和 $FeCl_3 \cdot 6H_2O$(5.2 g)在氮气保护下于 90℃溶解于 100 mL 脱氧水中，然后向反应溶液中快速加入 10 mL 氢氧化氨。混合物老化 30 min，然后用冰水冷却至室温，用强磁铁将得到的 Fe_3O_4 磁性纳米颗粒从溶液中分离出来，用去离子水洗涤三次。

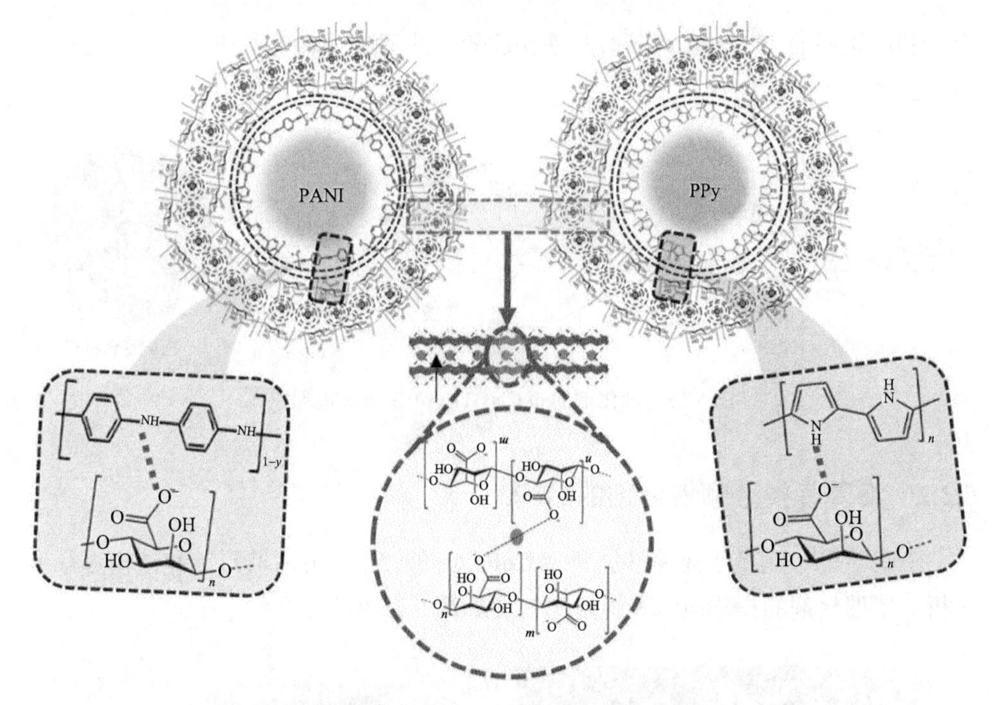

图 5.14　PANI@Alg 和 PPy@Alg 体系水凝胶珠形成的化学机理

然后将 1 g Fe_3O_4 磁性纳米颗粒分散于 100 mL 浓度为 2.5 g/L 海藻酸钠溶液中，对混合物进行超声振动 30 min，然后向混合物中加入不同比例（0/5～5/0）的 Fe^{2+}/Fe^{3+} 离子，总量为 0.2 mmol/L，超声处理 30 min，最后将产物用去离子水洗涤三次，再分散在 100 mL 去离子水中。

5.2.1.3　海藻酸盐基碳气凝胶芬顿催化剂的制备

对海藻酸气凝胶进行炭化处理，可得到海藻酸盐基碳气凝胶，用作类芬顿催化剂活化过硫酸盐降解双酚 A，制备流程如图 5.15 所示[29]。将海藻酸钠粉末溶解在去离子水中，并在 90℃下搅拌 4 h，形成质量分数为 5%的海藻酸钠溶液。用注射器将其滴入 $Fe(NO_3)_3$ 水溶液（交联浓度：0.1 mol/L、0.3 mol/L、0.5 mol/L）中，室温下交联 3 天后，用去离子水冲洗海藻酸钠水凝胶球以完全去除表面附着的 Fe^{3+}，然后在真空冷冻干燥机中干燥。将干燥的水凝胶球置于管式炉中，并在氮气气流（600 mL/min）中于 500℃、800℃或 1100℃下煅烧 30 min，样品加热速率为 10℃/min，将它们冷却至室温后取出使用。将在不同合成条件下获得的铁/碳纳米颗粒标记为 Fe@CNs-*a*-*b*（*a*、*b* 分别代表煅烧温度和交联剂浓度）。类似的，Lei

等[30]利用相同的方法，将海藻酸与铁交联随后热解成功制备了 Fe/C 复合材料并用于去除农药阿特拉津。

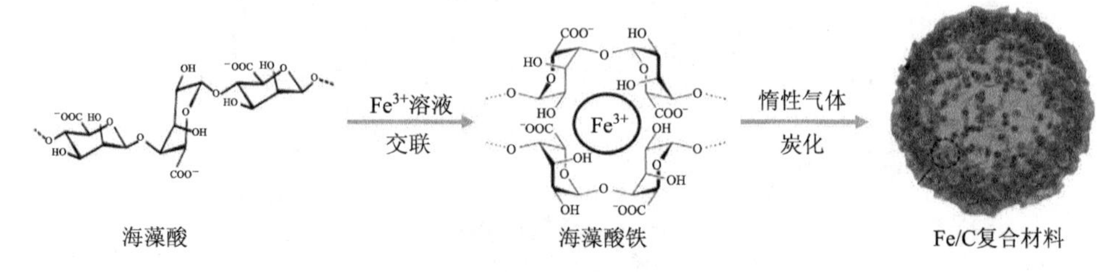

图 5.15　催化剂 Fe@CNs-1100-0.3 形成机理图

5.2.2　海藻基类芬顿催化剂的结构

王晓倩等[26]制备了海藻酸钠负载 $CoFe_2O_4$ 催化剂，并对其形貌和结构进行了分析。该催化剂的扫描电镜和透射电镜图如图 5.16 所示。

图 5.16　催化剂扫描电镜图(a)和透射电镜图(b)

图 5.16(a)是不同倍率下海藻酸钠负载 $CoFe_2O_4$ 催化剂的扫描电镜图，从图中可以看出样品表面呈现颗粒状。而以活性炭为负载的 $CoFe_2O_4$ 催化剂的表面凹凸不平，有碎屑突起。对比可知，海藻酸钠与氯化钙的凝胶作用改变了催化剂表面的形态。图 5.16(b)是不同倍率下以海藻酸钠为负载的 $CoFe_2O_4$ 催化剂的透射电镜图，可以看出该催化剂具有多孔结构。

Niu 等[28]制备了核壳结构的 Fe_3O_4@ALG/Fe MNPs 类芬顿催化剂，并对其形貌和结构进行了分析。该催化剂和 Fe_3O_4 磁性纳米颗粒的透射电镜图如图 5.17 所示。

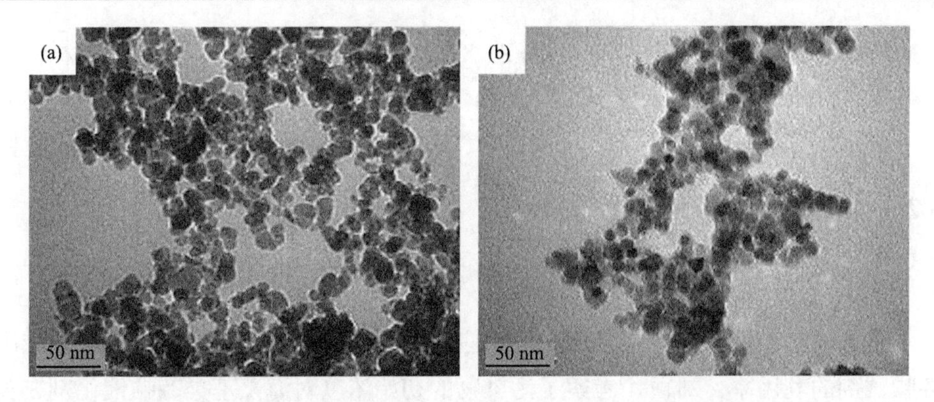

图 5.17　Fe_3O_4(a)和催化剂 Fe_3O_4@ALG/Fe MNPs(b)的透射电镜图

由图 5.17(a)可以看出，裸露的 Fe_3O_4 磁性纳米粒子尺寸不均匀，有强烈的聚集现象。而在图(b)中，Fe_3O_4 磁性纳米粒子经海藻酸盐/铁(ALG/Fe)包覆后，得到一定程度的分散，形成明显的核壳结构，平均粒径约为 10 nm。

图 5.18 是 Fe_3O_4@ALG/Fe 和 Fe_3O_4 纳米粒子的傅里叶变换红外光谱图(FTIR)和 X 射线衍射谱图(XRD)。

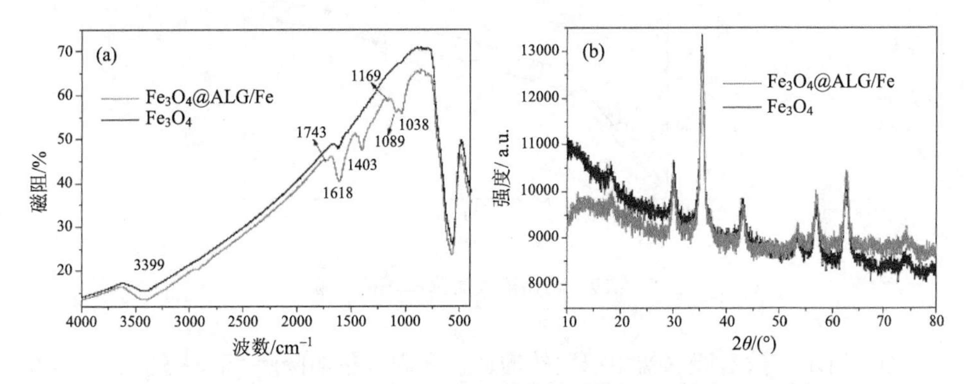

图 5.18　Fe_3O_4@ALG/Fe 和 Fe_3O_4 纳米粒子的 FTIR(a)和 XRD(b)

在两种材料的 FTIR 光谱中[图 5.18(a)]，574 cm^{-1} 处的宽带对应于 Fe—O 基团；1620 cm^{-1} 和 3400 cm^{-1} 处的峰是吸附水和羟基的拉伸振动峰。但是由于羟基和羧酸根的重叠，Fe_3O_4@ALG/Fe 催化剂 1620 cm^{-1} 处的峰强度大大增加。Fe_3O_4@ALG/Fe 对应于 1038 cm^{-1}、1089 cm^{-1} 和 1169 cm^{-1} 处的新峰是由 C—O、C—C 和 C—O—H 振动引起的；1403 cm^{-1} 处的峰值归因于—COO 的不对称拉伸振动；在 2920 cm^{-1} 和 2860 cm^{-1} 处的峰是由 ALG/Fe 涂层中 CH_2、CH_3 物种的拉伸振动引起的。这些结果表明 ALG/Fe 聚合物成功地固定在 Fe_3O_4 纳米粒子表面。

Fe_3O_4@ALG/Fe 和 Fe_3O_4 MNPs 的 XRD 图谱如图 5.18(b)所示。两种材料在 2θ=30.2°、35.6°、42.3°、53.6°、57.1°和 62.6°处有相似的衍射峰，可确定为立方相 Fe_3O_4。

5.2.3 海藻基类芬顿催化剂的性能

5.2.3.1 污染物初始浓度对催化剂性能的影响

体系的初始浓度是考察芬顿氧化反应的重要参数之一，主要影响芬顿反应中芬顿试剂的利用率。刘颖[23]考察了污染物的初始浓度对海藻基类芬顿催化剂在类芬顿反应中的催化性能的影响。图 5.19 是环丙沙星的四种初始浓度对催化剂性能的影响。实验中，催化剂的投加量是 60 粒，体系的 pH 是初始值，大约为 5.75。

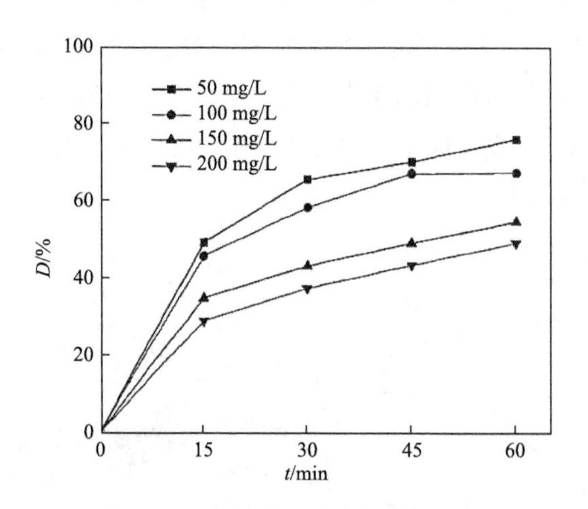

图 5.19 初始浓度对降解率的影响

如图所示，随着废水初始浓度的增加，环丙沙星的降解率越来越低，初始浓度为 50 mg/L 时降解率为 76%，初始浓度为 200 mg/L 时降解率为 49%，经过简单的计算可知，随着环丙沙星初始浓度的增大，环丙沙星降解的绝对值逐渐增大，说明使用相同剂量的芬顿试剂时，环丙沙星的初始浓度越大，芬顿试剂产生的·OH 攻击的环丙沙星分子越多。

5.2.3.2 催化剂的投加量对催化剂性能的影响

催化剂的投加量是类芬顿反应中的一个无比重要的因素，金属离子和氧化剂含量比的不同将直接影响试剂的利用率。王晓倩、Niu 等[26, 28]考察了催化剂的投加量对催化剂性能的影响。图 5.20 所示为 Niu 等[28]考察的催化剂的投加量对催化剂降解诺氟沙星性能的影响。

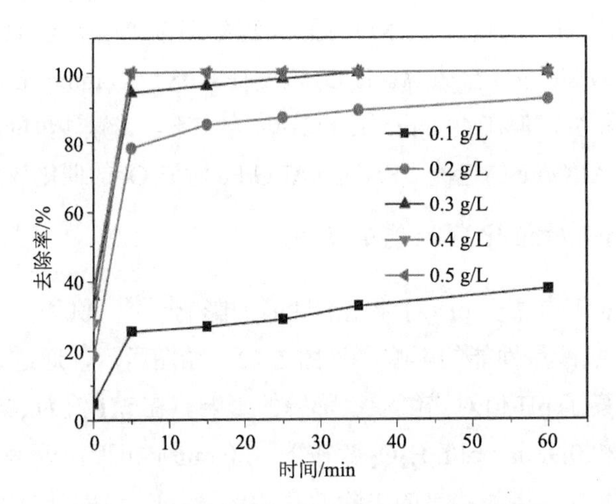

图 5.20　催化剂投加量对诺氟沙星降解的影响

从图中可看出，诺氟沙星的脱除率随催化剂用量的增加而增加。在 pH 3.5、H_2O_2 用量为 25 mmol/L、催化剂用量为 0.2 g/L 的条件下，60 min 内诺氟沙星去除率可达 90%。当投加量增加到 0.3 g/L 时，5 min 内降解率可达 91%，35 min 内可达到完全去除。随着催化剂用量的进一步增加，诺氟沙星在 5 min 内即可完全去除。

5.2.3.3　氧化剂添加量对催化剂性能的影响

Niu、Quadrado 等考察了氧化剂的添加量对催化剂性能的影响[24,28]。例如，Niu[28]考察了氧化剂的添加量对催化剂降解诺氟沙星性能的影响，结果见图 5.21。

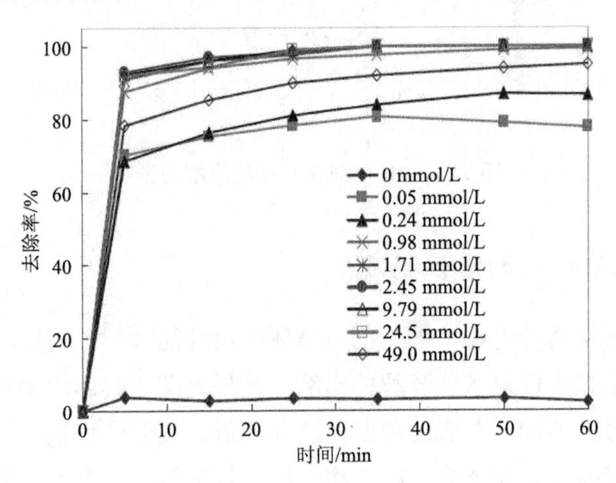

图 5.21　H_2O_2 用量对诺氟沙星降解的影响

当 H_2O_2 用量为 0.05 mmol/L 时，60 min 内对诺氟沙星的脱除率可达 80%。随着 H_2O_2 浓度的增加，诺氟沙星(NOF)的降解率逐渐增加，当 H_2O_2 浓度为 0.98 mmol/L 时，诺氟沙星被完全去除。H_2O_2 浓度在 0.98～25 mmol/L 范围内，诺氟沙星的降解率基本不变。但在 49 mmol/L 的 H_2O_2 存在下，诺氟沙星的降解速度减缓并降低。这是由于 ALG/Fe 的包覆，Fe_3O_4@ALG/Fe 对 H_2O_2 的催化效率提高了。

5.2.3.4　pH 对催化剂性能的影响

史丰炜、Niu 等考察了 pH 对催化剂性能的影响[22,28]。例如，Niu[28]考察了 pH 对催化剂降解诺氟沙星性能的影响，见图 5.22。如图所示，通过调节溶液 pH 值为 2.5～9.5，考察了 pH 值对诺氟沙星降解的影响。在 pH 值为 2.5～5.5、0.4 g/L Fe_3O_4@ALg/Fe 和 0.98 mmol/L H_2O_2 存在下，60 min 内可完全降解污染物。在 pH 值 6.5～9.5 范围内，诺氟沙星的去除效率随溶液 pH 值的升高而逐渐降低，在 80%～20%之间变化。结果表明，在 Fe_3O_4@ALG/Fe-H_2O_2 体系中，诺氟沙星的降解可以在较宽的 pH 值范围内进行。

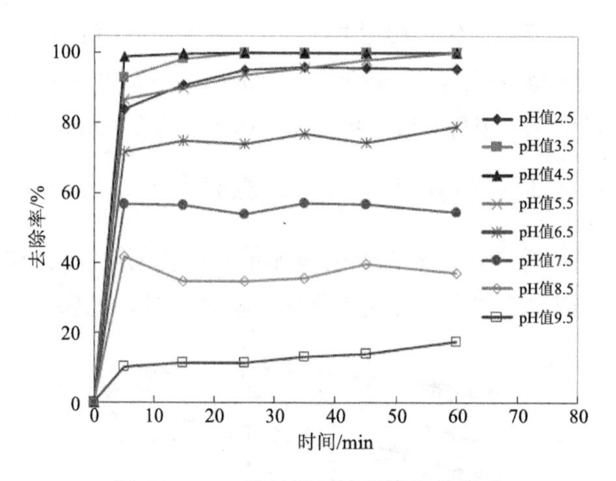

图 5.22　pH 值对诺氟沙星降解的影响

5.2.3.5　催化剂的活性稳定性

史丰炜、王晓倩等考察了催化剂的循环使用性能[22,26]。例如，王晓倩[26]考察了催化剂的重复使用性对苯胺降解的影响，结果见图 5.23。由图可知，随着催化剂重复使用次数的增加，苯胺的降解率逐渐降低，说明催化剂活化过硫酸盐降解苯胺的能力逐渐减弱。在重复使用 5 次之后，苯胺的降解率依然可以达到 90%以

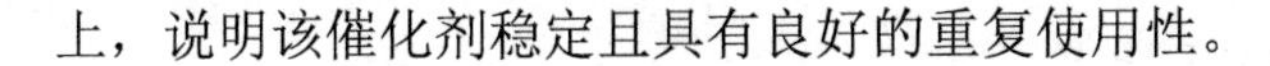
上，说明该催化剂稳定且具有良好的重复使用性。

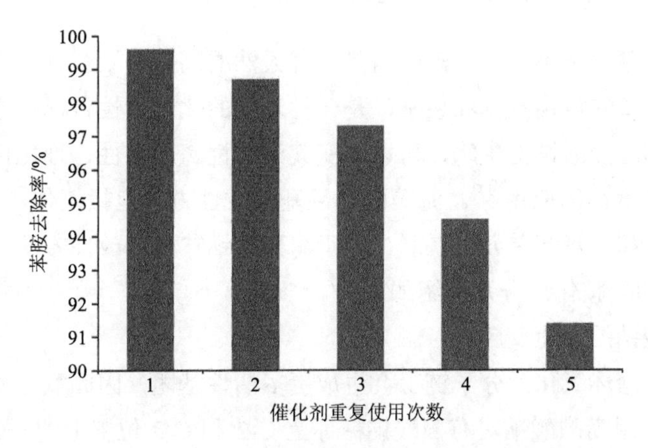

图 5.23　催化剂的重复使用性对苯胺降解的影响

5.3　海藻基絮凝剂

传统的无机絮凝剂和合成有机絮凝剂往往会造成二次污染和新的环境问题。因此，新型无毒、可降解的天然高分子絮凝剂正受到越来越多的关注[31,32]。海藻主要成分为多聚糖，以海藻为原料制成的海藻酸钠是一种天然高分子材料，在我国储量丰富，具有廉价易得、可生物降解、无毒无害的优点。海藻酸钠是由 β-D-甘露糖醛酸(M)和 α-L-古洛糖醛酸(G)结构单元组成的嵌段线型聚合物，其分子链上含有丰富的羧基和羟基官能团，容易改性，将其改性并制备成天然高分子絮凝剂，可有效地用于废水的处理。

5.3.1　海藻酸钠絮凝剂的类型

5.3.1.1　纯海藻酸钠絮凝剂

Wang 等[33]用海藻酸钠水溶液与重金属离子反应，直接处理废水溶液中的 Pb^{2+}、Cu^{2+}和 Cd^{2+}，结果表明，重金属离子与海藻酸钠能够直接快速形成凝胶，然后对含金属凝胶进行简单的煅烧处理，以实现有效的金属回收。海藻酸钠凝胶对 Pb^{2+}的亲和力高于 Cu^{2+}和 Cd^{2+}，这使得在 Cu^{2+}和 Cd^{2+}离子存在的情况下，可以选择性地从废水中去除 Pb^{2+}。但是对于 Cu^{2+}、Cd^{2+}和高浓度 Pb^{2+}(1000 mg/L)的去除率仍有待改善。

5.3.1.2　改性海藻酸钠絮凝剂

与中性多糖分子不同，海藻酸盐是一种天然的阴离子聚合物，在海藻酸钠主链上分布着丰富的自由羟基和羧基，是一种理想的化学改性目标。通过对羟基和羧基改性得到海藻酸钠衍生物，可以改变其溶解性、疏水性、理化性质和生物学特性，有多种潜在的应用[34]。海藻酸钠羟基的改性方法包括氧化、还原-胺化、硫酸化、共聚和环糊精单元的偶联。用于海藻酸钠羧基的改性方法包括酯化、使用 UGI 反应和酰胺化，分别介绍如下[35]。

1) 海藻酸钠的氧化反应

海藻酸钠糖环氧化后分子链上会生成更多活性基团，因此氧化海藻酸钠受到很多关注[36]。用高碘酸钠对海藻酸钠糖环上 C-2 和 C-3 位置上的—OH 基团进行氧化，通过 C—C 键的破裂导致形成两个醛基，如图 5.24 所示。由于糖环的破裂以及醛基的生成，海藻酸钠分子链获得更大的旋转自由度和新的反应基团。反应过程中必须进行避光反应，同时，通过改变氧化剂的用量来控制海藻酸钠的氧化度。

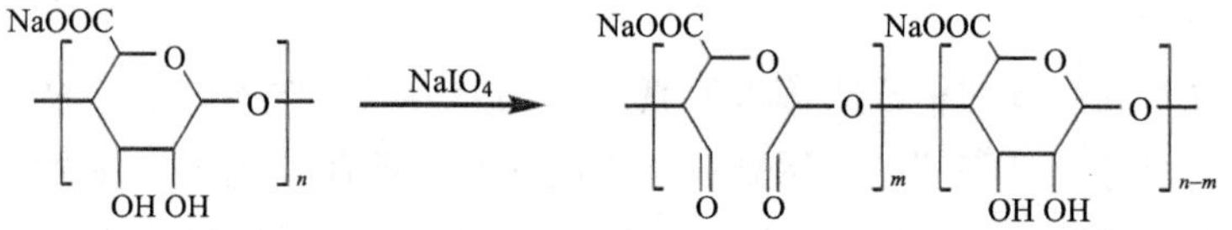

图 5.24　海藻酸钠的氧化

2) 氧化海藻酸钠的胺化还原反应

氧化海藻酸钠的醛基为进一步改性提供了新的反应基团，特别是与氨基的还原反应。氨基—NH_2 与醛基发生席夫反应，然后用 $Na(CN)BH_3$ 或者硼氢化钠 ($NaBH_4$) 还原，可在海藻酸钠分子链上接枝新的基团，如图 5.25 所示。用 $Na(CN)BH_3$ 还原更具优势，因为在 pH 6～7 条件下，$(CN)BH_3$-阴离子对亚胺中间基团的还原速度更快，而对醛基和酮基的还原可忽略不计，因此更具选择性[37]。$Na(CN)BH_3$ 的缺点是价格更贵且毒性较大。

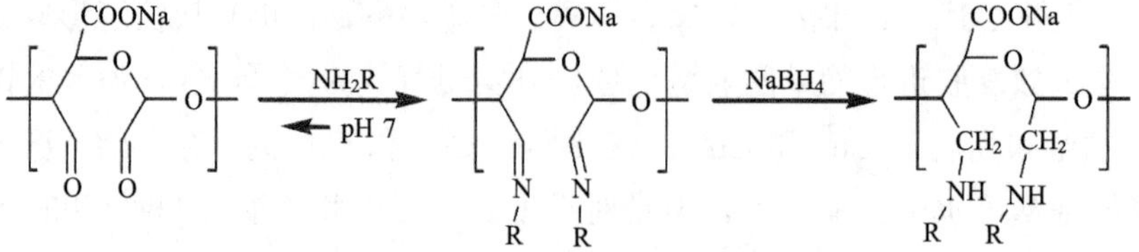

图 5.25　氧化海藻酸钠的胺化还原反应

3) 海藻酸钠的硫酸化反应

氯磺酸($ClSO_3H$)在甲酰胺存在的条件下，可与海藻酸钠反应，生成海藻酸钠硫酸盐，如图 5.26 所示。海藻酸钠硫酸盐结构与肝素(heparin)相似，含有海藻酸钠硫酸盐的血浆体外凝血实验表明，硫酸海藻酸钠具有很高的抗凝血活性，尤其是其固有的凝血途径[38]。

图 5.26　海藻酸钠的硫酸化反应

4) 海藻酸钠的接枝共聚反应

柳明珠等[39]报道了一种用丙烯酸钠和海藻酸钠共聚物制备的高吸水性耐盐溶液，制备原理见图 5.27。丙烯酸在引发剂 $K_2S_2O_8$ 的作用下，与羟基基团发生反应，生成的共聚物具有高吸水性。他们的研究表明，在室温下如果使高吸水性共聚物在蒸馏水和 0.9 %(质量分数) NaCl 水溶液中膨胀 30 min，共聚物的吸水率分别是其自身质量的 85 倍。

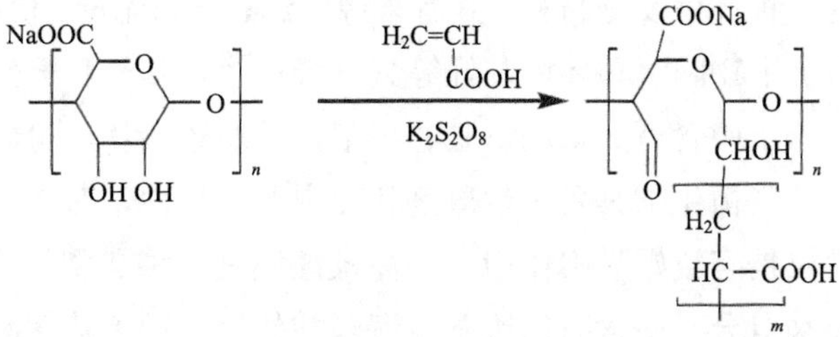

图 5.27　海藻酸钠与丙烯酸钠的接枝共聚反应

5) 海藻酸钠的酯化反应

在催化剂存在下，海藻酸钠可以与几种醇类物质直接进行酯化反应，以达到改性的目的。反应过程中，保持醇含量过量，以确保反应有利于产物的形成[40]。如图 5.28 所示，酯化反应是一种简单的改性方法，通过这种方法烷基被接枝到海藻酸钠分子上，以增加海藻酸钠的疏水性。

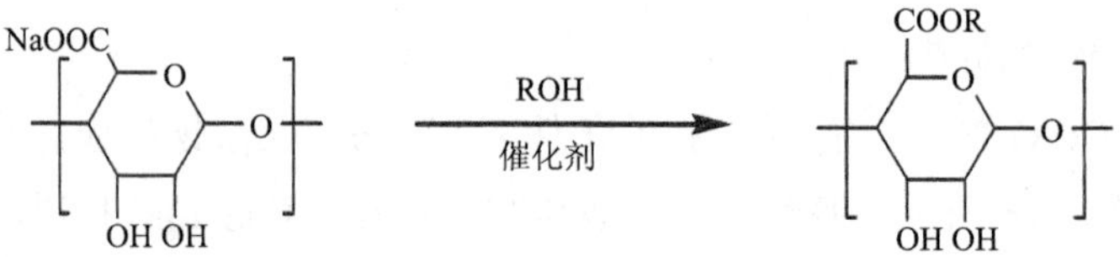
NaOOC
O
O
ROH
催化剂
COOR
O
O
OH OH
OH OH

图 5.28　海藻酸钠与醇的酯化反应

6）海藻酸钠羧基的酰胺化反应

Galant 等[41]报道了用偶联剂 1-乙基-(3-二甲基氨基丙基)碳酰二亚胺盐酸盐(EDC-HCl)对海藻酸钠进行疏水性改性，在海藻酸盐聚合物主链上羧酸基团和含胺基分子之间形成酰胺键，如图 5.29 所示。

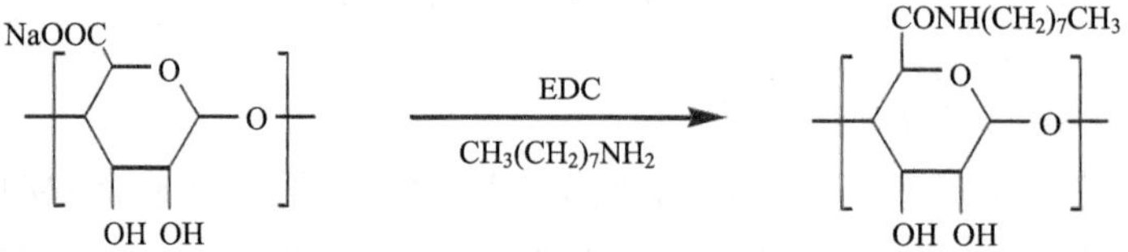
NaOOC
O
O
EDC
CH3(CH2)7NH2
CONH(CH2)7CH3
O
O
OH OH
OH OH

图 5.29　以 EDC 为偶联剂的海藻酸钠酰胺化反应

5.3.1.3　海藻酸钠基复合絮凝剂

壳聚糖作为一种环境友好材料，具有来源广泛、安全无毒、价格低廉、受 pH 变化影响小、易于生物降解和环境友好等突出特点[42]，是一种天然的带正电荷的阳离子絮凝剂，分子中含有大量的氨基、羟基，性质较活泼，可修饰、活化和偶联，所以壳聚糖及其衍生物具备了絮凝剂和吸附剂的特性，对水体中的带负电荷的有机、无机微粒具有较好吸附作用[43]。海藻酸钠是一种典型的阴离子多糖，其阴离子活性主要来自分子中含有的羧基。海藻酸作为一种多糖絮凝剂，具有成本低、无毒副作用、脱水性能好等优点。由于壳聚糖分子链上有大量的氨基，海藻酸钠的分子链上有大量的羧基，两者可通过正、负电荷吸引形成聚电解质膜[44]，因此将两者复合可得到絮凝能力更强、絮凝范围更广的高效复合絮凝剂。

除以上天然材料外，还可把合成的无机或有机分子接枝在海藻酸的官能团处制得复合絮凝剂。当与其他无机混凝剂，如硫酸铝和四氯化钛一起用作助凝剂时，海藻酸钠在相对较大的剂量下也表现出良好的性能。Tian 等[45]通过三亚乙基四胺和二硫化碳对海藻酸钠进行改性，合成了一种新型纳米絮凝剂，可去除废水中 97 %以上的 Pb^{2+}。Biswal 和 Singh[46]采用海藻酸钠和聚丙烯酰胺(PAM)接枝共聚的方法合成了 SAG-*g*-PAM，在高岭土和铁矿石的去除中表现出良好的絮凝性能。

Zhang 等[47]通过木质素三甲基季铵盐(QL)与海藻酸钠在交联剂戊二醛的作用下发生交联反应，得到聚两性电解质(QL-SA)，QL-SA 对酸性黑和亚甲基蓝表现出良好的脱色性能。Chen 等[48]在海藻酸钠中引入氨基硫脲基团，该产物在去除 Pb^{2+}、Cd^{2+}和 Cu^{2+}方面表现出优异的效率。通过海藻酸钠与甲基丙烯酰氧乙基三甲基氯化铵(DMC)的接枝共聚反应，合成了一种新型天然高分子有机絮凝剂(SA-PDMC)，如图 5.30 所示。

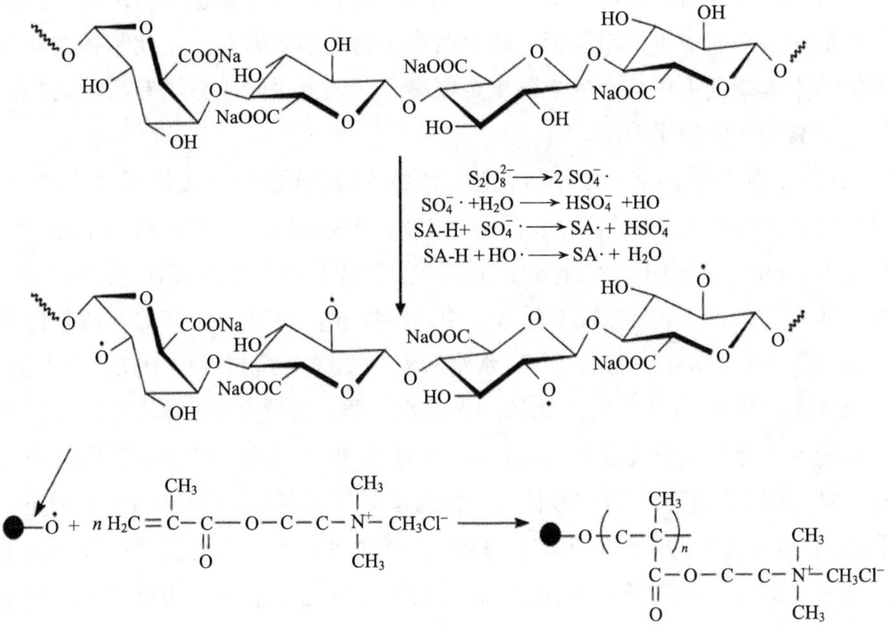

$$S_2O_8^{2-} \longrightarrow 2\,SO_4^{-}\cdot$$
$$SO_4^{-}\cdot + H_2O \longrightarrow HSO_4^{-} + HO$$
$$\text{SA-H} + SO_4^{-}\cdot \longrightarrow \text{SA}\cdot + HSO_4^{-}$$
$$\text{SA-H} + HO\cdot \longrightarrow \text{SA}\cdot + H_2O$$

图 5.30　SA-PDMC 的反应方案[49]

5.3.2　海藻酸钠絮凝剂的制备

Tian 等[50-52]以天然高分子海藻酸钠(SA)为基材，以十二胺(DC)、3-氯-2-羟丙基三甲基氯化铵(CTA)、三乙烯四胺(TETA)、氨基硫脲(TSC)等为改性试剂对海藻酸钠进行改性，制备了不同的高分子海藻酸钠絮凝剂。

(1) 以十二胺(DC)为改性试剂对 SA 进行改性，制备了两亲性高分子海藻酸钠纳米絮凝剂。首先将 4.95 g 海藻酸钠(0.025 mol)粉末加入到 50 mL 无水乙醇中，磁力搅拌使其分散均匀，然后加入 50 mL 含 0.015 mol $NaIO_4$ 的水溶液，室温避光反应 6 h。加入 5 mL 乙二醇终止反应，过滤后得到部分氧化的海藻酸钠(OSA)，并用 70%乙醇洗三次，干燥。将 OSA 完全溶解于 120 mL 去离子水中。取 4.68 g

十二胺液体，在 50℃水浴条件下边磁力搅拌边将 OSA 溶液缓慢加入到十二胺溶液中，反应 12 h。停止反应，冷却至室温后，在冰水浴中边搅拌边分三批加入 0.82 g $NaBH_4$，继续反应 12 h。停止反应，按 1∶4（V∶V）的比例加入无水乙醇，4℃沉淀 8 h，冷冻干燥后得到海藻酸钠纳米絮凝剂。改变 DC 的用量，可得到不同氮含量的海藻酸钠纳米絮凝剂。在制备过程中海藻酸钠经氧化开环后，与十二胺（DC）发生席夫反应，在分子链上引入十二胺长链基团，由于海藻酸钠分子链上已经含有亲水的羧酸基团，经引入十二烷基基团后，分子链也含有疏水基团，因此絮凝剂在水溶液中可自组装形成具有两亲结构的纳米颗粒。由此制备的新型海藻酸钠纳米絮凝剂不仅可有效去除重金属离子，还可去除小分子有机污染物，从而扩展了絮凝剂的应用范围。

（2）以 3-氯-2-羟丙基三甲基氯化铵（CTA）为改性试剂对 SA 进行改性，制备了一种新型的两性海藻酸钠絮凝剂。首先将 5.0 g 海藻酸钠粉末加入到 200 mL 水中，然后加入 1 mol/L NaOH 溶液 5 mL，室温下搅拌使其充分溶解。然后将 7.90 g CTA 溶液加入到 20 mL 1 mol/L NaOH 溶液中，搅拌混合均匀，在 45℃水浴条件下，逐滴加入到 SA 溶液中。滴加完毕，水浴升温至 70℃，搅拌反应 10 h。停止反应，冷却至室温，按 1∶4（V∶V）的比例加入无水乙醇，静置 8 h 过滤。将沉淀重新溶解，加无水乙醇，充分搅拌并沉淀，过滤。反复循环三次，产物中的未反应物被去掉。将沉淀冷冻干燥，得到改性的两性海藻酸钠絮凝剂。改变 CTA 的用量，可得到不同 CTA 含量的两性海藻酸钠絮凝剂。通过这种方法在海藻酸钠分子链上引入了三甲基氯化铵阳离子-$N^+(CH_3)_3$，海藻酸钠分子链本身具有阴离子基团羧酸基（—COO—），引入阳离子基团[—$N^+(CH_3)_3$]后，就制得了同时具有阴离子和阳离子的两性絮凝剂。

（3）以三乙烯四胺（TETA）和二硫化碳（CS_2）为改性试剂对 SA 进行改性，制备了一种新型的海藻酸钠基螯合絮凝剂。首先将 4.95 g 海藻酸钠粉末加入到 50 mL 无水乙醇中，磁力搅拌分散，然后加入 50 mL 含 0.015 mol $NaIO_4$ 的水溶液，室温避光反应 6 h，后加入 5 mL 乙二醇继续反应，过滤，并用 70%乙醇洗三次，得到部分氧化的海藻酸钠（OSA），并将 OSA 完全溶解于 120 mL 水中。取 3.66 g TETA 溶液，在 50℃水浴中充分预热。边磁力搅拌边将 OSA 溶液缓慢加入到 TETA 溶液中，反应 12 h。停止反应，冷却至室温后，边搅拌边分批加入 0.96 g $NaBH_4$，继续反应 12 h。按摩尔比 SA∶NaOH∶CS2=1∶1∶1 的比例加 NaOH 和 CS_2，先在 25℃下反应 30 min，再转入 40℃水浴中继续反应 6 h。停止反应，冷却至室温，按 1∶4（V∶V）的比例加入无水乙醇，冰箱 4℃静置 8 h，将沉淀冷冻干燥，得到海藻酸钠基螯合絮凝剂。在其他条件相同的情况下，改变原料比例，制备系列絮凝剂。

(4) 以氨基硫脲(TSC)为改性试剂对 SA 进行改性，制备了海藻酸钠螯合絮凝剂。首先将 4.95 g SA(0.025 mol)粉末加入烧瓶中，然后加入 350 mL 磷酸盐缓冲溶液(pH = 6.0)，室温下磁力搅拌充分溶解。向 SA 溶液中加入 2.40 g 1-乙-(3-二甲基氨基丙基)碳酰二亚胺盐酸盐，充分搅拌 4 h，继续加入 1.45 g *N*-羟基丁二酰亚胺和 4.56 g TSC(0.05 mol)，室温下继续磁力搅拌 20 h。停止反应，按 1∶4(*V*:*V*)的比例加入无水乙醇，过滤，得到沉淀产品，将产品用过量的乙醇重复洗涤三次。以甲醇为溶剂，将产品用索氏回流洗涤，以去除副产品和未反应的 TSC。最后将沉淀冷冻干燥，得氨基硫脲改性海藻酸钠螯合絮凝剂。在其他条件相同的情况下，改变 SA 与 TSC 的用量比例，可得到不同 TSC 含量的系列海藻酸钠螯合絮凝剂。该方法在海藻酸钠分子链上引入了能与重金属离子进行螯合的—C═S、$—NH_2$ 两种基团。因此所制得的絮凝剂对重金属离子的絮凝效果相比海藻酸钠有显著提高，并且制备工艺简单，为规模化生产高效重金属絮凝剂提供了一种方法。

Liu 等[49]通过海藻酸钠与聚甲基丙烯酰氧乙基三甲基氯化铵(PDMC)的接枝共聚反应合成了一种新型絮凝剂(SA-PDMC)。首先将 1.0 g 的海藻酸钠粉末加入到 100 mL 去离子水中，加热搅拌，得到海藻酸钠溶液。然后，将海藻酸钠溶液倒入三颈烧瓶中，加热至 60～90℃，保持 10～15 min。接下来，将过硫酸钾(0.1～1.0 g 溶于 20 mL 去离子水中)滴加到海藻酸钠溶液中，反应 10～30 min。在此过程中，过硫酸钾产生的自由基通过吸氢作用攻击海藻酸钠大分子，从而产生海藻酸钠大自由基。最后，将甲基丙烯酰氧乙基三甲基氯化铵(DMC)单体(10～30 mL)一滴一滴加入上述溶液中，反应 1～3 h。加入 DMC 实现了链的增长，当两个自由基相互作用形成稳定的化合物时，链增长过程结束。最后，成功地准备了目标絮凝剂 SA-PDMC。为了消除氧气的影响，反应在氮气保护下进行。反应结束后，产物用乙醇索氏提取 72 h，50℃真空干燥纯化。

孟朵等用氨基硫脲改性海藻酸钠，制备了海藻酸钠螯合絮凝剂[53,54]。在 500 mL 三颈瓶中加入 8 g 海藻酸钠粉末，用蒸馏水配制成浓度为 25%的溶液，加 10 mL 正丙醇和适量的高碘酸钠溶液(0.3 mol/L)，4℃下避光反应 24 h，再加入 1 mL 乙二醇终止氧化反应。产物经无水乙醇沉淀、再次溶解沉淀，重复此过程 3 次，将产物在 40℃真空干燥 24 h，即可制得部分氧化的海藻酸钠(OSA)。取 2 g OSA 溶于 20 mL 磷酸缓冲液(pH = 7)中，加入 0.45 mol/L TSC 水溶液，40℃搅拌反应 4 h，冷却至 20℃后分批加入适量的 $NaBH_4$，完全反应 24 h。产物用乙醇沉淀、抽滤，再用乙醇浸泡、抽滤，重复此过程 4 次，30℃真空干燥 24 h，得到淡黄色颗粒絮凝剂。另外，作者还用上述得到的改性海藻酸钠絮凝剂与表面含有氨基的 Fe_3O_4 纳米粒子($Fe\text{-}NH_2$)反应，制备得到磁性海藻酸钠絮凝剂。

张婧等[43]将壳聚糖与海藻酸钠两个大分子电解质复合，形成聚合物，制备得到壳聚糖/海藻酸钠絮凝剂。首先取一定量的海藻酸钠、壳聚糖，分别加入一定量的醋酸(1%)溶液，分别配成海藻酸钠溶液和壳聚糖溶液。静置过夜，然后在搅拌下向壳聚糖溶液中加入等体积的海藻酸钠溶液，持续搅拌 3 h。再向混合溶液中加入丙酮，沉淀析出。用蒸馏水将所得到的产物洗涤数次至中性，冷冻干燥，即得复合絮凝剂。傅明连等[55]也以壳聚糖与海藻酸钠为原料，制备了复合絮凝剂。其将质量浓度为 10%的海藻酸钠溶液加入到壳聚糖 1%乙酸溶液中，搅拌均匀，用 0.1 mol/L 的 NaOH 溶液调节 pH 值，在一定温度下连续搅拌 20 min，即得壳聚糖/海藻酸钠溶胶。将制得的壳聚糖/海藻酸钠溶胶注射到质量浓度为 2%的氯化钙溶液中，室温下浸泡，制得壳聚糖/海藻酸钠/Ca^{2+}单重交联凝胶，交联时间为 30 min。室温下，将制得的壳聚糖/海藻酸钠/Ca^{2+}单重交联凝胶放入质量浓度为 2%硫酸钠溶液中浸泡，制得壳聚糖/海藻酸钠/Ca^{2+}/SO_4^{2-}双重交联凝胶粒，交联时间为 30 min。并将制得的双重凝胶粒经无水乙醇浸泡约 5 min，干燥 24 h，制得凝胶颗粒。将凝胶颗粒研磨为粒径 400～800 μm 的粉末，备用。

5.3.3　海藻酸钠絮凝剂的结构

Liu 等[49]通过海藻酸钠与聚甲基丙烯酰氧乙基三甲基氯化铵(PDMC)的接枝共聚反应合成新型海藻酸钠基絮凝剂(SA-PDMC)，该絮凝剂及其原料的傅里叶变换红外光谱图和絮凝剂的透射电镜图如图 5.31 所示。

图 5.31　絮凝剂 SA-PDMC 及其原料的红外光谱图(a)和透射电镜图[(b)、(c)]

由图 5.31(a)可知，DMC 中—$N^+(CH_3)_3$ 的特征吸收带和—$(CH_2)_2$ 的弯曲振动峰分别出现在 953 cm^{-1} 和 1480 cm^{-1} 处。此外，在 1728 cm^{-1} 处有一个吸收峰属

于 DMC 中—COOR 的 C═O 吸收峰。上述特征吸收峰证明 DMC 单体已成功接枝到 SA 上。SA-PDMC 的透射电镜图显示出该絮凝剂具有分枝结构，且分支向各个方向延伸[图 5.31(b)]，这有利于捕获胶体粒子。放大后，可见分支上有大量的触角状结构[图 5.31(c)]，增大了清除胶体颗粒的能力。

Tian 等[50]以十二胺(DC)为改性试剂对海藻酸钠进行了改性，制备了两亲性高分子海藻酸钠纳米絮凝剂(SADC)。该絮凝剂及其原料的核磁共振氢谱(^{1}H NMR)和热重分析图谱(TGA)如图 5.32 所示。

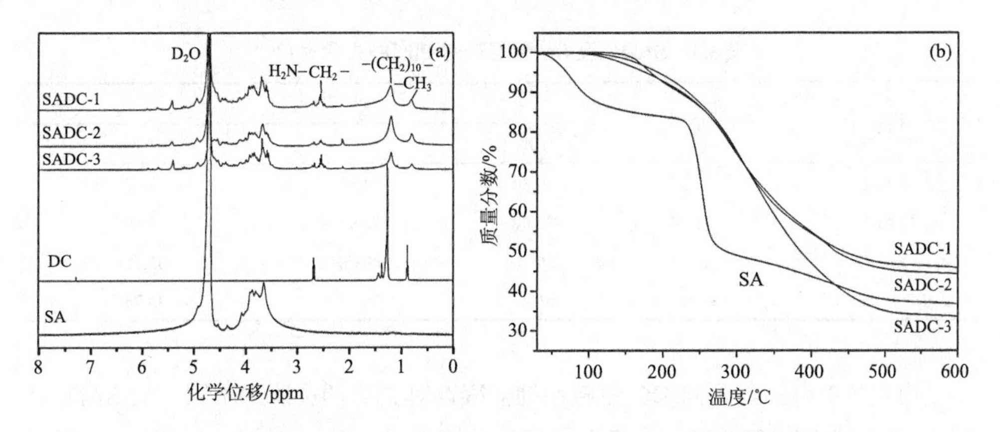

图 5.32　絮凝剂 SADC 及其原料的核磁共振氢谱(a)和热重分析图谱(b)

在图 5.32(a)中，海藻酸钠的 ^{1}H NMR 图谱化学位移 δ=4.7 ppm 是样品中残留的 H_2O 的质子峰。化学位移 δ=3.65～3.86 ppm 之间的峰是海藻酸钠糖环上 C1-C5 的质子峰。对比 SA、SADC 的核磁共振氢谱，SADC 的图谱中除含有 SA 原有的化学位移峰外，还包含 DC 的所有核磁共振氢谱峰。其中，化学位移峰 δ=0.81 ppm 归属于—CH_3；化学位移峰 δ=1.20 ppm 归属于—$(CH_2)_{10}$—；化学位移峰 δ=2.55 ppm 归属于与 N 原子相连的—CH_2—。^{1}H NMR 图谱充分证明絮凝剂分子链上成功有效地引入了 DC。热重分析图显示了 SA 与 SADC 的热稳定性变化。SA 在 25～109℃温度范围内失重 13%，失去的主要是结合水。经过一段稳定期后，SA 在 230～280℃温度范围内快速失重，这主要是由于 SA 的热分解失重。而 SADC 在 25～109℃温度范围内质量保持稳定，说明 SADC 样品含水量极少，而且在此温度范围内热稳定性好。在 109～210℃温度范围内，SADC 样品缓慢失重 10%，之后开始快速失重，到 504℃时停止失重。热重曲线说明被改性后 SADC 的热稳定性优于 SA。

5.3.4 海藻酸钠絮凝剂的性能

5.3.4.1 改性基团的链接度对絮凝性能的影响

经改性剂改性的海藻酸钠絮凝剂，在其分子链上引入功能性基团时，不同的基团链接率对絮凝剂的絮凝效果是有影响的。以十二胺(DC)为改性试剂对海藻酸钠进行改性得到海藻酸钠纳米絮凝剂 SADC[35]，DC 链接率对重金属絮凝性能有较大影响。不同链接率的絮凝剂 SADC 对 Pb^{2+}的去除率如表 5.3 所示。

表 5.3　SADC 及 SA 絮凝剂对 Pb^{2+}的去除率(%)

样品 ID	CR/%	Pb^{2+}/(mg/L)		
		100	400	1000
SADC-1	31.93	79.30	94.50	97.20
SADC-2	35.14	73.00	90.90	94.60
SADC-3	44.38	66.70	80.70	85.70
SA	—	61.47	66.43	75.76

由表 5.3 可知，不同 DC 链接率的絮凝剂对 Pb^{2+}的去除率不同。从 SADC-1 到 SADC-3，随着链接率 CR 逐渐增加，对 Pb^{2+}的去除率逐渐减小。这是因为絮凝剂 SADC 对 Pb^{2+}的絮凝主要是通过羧基—COO—和羟基—OH 上的氧原子提供电子，Pb^{2+}得到电子形成螯合结构。DC 链接率越高，说明 SADC 分子链上的—OH 被 DC 取代就越多，SADC 分子中的—OH 基团含量越少，螯合能力越低，因此导致对 Pb^{2+}的去除率降低。

再如以 3-氯-2-羟丙基三甲基氯化铵(CTA)为改性试剂对海藻酸钠进行改性得到的两性藻酸钠絮凝剂 SA-CTA[35]，絮凝剂中含阳离子分子的链接率也对污染物的去除率有影响。不同链接率的 SA-CTA 系列絮凝剂对 Pb^{2+}、Cd^{2+}溶液的絮凝结果如表 5.4 所示。

表 5.4　不同阳离子基团链接率对 Pb^{2+}、Cd^{2+}溶液去除率(%)的影响

No.	样品 ID	CR/%	Pb^{2+}(pH=5.5)		Cd^{2+}(pH=6.0)	
			50 mg/L	1000 mg/L	100 mg/L	1000 mg/L
1	SA-CTA1	9.6	44.03	89.63	24.01	60.21
2	SA-CTA2	13.9	57.98	90.56	43.39	62.21
3	SA-CTA3	38.2	80.04	91.19	47.39	66.23
4	SA-CTA4	50.0	82.41	92.32	50.31	72.85

由表可知，当 Pb^{2+}浓度为 50 mg/L 时，随着 SA-CTA1 至 SA-CTA4 的链接率逐渐增加，Pb^{2+}的去除率由 44.03% 增加到 82.41%；当 Pb^{2+}浓度为 1000 mg/L 时，随着 SA-CTA1 至 SA-CTA4 的链接率逐渐增加，Pb^{2+}的去除率则由 89.63%增加到 92.32%。

5.3.4.2　溶液 pH 对絮凝性能的影响

絮凝剂对重金属离子、双酚 A 等污染物的絮凝性能受 pH 的影响较大，并且针对不同污染物表现出不同的影响趋势。改性海藻酸钠絮凝剂在不同 pH 下对重金属离子和双酚 A (BPA) 的去除率分别如图 5.33 所示。

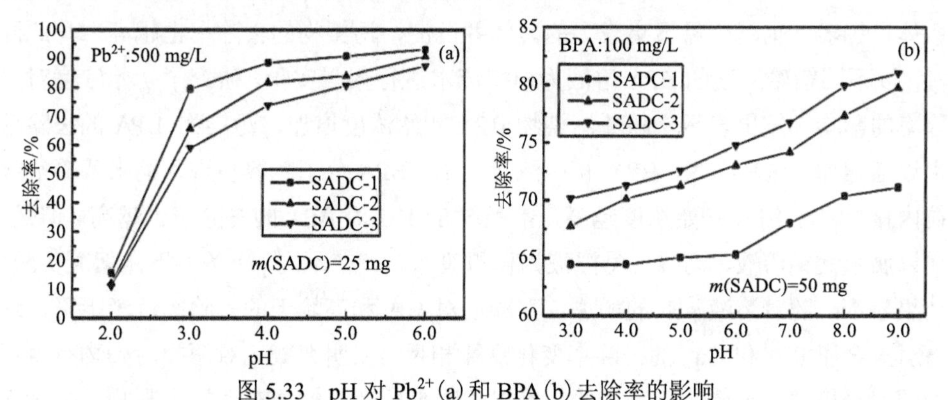

图 5.33　pH 对 Pb^{2+} (a) 和 BPA (b) 去除率的影响

由图可知，在 pH 很低时，絮凝剂对 Pb^{2+}的去除率很低。随着 pH 逐渐增加，絮凝剂对 Pb^{2+}和 BPA 的去除率都逐渐增加。

在不同溶液 pH 下改性海藻酸钠絮凝剂对腐殖酸 (HA) 和高岭土絮凝效果的影响分别如图 5.34 所示。由图可知，随着溶液 pH 的增加，絮凝剂对腐殖酸和高岭土的去除率逐渐下降，这与对重金属和双酚 A 的去除率变化规律相反，表明改性海藻酸钠絮凝剂对两类污染物有着不同的絮凝机理。

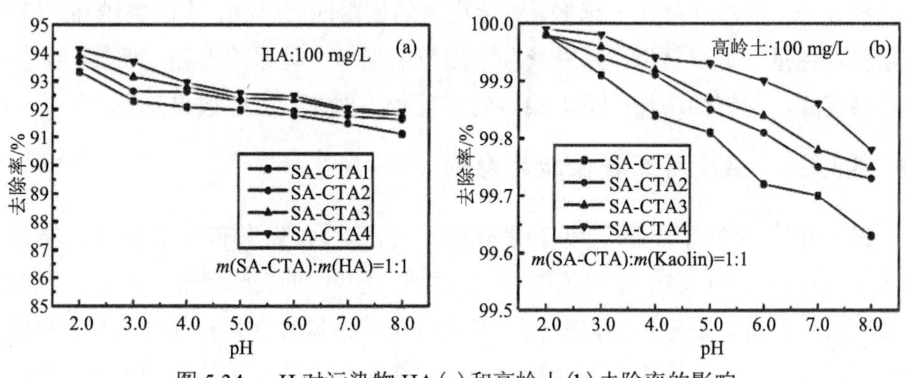

图 5.34　pH 对污染物 HA (a) 和高岭土 (b) 去除率的影响

由此，pH 对絮凝剂对污染物的絮凝效果有较大影响，并且对不同污染物的影响趋势是不同的。因此，在实际应用中要针对不同的情况做不同的处理。

5.3.4.3 污染物初始浓度对絮凝性能的影响

田贞乐等[35]以不同初始浓度的 Pb^{2+}溶液为模拟废水进行絮凝实验，研究了初始浓度对去除率的影响。结果显示，随着污染物 Pb^{2+}初始浓度增加，改性海藻酸钠絮凝剂对污染物 Pb^{2+}的去除率都逐渐增加。这是因为，在 Pb^{2+}絮凝的初始阶段，絮凝剂与污染物之间形成的是微小絮体。污染物初始浓度越高，初始形成的微小絮体也越多，也越容易聚集成大的絮体并沉淀，污染物的去除率也越高。与此同时，以不同初始浓度的 BPA 溶液为模拟废水进行絮凝实验，研究了初始浓度对去除率的影响，结果表示，随着污染物 BPA 初始浓度增加，污染物 BPA 的去除率也逐渐增加。这是因为，BPA 初始浓度越高，BPA 分子越容易进入纳米絮凝剂颗粒内核，因此 BPA 初始浓度越高，絮凝剂 SADC 对 BPA 的去除率也越高。但是，在以腐殖酸钠溶液、高岭土悬浮液为模拟废水时，在不同 pH 条件下做絮凝实验，结果显示，随着溶液 pH 的增加，絮凝剂对 HA 和高岭土的去除率逐渐下降，这与对重金属 Pb^{2+}和 Cd^{2+}的去除率变化规律相反，表明絮凝剂对两类污染物有着不同的絮凝机理。因此污染物初始浓度对絮凝剂的絮凝性能有着较大影响，且对于不同污染的影响趋势是不同的。

5.3.4.4 絮凝剂投加量对絮凝性能的影响

田贞乐、张婧、傅明连等[35,43,55]研究了絮凝剂用量对污染物去除率的影响。结果都显示，随着絮凝剂投加量的增多，污染物的去除率逐渐提高，但超过一定用量后，絮凝效果趋于平缓甚至下降。这是因为，一开始随着絮凝剂用量越多，絮凝剂分子上的活性基团也越多，对污染物的絮凝能力越强，去除率越高。但是，当絮凝剂超过一定用量后，随着絮凝剂用量的增多，体系溶液黏度增加，絮凝颗粒不易沉降，稳定性增加，出现稳定的“反胶”现象，去除效果变差。

5.3.4.5 温度对絮凝性能的影响

田贞乐[35]研究了不同温度下絮凝剂对 Pb^{2+}的去除率和吸附容量，结果如图 5.35(a)所示。在 25～55℃范围内，絮凝剂对 Pb^{2+}的去除率非常稳定，对 Pb^{2+}的吸附量也保持在稳定范围内变化，表明海藻酸钠基螯合絮凝剂对 Pb^{2+}絮凝能力对温度不敏感。主要原因是絮凝剂分子中的胺基和二硫代羧基与 Pb^{2+}发生螯合作用，产物非常稳定，不易受到温度的影响。

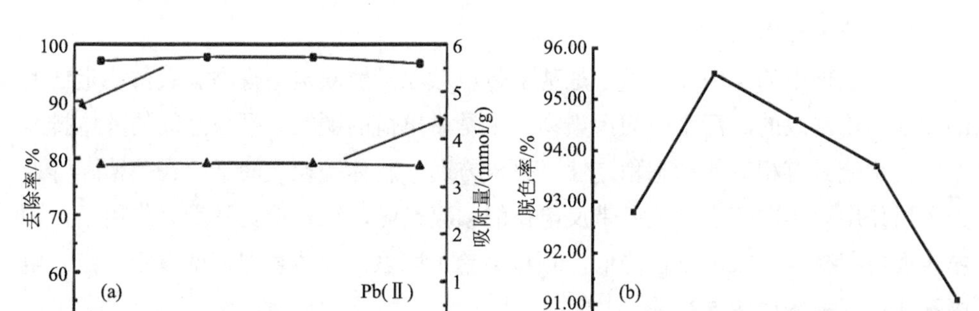

图5.35 (a)温度对絮凝 Pb^{2+}性能的影响；(b)絮凝温度对脱色率的影响

傅明连等[55]研究了絮凝温度对曙红染料废水的脱色效果的影响，结果如图5.35(b)所示。由图可知，絮凝温度对复合絮凝剂的吸附效果产生了较大的影响，当温度从10℃增加到20℃时，脱色率不断上升，当温度为20℃时，吸附效果最佳，此时脱色率可达95.52%；而后，随着体系温度逐渐升高，脱色率反而下降，这可能是由于絮凝温度太高导致复合絮凝剂活性明显降低。

田贞乐和傅明连所制备的絮凝剂的结构是不同的，可见不同结构的絮凝剂温度对其絮凝性能的影响是不同的。

絮凝剂的絮凝性能受絮凝剂投加量、污染物初始浓度、溶液pH、温度等多种因素的影响，而且对于不同的污染物，这些影响因素分别对它们的影响趋势是有差异的，对于利用不同制备方法得到的海藻酸钠絮凝剂，它们在不同因素影响下的絮凝性能也是有差异的。因此在实际应用中要综合考虑多种因素的共同作用。

5.3.5 海藻酸钠絮凝剂的絮凝机理

絮凝发生的过程一般包括以下几个步骤：①絮凝剂在溶液中分散；②絮凝剂向污染物颗粒界面扩散；③絮凝剂界面吸附颗粒；④携带已吸附颗粒的絮凝剂与其他颗粒碰撞；⑤携带已吸附颗粒的絮凝剂之间相互吸附形成微小絮体；⑥微小絮体通过连续的碰撞和吸附生长成更大的絮体。

在絮凝的不同阶段，起絮凝作用的机制不同，同时不同的水体污染物与不同的絮凝剂之间的作用方式也有所不同。因此，一个絮凝过程的发生，多数情况下不是仅由一种絮凝机理在发生作用，而是多种不同机理共同作用的结果。通常，将絮凝机理分为四种类型：电中和作用、电荷修补作用、链接桥架作用和网捕卷扫作用。

1) 电荷中和作用

絮凝机理中的电中和作用，是基于带电颗粒扩散双电层模型和胶体稳定性的DLVO理论形成的。污水中的污染物大多是带电荷的颗粒，颗粒之间的静电排斥效应使系统具有相对的动态稳定性。另一方面，胶体颗粒之间又存在范德瓦耳斯力吸引作用。当向废水中加入带反电荷的絮凝剂时，在范德瓦耳斯力作用下，颗粒表面电荷减少，Zeta电位降低，颗粒会趋于团聚，胶体悬浮液变得不稳定。电中和作用示意图如图5.36所示[56]。

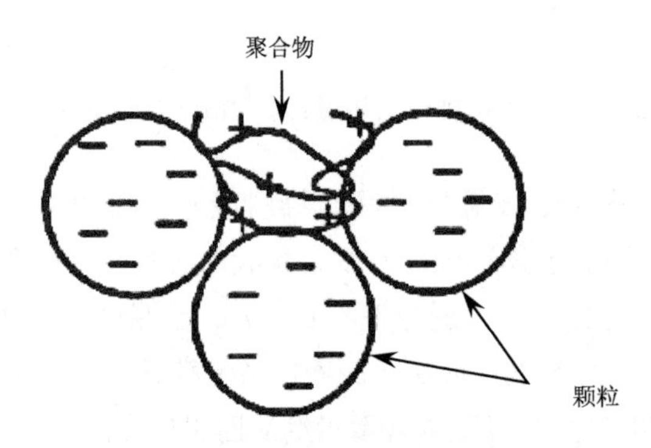

图5.36　电中和作用絮凝机理示意图

整个胶体系统的稳定性就取决于这两种作用的相对大小。当分散污染物颗粒表面电荷被一定剂量的絮凝剂完全中和后，颗粒之间的静电斥力减小到最小，悬浮颗粒聚集形成大絮状物，因此沉降，从而使其有效去除。但是当加入过量的带反电荷絮凝剂时，污染物颗粒表面会重新带电荷，但是电荷相反，颗粒之间静电斥力增强，系统会重新趋于稳定，无法絮凝。因此对于电中和作用是主要絮凝机理的过程而言，为避免这种“再稳定效应”，存在一个最佳的絮凝剂量。

2) 电荷修补作用

当向废水中添加反离子絮凝剂后，絮凝剂快速地吸附到带相反电荷的悬浮颗粒的表面上，絮凝剂仅部分中和了颗粒表面的电荷，导致悬浮颗粒表面的各种微区，因此具有不同的电荷。悬浮颗粒表面正电荷和负电荷分布不均使颗粒之间直接产生静电吸引，这种颗粒之间的吸引和碰撞使它们最终聚集并形成更大、更致密的絮体，这种机理称为电荷修补作用[57]。电荷修补作用机理示意图如图5.37所示[58]。

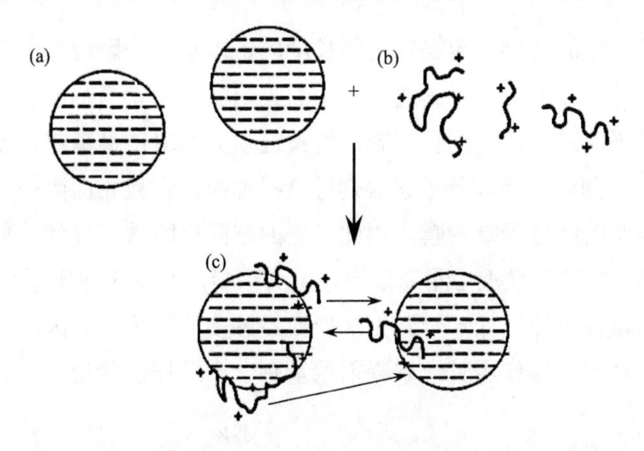

图 5.37　电荷修补作用机理示意图

(a) 负电荷带电颗粒；(b) 阳离子絮凝剂；(c) 电荷修补机理，箭头显示了相反电荷的静电吸引

在这种情况下，絮凝剂最佳剂量下废水的 Zeta 电位并不为零。电中和机理与电荷修复机理可简单区别为：在絮凝过程中，当悬浮颗粒表面被絮凝剂快速完全中和时，机理以电荷中和作用为主；而当悬浮颗粒在表面电荷被完全中和之前就已经被絮凝剂吸附并碰撞、聚集沉淀时，絮凝机理则以电荷修补作用为主。同时也可以根据胶体溶液 Zeta 电位随絮凝剂用量的变化来粗略地判断：最佳剂量絮凝剂处理污水后，若上层清液的 Zeta 电位在 0 值附近，则以电荷中和作用机理为主；相反，若 Zeta 电位在远离 0 值的区间，则电荷修补作用机理在絮凝过程中起主要作用。

3) 链接桥架作用

某些情况下，电中和作用或电荷修补作用形成的絮状物松散易碎、沉降缓慢，需要添加另一种具有桥架效应的高分子量絮凝剂将微小絮体结合在一起，以实现快速沉降[59]。

桥架作用机理示意图如图 5.38 所示。低分子量絮凝剂没有明显的桥架效应，链接桥架作用是大分子絮凝剂所特有的絮凝机理[60]。当高分子量(通常超过百万)和低电荷密度的长链絮凝剂吸附污染物颗粒时，絮凝剂分子链的长环和尾端在溶液中延伸或扩展，远远超过颗粒的双电层范围，如图 5.38(a) 所示，这就使得长链聚合物的不同链段部分可能与其他颗粒相互作用并结合，从而在颗粒之间形成如图 5.38(b) 所示的桥架[61]。

桥架效应与絮凝剂分子链在水中的构象和形态密切相关，分子链在水中伸展得越多，桥架效应越强；分子量越大，水合粒径也越大，桥架效应也会越强[62]。

因此为了实现有效的桥接，絮凝剂链的长度应足以从一个颗粒表面延伸到另一个颗粒表面。此外，颗上应有足够的空位表面去附着其他絮凝剂链段。因此，高分子絮凝剂用量不应过多，否则颗粒表面将被过多的絮凝剂链覆盖，没有空位与其他颗粒架桥[63]。同时，当高分子絮凝剂过量投加时，颗粒表面因被过量高分子链覆盖而形成较厚的高分子吸附膜，由此产生的空间位阻效应致使颗粒之间产生较强的排斥作用，颗粒在溶液中重新稳定，无法絮凝，如图 5.38(c)所示。但是高分子絮凝剂的用量也不能过低，否则无法形成足够多的架桥点。因此，当絮凝过程中链接架桥机理起主导作用时，絮凝剂用量有一个最佳剂量值。

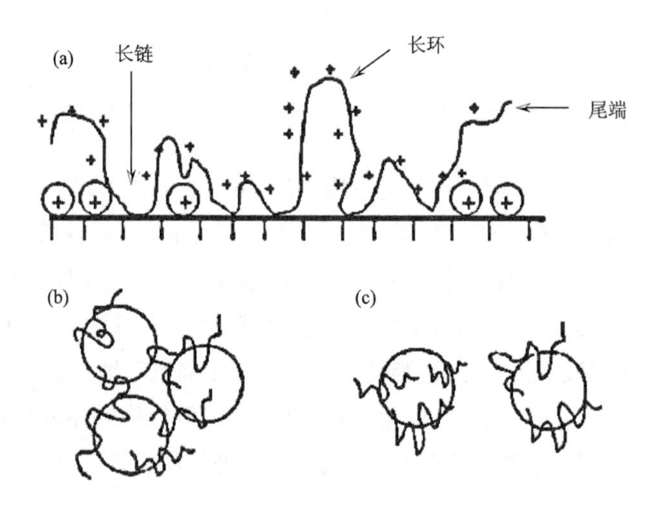

图 5.38　链接架桥作用机理示意图

(a)絮凝剂架桥作用的形成；(b)颗粒之间的架桥作用(聚集)；(c)颗粒之间的重新稳定作用(离散)

4)网捕卷扫作用

絮凝剂投加到污水中后，对水中的带电颗粒进行吸附，并生成小的絮体。对于无机絮凝剂而言，这种小的絮体是一种氢氧化物絮状物，在沉降过程中能有效地将水中最初存在的胶体颗粒团聚和清扫[64]。而对于高分子絮凝剂，在絮凝过程中通常可以形成具有三维网状结构的大型絮体。由于这些大型絮体表面积大，吸附能力强，水中不溶颗粒和残留的污染物能够被有效地捕获、聚集，并与这些大型絮体一起沉淀，最后被清除，这种机理称为网捕卷扫作用[65,66]。网捕卷扫作用与链接架桥作用有很大不同。前者是絮凝后产生的不溶性金属氢氧化物絮体或者大的聚合物絮体沉淀捕获截留了水中残留的小污染物颗粒，而后者是可溶的线性大分子量絮凝剂通过吸附将初级污染物颗粒连接起来，使其聚集成大絮体并随之沉淀。由此可见网捕卷扫作用本质上是一种机械作用，而链接架桥作用是化学吸附作用。对于某些污染物，浓度低时所需絮凝剂剂量大且絮凝效果差；而污染物浓度高时所需的絮凝剂剂量反而要少，且絮凝效果好。说明水中污染物浓度越高，网捕卷扫作用越显著。因此，网捕卷扫作用经常发生在水中污染物浓度大的条件下。

田贞乐[35]利用光电子能谱(XPS)测定絮凝剂 SADC 絮凝 Pb^{2+}前后元素原子轨道的电子结合能的变化，证明了 SADC 絮凝 Pb^{2+}的机理为羧酸—COO—和羟基—OH 与 Pb^{2+}的螯合作用，氧原子提供电子，而铅离子得到电子。SADC 絮凝 BPA 的机理为两亲结构絮凝剂在溶液中形成的纳米颗粒疏水内核对 BPA 的增溶作用。同样用光电子能谱 XPS 方法分析絮凝剂 SA-CTA 对重金属的螯合原理，发现氧原子失去电子，重金属离子得到电子，产生螯合作用。而该絮凝剂对腐殖酸和高岭土絮凝机理涉及电中和作用和网捕卷扫作用，而经三乙烯四胺和氨基硫脲改性的海藻酸钠絮凝剂的絮凝机理同样涉及化学螯合吸附作用、电中和作用以及网捕卷扫作用。

傅明连等[55]制备的壳聚糖/海藻酸钠复合絮凝剂用于吸附曙红染料，其吸附机理为：曙红分子结构中含有亲质子基团如—COONa、—OH、—Br 等极性基团，分子极性较大，容易通过静电作用和氢键被吸附到带—COOH、—NH_3^+和—OH 等活性基团的壳聚糖/海藻酸钠复合絮凝剂上。另外，曙红染料在溶液中带有负电荷，有较强的被异性电荷吸附的能力，而壳聚糖属于阳离子型高分子物质，在溶液中带有正电荷，可通过电中和作用对曙红染料进行吸附。

参考文献

[1] Brodzik K, Walendziewski J, Stolarski M, et al. The influence of preparation method on the physicochemical properties of titania-silica aerogels[J]. Journal of Porous Materials, 2007, 14(2): 219-226.

[2] Alnaief M, Alzaitoun M A, García-González, et al. Preparation of biodegradable nanoporous microspherical aerogel based on alginate[J]. Carbohydrate Polymers, 2011, 84(3): 1011-1018.

[3] Park S, Lee M. Removal of copper and cadmium in acid mine drainage using Ca-alginate beads as biosorbent[J]. Geosciences Journal, 2017, 21(3): 373-383.

[4] 闫永柱. 海藻凝胶基六价铬吸附剂的结构控制与吸附行为研究[D]. 大连: 大连工业大学, 2018.

[5] 罗钰. 海藻酸钠基复合吸附剂的制备及其在抗生素废水处理中的性能评价[D]. 西安: 长安大学, 2018.

[6] 张立杰. 基于海藻酸钠的单原子催化剂的制备及电催化性能研究[D]. 青岛: 青岛大学,

2019.

[7] Li Q, Li Y, Ma X, et al. Filtration and adsorption properties of porous calcium alginate membrane for methylene blue removal from water[J]. Chemical Engineering Journal, 2017, 316: 623-630.

[8] Machaodo A H E, Lundberg D, Ribeiro A J, et al. Encapsulation of DNA in macroscopic and nanosized calcium alginate gel particals[J]. Langmuir, 2013, 29(51): 15926-15935.

[9] Cai H, Ni C H, Zhang L P. Preparation of complex nano-particals based on alginic acid/poly [(2-dimerthylamino)ethyl methacrylate] and a drug vehicle for doxorubicin release controlled by ionic strength[J]. European Journal of Pharmaceutical Sciences, 2012, 45(1): 43-49.

[10] Ge Y, Cui X, Liao C, et al. Facile fabrication of green geopolymer/alginate hybrid spheres for efficient removal of Cu(Ⅱ)in water: Batch and column studies[J]. Chemical Engineering Journal, 2017, 311: 126-134.

[11] He Y R, Li X L, Li X L, et al. Aerogel based on melamine-formaldehyde and alginate: Simply removing of uranium from aqueous solutions[J]. Journal of Molecular Liquids, 2019, 289(1): 111154.

[12] Wang F, Lu X, Li X. Selective removals of heavy metals (Pb^{2+}, Cu^{2+}, and Cd^{2+}) from wastewater by gelation with alginate for effective metal recovery[J]. Journal of Hazardous Materials, 2016, 308: 75-83.

[13] 成芳芳. 海藻酸纤维对重金属离子的吸附性能研究[D]. 青岛: 青岛大学, 2010.

[14] Tao X, Wang S, Li Z, et al. Green synthesis of network nanostructured calcium alginate hydrogel and its removal performance of Cd^{2+} and Cu^{2+} ions[J]. Materials Chemistry and Physics, 2021, 258: 123931.

[15] 韩东, 鲁婷婷, 叶长城, 等. 海藻酸钠微胶囊负载纳米铁吸附水中的 As(Ⅴ)[J]. 环境工程学报, 2015, 9(8): 3795-3802.

[16] 马小剑, 许琦, 杨春生, 等. 海藻酸钠-壳聚糖-活性炭微胶囊固定化微生物处理对氯苯酚废水的研究[J]. 水处理技术, 2009, 35(5): 98-100.

[17] 周鸣, 朱书法, 刘帅兵, 等. 海藻酸钠固化香蕉皮粉吸附染料废水[J]. 环境工程学报, 2013, 7(6): 2208-2213.

[18] 朱海山. 海藻酸钠基碳气凝胶的染料吸附及油水分离研究[J]. 工业水处理, 2021, 41(5): 125-130.

[19] Huang Y, Wang Z. Preparation of composite aerogels based on sodium alginate, and its application in removal of Pb^{2+} and Cu^{2+} from water[J]. International Journal of Biological Macromolecules, 2018, 107: 741-747.

[20] Tian X, Zhu H, Meng X, et al. Amphiphilic calcium alginate carbon aerogels: Broad-spectrum adsorbents for ionic and solvent dyes with multiple functions for decolorized oil-water separation[J].ACS Sustainable Chemistry & Engineering, 2020, 8(34): 12755-12767.

[21] 李博, 连弘扬, 王梓川. 羟基氧化铁负载土催化降解对氯苯酚[J]. 山西建筑, 2015,(2): 119-120.

[22] 史丰炜. 海藻酸盐催化剂的制备及其苯酚羟基化活性[D]. 长春: 东北师范大学, 2012.

[23] 刘颖. 非均相催化剂的制备及其用于降解环丙沙星废水的研究[D]. 北京: 北京化工大学, 2017.

[24] Quadrado R F N, Fajardo A R. Fast decolorization of azo methyl orange via heterogeneous Fenton and Fenton-like reactions using alginate-Fe^{2+}/Fe^{3+} films as catalysts[J]. Carbohydrate Polymers, 2017, 177: 443-450.

[25] 单聪. 高强度双网络海藻酸盐气凝胶催化剂的制备及催化性能研究[D]. 长春: 长春工业大学, 2019.

[26] 王晓倩. 负载型 $CoFe_2O_4$ 催化剂活化过硫酸盐降解苯胺废水[D]. 镇江: 江苏大学, 2018.

[27] El Fakir A A, Anfar Z, Amedlous A, et al. Engineering of new hydrogel beads based conducting polymers: Metal-free catalysis for highly organic pollutants degradation[J]. Applied Catalysis B: Environmental, 2021, 286: 119948.

[28] Niu H, Meng Z, Cai Y, et al. Fast defluorination and removal of norfloxacin by alginate/Fe@Fe_3O_4 core/shell structured nanoparticles[J]. Journal of Hazardous Materials, 2012, 227-228: 195-203.

[29] Liu L, Xu X, Li Y, et al. One-step synthesis of “nuclear-shell” structure iron-carbon nanocomposite as a persulfate activator for bisphenol A degradation[J]. Chemical Engineering Journal, 2020, 382: 122780.

[30] Lei C, Song Y, Meng F, et al. Iron-crosslinked alginate derived Fe/C composites for atrazine removal from water[J]. Science of the Total Environment, 2021, 756: 143866.

[31] Singh R P, Pal S, Rana V K, et al. Amphoteric amylopectin: A novel polymeric flocculant[J]. Carbohydrate Polymers, 2013, 91(1): 294-299.

[32] Yang Z, Jia S, Zhang T, et al. How heavy metals impact on flocculation of combined pollution of heavy metals-antibiotics: A comparative study[J]. Separation and Purification Technology, 2015, 149: 398-406.

[33] Wang F, Lu X W, Li X Y. Selective removals of heavy metals(Pb^{2+}, Cu^{2+}, and Cd^{2+}) from wastewater by gelation with alginate for effective metal recovery[J]. Journal of Hazardous Materials, 2016, 308: 75-83.

[34] Yang J S, Xie Y J, He W. Research progress on chemical modification of alginate: A review[J]. Carbohydrate Polymers, 2011, 84(1): 33-39.

[35] 田贞乐. 改性海藻酸钠絮凝剂的制备及其污水处理性能研究[D]. 无锡: 江南大学, 2020.

[36] Boontheekul T, Kong H J, Mooney D J. Controlling alginate gel degradation utilizing partial oxidation and bimodal molecular weight distribution[J]. Biomaterials, 2005, 26(15): 2455-2465.

[37] Kang H A, Shin M S, Yang J W. Preparation and characterization of hydrophobically modified alginate[J]. Polymer Bulletin, 2002, 47(5): 429-435.

[38] Huang R H, Du Y M, Yang J H. Preparation and in vitro anticoagulant activities of alginate sulfate and its quaterized derivatives[J]. Carbohydrate Polymers, 2003, 52(1): 19-24.

[39] 柳明珠，曹丽歆. 丙烯酸与海藻酸钠共聚制备耐盐性高吸水树脂[J]. 应用化学，2002，05: 455-458.

[40] Leonard M, De Boisseson A R, Hubert P, et al. Hydrophobically modified alginate hydrogels as protein carriers with specific controlled release properties[J]. Journal of Controlled Release, 2004, 98(3): 395-405.

[41] Galant C, Kjøniksen A L, Nguyen G T M, et al. Altering associations in aqueous solutions of a hydrophobically modified alginate in the presence of β-cyclodextrin monomers[J]. The Journal of Physical Chemistry B, 2006, 110(1): 190-195.

[42] 李永明，于水利，唐玉霖. 壳聚糖絮凝剂在水处理中的应用研究进展[J]. 水处理技术, 2011, 37(9): 11-14,18.

[43] 张婧. 壳聚糖与海藻酸钠复合絮凝剂的效果研究[J]. 化工设计通讯, 2017, 43(03): 125-126.

[44] 常会. 壳聚糖-海藻酸钠吸附剂对电镀废水中 Cr(Ⅵ)的吸附性能研究[J]. 表面技术，2013, 42(5): 84- 88.

[45] Tian Z, Zhang L, Ni C. Preparation of modified alginate nanoflocculant and adsorbing properties for Pb^{2+} in wastewater[J]. Russian Journal of Applied Chemistry, 2017, 90(4): 641-647.

[46] Biswal D R, Singh R P. The flocculation and rheological characteristics of hydrolyzed and unhydrolyzed grafted sodium alginate in aqueous solutions[J]. Journal of Applied Polymer Science, 2004, 94(4): 1480-1488.

[47] Zhang Q, Zhang S, Lu J, et al. Flocculation performance of dimethylallyl quaternary ammonium salts of lignin-sodium alginate polyampholyte[J]. Journal of Functional Materials, 2014, 45(21): 21072-21076.

[48] Chen K L, Mylon S E, Elimelech M. Enhanced aggregation of alginate-coated iron oxide(hematite)nanoparticles in the presence of calcium, strontium, and barium cations[J]. Langmuir, 2007, 23(11): 5920-5928.

[49] Liu C, Gao B, Wang S, et al. Synthesis, characterization and flocculation performance of a novel sodium alginate-based flocculant[J]. Carbohydrate Polymers, 2020, 248(15): 116790.

[50] Tian Z, Zhang L, Ni C. Preparation and flocculation properties of modified alginate amphiphilic polymeric nano-flocculants[J]. Environmental Science and Pollution Research, 2019, 26(31): 32397-32406.

[51] Tian Z, Zhang L, Sang X, et al. Preparation and flocculation performance study of a novel amphoteric alginate flocculant[J]. Journal of Physics and Chemistry of Solids, 2020, 141: 109408.

[52] Tian Z, Zhang L, Shi G, et al. The synthesis of modified alginate flocculants and their properties for removing heavy metal ions of wastewater[J]. Journal of Applied Polymer Science, 2018, 135(31): 46577.

[53] 孟朵，倪才华，朱昌平，等. 改性海藻酸钠絮凝剂的合成及其对重金属离子的吸附性能[J]. 环境化学, 2013, 32(2): 249-252.

[54] 孟朵，倪才华，朱昌平，等. 磁性海藻酸钠絮凝剂的制备及其絮凝性能研究[J]. 化工新型材

料, 2014, 42(11): 67-69.

[55] 傅明连, 郑君龙, 薛丽贞. 壳聚糖/海藻酸钠复合絮凝剂的吸附性能[J]. 环境工程学报, 2016, 10(11): 6486-6490.

[56] Dobias B, Stechemesser H. Coagulation and Flocculation[M]. Boca Raton: CRC Press, Taylor & Francis Group, 2005: 43-69.

[57] Bratskaya S, Avramenko V, Schwarz S, et al. Enhanced flocculationof oil-in-water emulsions by hydrophobically modified chitosan derivatives[J]. Colloids and Surfaces A: Physicochemical and Engineering Aspects, 2006, 275(1-3): 168-176.

[58] Sharma B R, Dhuldhoya N C, Merchant U C. Flocculants: An ecofriendly approach[J]. Journal of Polymers and the Environment, 2006, 14(2): 195-202.

[59] Ahmad A L, Wong S S, Teng T T, et al. Improvement of alum and PACl coagulation by polyacrylamides(PAMs) for the treatment of pulp and paper mill wastewater[J]. Chemical Engineering Journal, 2008, 137(3): 510-517.

[60] Razali M A A, Ahmad Z, Ahmad M S B, et al. Treatment of pulp and paper mill wastewater with various molecular weight of poly DADMAC induced flocculation[J]. Chemical Engineering Journal, 2011, 166(2): 529-535.

[61] Lee K E, Morad N, Teng T T, et al. Development, characterization and the application of hybrid materials in coagulation/flocculation of wastewater: A review[J]. Chemical Engineering Journal, 2012, 203: 370-386.

[62] Cho J Y, Heuzey M C, Begin A, et al. Viscoelastic properties of chitosan solutions: Effect of concentration and ionic strength[J]. Journal of Food Engineering, 2006, 74(4): 500-515.

[63] Sher F, Malik A, Liu H. Industrial polymer effluent treatment by chemical coagulation and flocculation[J]. Journal of Environmental Chemical Engineering, 2013, 1(4): 684-689.

[64] Duan J M, Gregory J. Coagulation by hydrolysing metal salts[J]. Advances in Colloid and Interface Science, 2003, 100: 475-502.

[65] 常青. 水处理絮凝学[M]. 北京: 化学工业出版社, 2011. 1-29.

[66] Yang Z, Yang H, Jiang Z W, et al. Flocculation of both anionic and cationic dyes in aqueous solutions by the amphoteric grafting flocculant carboxymethyl chitosan-graft-polyacrylamide[J]. Journal of Hazardous Materials, 2013, 254: 36-45.